现代铝加工生产技术丛书

主编　钟　利　赵世庆

铝合金中厚板生产技术

钟　利　马英义　谢延翠　编著

北　京
冶　金　工　业　出　版　社
2009

内 容 简 介

本书是《现代铝加工生产技术丛书》之一，详细介绍和系统论述了铝合金中厚板生产工艺、技术、设备与质量控制等。全书共分10章，内容包括：铝合金牌号、状态及成分，变形铝合金的特性，铝合金轧制原理，铝合金板材的品种、生产方法及生产工艺流程，铝合金中厚板热轧技术，铝合金板形控制技术，铝合金中厚板热处理，铝合金中厚板精整技术，铝合金中厚板的缺陷分析与质量控制，铝合金中厚板生产工艺及性能数据等。在内容组织和结构安排上，力求理论联系实际，切合生产实际需要，突出实用性、先进性和行业特色，为读者提供一本实用的技术著作。

本书是铝及铝合金加工生产企业工程技术人员必备的技术读物，也可供从事有色金属材料与加工的科研、设计、生产和应用等方面的技术人员与管理人员使用，同时可作为大专院校有关专业师生的参考书。

图书在版编目（CIP）数据

铝合金中厚板生产技术/钟利，马英义，谢延翠编著.
—北京：冶金工业出版社，2009.5
（现代铝加工生产技术丛书）
ISBN 978-7-5024-4876-9

Ⅰ.铝…　Ⅱ.①钟…　②马…　③谢…　Ⅲ.①铝合金—中板轧制　②铝合金—厚板轧制　Ⅳ.TG339

中国版本图书馆CIP数据核字（2009）第062955号

出 版 人　曹胜利
地　　址　北京北河沿大街嵩祝院北巷39号，邮编100009
电　　话　（010）64027926　电子信箱　postmaster@cnmip.com.cn
责任编辑　张登科　美术编辑　李　新　版式设计　张　青
责任校对　栾雅谦　责任印制　牛晓波
ISBN 978-7-5024-4876-9
北京兴华印刷厂印刷；冶金工业出版社发行；各地新华书店经销
2009年5月第1版，2009年5月第1次印刷
148mm×210mm；11.375印张；334千字；342页；1-3000册
38.00元

冶金工业出版社发行部　电话：（010）64044283　传真：（010）64027893
冶金书店　地址：北京东四西大街46号（100711）　电话：（010）65289081
（本书如有印装质量问题，本社发行部负责退换）

《现代铝加工生产技术丛书》

编辑委员会

《现代铝加工生产技术丛书》

主要参编单位

东北轻合金有限责任公司

西南铝业（集团）有限责任公司

中国铝业股份有限公司西北铝加工分公司

北京有色金属研究总院

广东凤铝铝业有限公司

广东中山市金胜铝业有限公司

上海瑞尔实业有限公司

《丛书》前言

节约资源、节省能源、改善环境越来越成为人类生活与社会持续发展的必要条件，人们正竭力开辟新途径，寻求新的发展方向和有效的发展模式。轻量化显然是有效的发展途径之一，其中铝合金是轻量化首选的金属材料。因此，进入21世纪以来，世界铝及铝加工业获得了迅猛的发展，铝及铝加工技术也进入了一个崭新的发展时期，同时我国的铝及铝加工产业也掀起了第三次发展高潮。2007年，世界原铝产量达3880万t（其中：废铝产量1700万t），铝消费总量达4275万t，创历史新高；铝加工材年产达3200万t，仍以5%～6%的年增长率递增；我国原铝年产量已达1260万t（其中：废铝产量250万t），连续五年位居世界榜首；铝加工材年产量达1176万t，一举超过美国成为世界铝加工材产量最大的国家。与此同时，我国铝加工材的出口量也大幅增加，我国已真正成为世界铝业大国，铝加工业大国。但是，我们应清楚地看到，我国铝加工材在品种、质量以及综合经济技术指标等方面还相对落后，生产装备也不甚先进，与国际先进水平仍有一定差距。

为了促进我国铝及铝加工技术的发展，努力赶超世界先进水平，向铝业强国和铝加工强国迈进，还有很多工作要做：其中一项最重要的工作就是总结我国长期以来在铝加工方面的生产经验和科研成果；普及和推广先进铝加工技术；提出我国进一步发展铝加工的规划与方向。

几年前，中国有色金属学会合金加工学术委员会与冶金工业出版社合作，组织国内20多家主要的铝加工企业、科研院所、大专院校的百余名专家、学者和工程技术人员编写出版了大型工具书——《铝加工技术实用手册》，该书出版后受到广大读者，特别是铝加工企业工程技术人员的好评，对我国铝加工业的发展起到一定的促进作用。但由于铝加工工业及技术涉及面广，内容十分丰富，《铝加工技术实用手册》因篇幅所限，有些具体工艺还不尽深入。因此，有读者反映，能有一套针对性和实用性更强的生产技术类《丛书》与之配套，相辅相成，互相补充，将能更好地满足读者的需要。为此，中国有色金属学会合金加工学术委员会与冶金工业出版社计划在“十一五”期间，组织国内铝加工行业的专家、学者和工程技术人员编写出版《现代铝加工生产技术丛书》(简称《丛书》)，以满足读者更广泛的需求。《丛书》要求突出实用性、先进性、新颖性和可读性。

《丛书》第一次编写工作会议于2006年8月20日在北戴河召开。会议由中国有色金属学会合金加工学术委员会主任谢水生主持，参加会议的单位有：西南铝业（集团）有限责任公司、东北轻合金有限责任公司、中国铝业股份有限公司西北铝加工分公司、北京有色金属研究总院、广东凤铝铝业有限公司、华北铝业有限公司的代表。会议成立了《丛书》编写筹备委员会，并讨论了《丛书》编写和出版工作。2006年年底确定了《丛书》的分工。

第一次《丛书》编写工作会议以后，各有关单位领导十分重视《丛书》的编写工作，分别召开了本单位的编写工作会议，将编写工作落实到具体的作者，并都拟定了编写大纲和目录。中国有色金属学会的领导也十分重视《丛书》的编写工作，将《丛书》的编写出版工作列入学会的2007~2008年工作计划。

为了进一步促进《丛书》的编写和协调编写工作，编委会于2007年4月12日在北京召开了第二次《丛书》编写工作会议。参加会议的有来自西南铝业（集团）有限责任公司、东北轻合金有限责任公司、中国铝业股份有限公司西北铝加工分公司、北京有色金属研究总院、广东凤铝铝业有限公司、上海瑞尔实业有限公司、广东中山市金胜铝业有限公司、华北铝业有限公司和冶金工业出版社的代表21位同志。会议进一步修订了《丛书》各册的编写大纲和目录，落实和协调了各册的编写工作和进度，交流了编写经验。

为了做好《丛书》的出版工作，2008年5月5日在北京召开了第三次《丛书》编写工作会议。参加会议的单位有：西南铝业（集团）有限责任公司、东北轻合金有限责任公司、中国铝业股份有限公司西北铝加工分公司、北京有色金属研究总院、广东凤铝铝业有限公司、广东中山市金胜铝业有限公司、上海瑞尔实业有限公司和冶金工业出版社，会议代表共18位同志。会议通报了编写情况，协调了编写进度，落实了各分册交稿和出版计划。

《丛书》因各分册由不同单位承担，有的分册是合作编写，编写进度有快有慢。因此，《丛书》的编写和出版工作是统一规划，分步实施，陆续尽快出版。

由于《丛书》组织和编写工作量大，作者多和时间紧，在编写和出版过程中，可能会有不妥之处，恳请广大读者批评指正，并提出宝贵意见。

《现代铝加工生产技术丛书》编委会

2008年6月

前　　言

近几十年来，我国铝加工业发生了巨大变化，许多企业通过引进、消化、吸收和自主创新，一批新技术、新工艺、新材料、新装备得到推广和应用，一大批高精尖产品不但满足了国内经济建设的需要，而且大量出口国外。目前我国已经成为世界铝加工材生产和消费第一大国。但是，我们应当清醒地看到，我国铝加工工业尤其是铝板材生产技术与国际先进水平相比还有较大差距，特别是自主创新能力方面还较低，需加快步伐，提高我国铝加工产品在国际市场上的竞争能力。为此，作者在总结了长期以来在生产第一线从事铝及铝合金中厚板生产的实际经验与科研开发工作的基础上，参考和吸收了国内外有关方面的研发成果和经验，编写了本书，以期推广国内外的先进技术和生产经验，使我国铝及铝合金中厚板生产技术不断提高，并对促进我国铝及铝合金中厚板生产技术的发展有所裨益。

本书详细介绍和系统论述了铝合金中厚板生产工艺、技术、设备与质量控制等。内容主要包括：铝合金牌号、状态及成分，变形铝合金的特性，铝合金轧制原理，铝合金板材品种、生产方法及生产工艺，铝合金中厚板热轧技术，铝合金板形控制技术，铝合金中厚板热处理，铝合金中厚板精整技术，铝合金中厚板的缺陷分析与质量控制，铝合金中厚板生产工艺及性能数据等。并列举了大量在生产中容易出现的技术、质量难题及解决方法。在内容组织和结构安排上，力求理论联系实际，切合生产实际需要，突出实用性、先进性和行业特色，为读者提供一本实用的技术著作。

本书是铝及铝合金加工生产企业工程技术人员必备的技术读物，也可供从事有色金属材料与加工的科研、设计、生产和应用等方面的技术人员与管理人员使用，同时可作为大专院校有关专业师生的参考书。

本书第1、2、6章由钟利编写，第3、5、7、8、9、10章由马英义编写，第4章由谢延翠编写。全书由谢水生教授和刘静安教授审定。

本书在编写过程中，得到了许多专家和工程技术人员的支持与帮助，同时参考了国内外有关专家和学者的一些文献资料及企业的一些图表、数据等，并得到中国有色金属学会合金加工学术委员会和冶金工业出版社的大力支持，在此一并表示衷心的感谢！

由于作者水平有限，书中不妥之处，恳请广大读者批评指正。

作 者

2009年2月

目　录

1　铝合金牌号、状态及成分

1.1　铝合金的分类

原铝，又称电解铝，是生产铝及铝合金材的原料。铝是强度低、塑性好的金属。除应用部分纯铝外，为提高强度或综合性能，一般配制成合金。

铝及铝合金根据其中所含元素多少，对性能影响情况，可借助相图予以大致的分类，如图 1-1 所示。

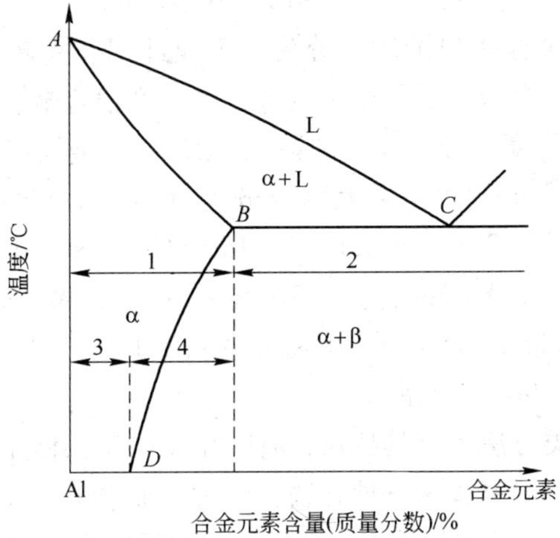

图 1-1　铝合金分类示意图

1—变形铝合金；2—铸造铝合金；3—不可热处理强化的铝合金；4—可热处理强化的铝合金

铝中加入合金元素就能使其组织结构和性能发生改变，用作各种加工材或铸造零件。经常加入的合金元素有铜、镁、锌、硅、锰等。元素溶在铝中形成铝基固溶体（α），不溶在铝中的一般形成化合物

（金属间化合物 β）。合金元素在固态铝中的溶解度一般是有限的，在大多数情况下，温度升高溶解度增大；温度降低溶解度减小。可以利用不同方式的加热、冷却过程形成热处理制度——退火、淬火和时效，使其性能改变。形成单相固溶体合金时，有利于压力加工和锻造。合金元素或化合物与铝形成共晶体，可以使合金流动性变好，有利于铸造。

因此，把铝及铝合金分为变形铝合金（图 1-1 中 1）和铸造铝合金（图 1-1 中 2）两大类。其中变形铝合金分类的方法很多，目前，世界上绝大部分国家通常按以下三种方法进行分类：

（1）按合金状态图及热处理特点分为可热处理强化铝合金（图 1-1 中 4）和不可热处理强化铝合金（图 1-1 中 3）两大类。不可热处理强化铝合金如：纯铝、Al-Mn、Al-Mg、Al-Si 系合金。可热处理强化铝合金如：Al-Mg-Si、Al-Cu、Al-Zn-Mg 系合金。

（2）按合金性能和用途可分为：工业纯铝、光辉铝合金、切削铝合金、耐热铝合金、低强度铝合金、中强度铝合金、高强度铝合金（硬铝）、超高强度铝合金（超硬铝）、锻造铝合金及特殊铝合金等。

（3）按合金中所含主要元素成分可分为：工业纯铝（1××× 系），Al-Cu 合金（2×××系），Al-Mn 合金（3×××系），Al-Si 合金（4×××系），Al- Mg 合金（5×××系），Al-Mg-Si 合金（6×××系），Al-Zn-Mg-Cu 合金（7×××系），Al-Li 合金（8×××系）及备用合金组（9×××系）。

这三种分类方法各有其特点，有时相互交叉，相互补充。在工业生产中，大多数国家按第三种方法，即按合金中所含主要元素成分的 4 位数码法分类。这种分类方法能较本质地反映合金的基本性能，也便于编码、记忆和计算机管理。我国目前也采用 4 位数码法分类。

1.2 中国变形铝合金的牌号

1.2.1 变形铝合金牌号及表示方法

根据新制定的 GB/T 16474—1996《变形铝及铝合金牌号表示方法》，凡是化学成分与变形铝及铝合金国际牌号注册协议组织（简称国际牌号注册组织）命名的合金相同的所有合金，其中国牌号直接采用国际四位数字体系牌号，未与国际四位数字体系牌号的变形铝合金接轨的，采用四位字符牌号（但试验铝合金在四位字符牌号前加×）命名，并按要求注册化学成分。

四位字符牌号应符合四位字符体系牌号命名方法的规定。四位字符体系牌号的第一、三、四位为阿拉伯数字，第二位为英文大写字母（C、I、L、N、O、P、Q、Z 字母除外）。牌号的第一位数字表示铝及铝合金的组别，如表 1-1 所示。除改型合金外，铝合金组别按主要合金元素来确定。主要合金元素指极限含量算术平均值为最大的合金元素。当有一个以上的合金元素极限含量算术平均值同为最大时，应按 Cu、Mn、Si、Mg、Mg_2Si、Zn、其他元素的顺序来确定合金组别。牌号的第二位字母表示原始纯铝或铝合金的改型情况，最后两位数字用以标识同一组中不同的铝合金或表示铝的纯度。

表 1-1　铝合金牌号组别及系列

组　别	牌号系列	组　别	牌号系列
纯铝（铝含量[①]不小于 99.00%）	1×××	以镁和硅为主要合金元素并以 Mg_2Si 相为强化相的铝合金	6×××
以铜为主要合金元素的铝合金	2×××	以锌为主要合金元素的铝合金	7×××
以锰为主要合金元素的铝合金	3×××	以其他元素为主要合金元素的铝合金	8×××
以硅为主要合金元素的铝合金	4×××	备用合金组	9×××
以镁为主要合金元素的铝合金	5×××		

①铝含量是指质量分数，全稿同。

1.2.1.1　纯铝的牌号命名法

铝含量不低于 99.00% 时为纯铝，其牌号用 1××× 系列表示。牌号的最后两位数字表示最低铝质量分数。当最低铝质量分数精确到 0.01% 时，牌号的最后两位数字就是最低铝质量分数中小数点后面的两位。牌号第二位的字母表示原始纯铝的改型情况。如果第二位的字母为 A，则表示为原始纯铝；如果是 B ~ Y 的其他字母（按国际规定用字母表的次序选用），则表示为原始纯铝的改型，与原始纯铝相比，其元素含量略有改变。

1.2.1.2 铝合金的牌号命名法

铝合金的牌号用 2××× ~8×××系列表示。牌号的最后两位数字没有特殊意义，仅用来区分同一组中不同的铝合金。牌号第二位的字母表示原始合金的改型情况。如果牌号第二位的字母是 A，则表示为原始合金；如果是 B ~ Y 的其他字母（按国际规定用字母表的次序选用），则表示为原始合金的改型合金。改型合金与原始合金相比，化学成分的变化仅限于下列任何一种或几种情况：

（1）一个合金元素或一组组合元素形式的合金元素，极限含量算术平均值的变化量符合表 1-2 的规定。

表 1-2 极限含量算术平均值的变化量

原始合金中的极限含量算术平均值范围/%	≤1.0	>1.0 ~ 2.0	>2.0 ~ 3.0	>3.0 ~ 4.0	>4.0 ~ 5.0	>5.0 ~ 6.0	>6.0
极限含量算术平均值的变化量/%	≤0.15	≤0.20	≤0.25	≤0.30	≤0.35	≤0.40	≤0.50

注：改型合金中的组合元素极限含量的算术平均值，应与原始合金中相同组合元素的算术平均值或各相同元素（构成该组和元素的各单个元素）的算术平均值之和相比较。

（2）增加或删除了极限含量算术平均值不超过 0.30% 的一个合金元素；增加或删除了极限含量算术平均值不超过 0.40% 的一组组合元素形式的合金元素。

（3）为了同一目的，用一个合金元素代替了另一个合金元素。

（4）改变了杂质的极限含量。

（5）细化晶粒的元素含量有变化。

1.2.2 变形铝合金的新旧牌号对照

变形铝合金的新旧牌号对照，如表 1-3 所示。

表 1-3 变形铝合金新旧牌号对照

新牌号	旧牌号	新牌号	旧牌号	新牌号	旧牌号
1A99	原 LG5	2A16	原 LY16	4A11	原 LD11
1A97	原 LG4	2B16	曾用 LY16-1	4A13	原 LD13
1A95		2A17	原 LY17	4A17	原 LT17
1A93	原 LG3	2A20	曾用 LY20	4004	
1A90	原 LG2	2A21	曾用 214	4032	
1A85	原 LG1	2A25	曾用 225	4043	
1080		2A49	曾用 149	4043A	
1080A		2A50	原 LD5	4047	
1070		2B50	原 LD6	4047A	
1070A	代 L1	2A70	原 LD7	5A01	曾用 2101、LF15
1370		2B70	曾用 LD7-1	5A02	原 LF2
1060	代 L2	2A80	原 LD8	5A03	原 1F3
1050		2A90	原 LD9	5A05	原 LF5
1050A	代 L3	2004		5B05	原 LF10
1A50	原 LB2	2011		5A06	原 LF6
1350		2014		5B06	原 LF14
1145		2014A		5A12	原 LF12
1035	代 L4	2214		5A13	原 LF13
1A30	原 L4-1	2017		5A30	曾用 2103，LF16
1100	代 L5-1	2017A		5A33	原 LF33
1200	代 L5	2117		5A41	原 LT41
1235		2218		5A43	原 LF43
2A01	原 LY1	2618		5A66	原 LT66
2A02	原 LY2	2219	曾用 LY19、147	5005	
2A04	原 LY4	2024		5019	
2A06	原 LY6	2124		5050	
2A10	原 LY10	3A21	原 LF21	5251	
2A11	原 LY11	3003		5052	
2B11	原 LY8	3103		5154	
2A12	原 LY12	3004		5154A	
2B12	原 LY9	3005		5454	
2A13	原 LY13	3105		5554	
2A14	原 LD10	4A01	原 LT1	5754	

续表 1-3

新牌号	旧牌号	新牌号	旧牌号	新牌号	旧牌号
5056	原 LF5-1	6351		7A19	曾用 919、LC19
5356		6060		7A31	曾用 183-1
5456		6061	原 LD30	7A33	曾用 LB733
5082		6063	原 LD31	7A52	曾用 LC52、5210
5182		6063A		7003	原 LC12
5083	原 LF4	6070	原 LD2-2	7005	
5183		6181		7020	
5086		6082		7022	
6A02	原 LD2	7A01	原 LB1	7050	
6B02	原 LD2-1	7A03	原 LC3	7075	
6A51	曾用 651	7A04	原 LC4	7475	
6101		7A05	曾用 705	8A06	原 L6
6101A		7A09	原 LC9	8011	曾用 LT98
6005		7A10	原 LC10	8090	
6005A		7A15	曾用 LC15、157		

注：1. “原”是指化学成分与新牌号等同，且都符合 GB 3190—82 规定的旧牌号；

2. “代”是指与新牌号的化学成分相近似，且符合 GB 3190—82 规定的旧牌号；

3. “曾用”是指已经鉴定，工业生产时曾经用过的牌号，但没有收入 GB 3190—82 中。

1.3 中国变形铝合金状态代号及其表示方法

1.3.1 基础状态代号

根据 GB/T 16475—1996 标准规定，中国铝及铝合金基础状态代号用一个英文大写字母表示。细分状态代号采用基础状态代号后跟一位或多位阿拉伯数字表示方法。

基础状态代号分为 5 种，如表 1-4 所示。

表 1-4 基础状态代号

代 号	名 称	说明与应用
F	自由加工状态	适用于在成形过程中，对于加工硬化和热处理条件无特殊要求的产品，该状态产品的力学性能不作规定
O	退火状态	适用于经完全退火获得最低强度的加工产品
H	加工硬化状态	适用于通过加工硬化提高强度的产品，产品在加工硬化后可经过（也可不经过）使强度有所降低的附加热处理； H 代号后面必须跟有两位或三位阿拉伯数字
W	固溶热处理状态	一种不稳定状态，仅适用于经固溶热处理后，室温下自然时效的合金，该状态代号仅表示产品处于自然时效阶段
T	热处理状态 （不同于 F、O、H 状态）	适用于热处理后，经过（或不经过）加工硬化达到稳定状态的产品； T 代号后面必须跟有一位或多位阿拉伯数字

1.3.2 细分状态代号

1.3.2.1 H（加工硬化）的细分状态

即在字母 H 后面添加两位阿拉伯数字（称作 H××状态），或三位阿拉伯数字（称作 H×××状态）表示 H 的细分状态。

A H××状态

H 后面的第一位数字表示获得该状态的基本处理程序，例如：

H1——单纯加工硬化状态。适用于未经附加热处理，只经加工硬化即获得所需强度的状态。

H2——加工硬化及不完全退火的状态。适用于加工硬化程度超过成品规定要求后，经不完全退火，使强度降低到规定指标的产品。对于室温下自然时效软化的合金，H2 与对应的 H3 具有相同的最小极限抗拉强度值；对于其他合金，H2 与对应的 H1 具有相同的最小极限抗拉强度值，但伸长率比 H1 稍高。

H3——加工硬化及稳定化处理的状态。适用于加工硬化后经低温热处理或由于加工过程中的受热作用致使其力学性能达到稳定的产品。H3 状态仅适用于在室温下逐渐时效软化（除非经稳定化处理）的合金。

H4——加工硬化及涂漆处理的状态。适用于加工硬化后，经涂漆处理导致了不完全退火的产品。

H 后面的第二位数字表示产品的加工硬化程度。数字 8 表示硬状态。通常采用 O 状态的最小抗拉强度与表 1-5 规定的强度差值之和来规定 H×8 状态的最小抗拉强度值。对于 O（退火）和 H×8 状态之间的状态，应在 H× 代号后分别添加从 1 到 7 的数字来表示，在 H× 后添加数字 9 表示比 H×8 加工硬化程度更大的超硬状态。各种 H××细分状态代号及对应的加工硬化程度如表 1-6 所示。

表 1-5 H×8 状态与 O 状态的最小抗拉强度的差值

O 状态的最小抗拉强度/MPa	H×8 状态与 O 状态的最小抗拉强度差值/MPa	O 状态的最小抗拉强度/MPa	H×8 状态与 O 状态的最小抗拉强度差值/MPa
≤40	55	165~200	100
45~60	65	205~240	105
65~80	75	245~280	110
85~100	85	285~320	115
105~120	90	≥325	120
125~160	95		

表 1-6 H×Y 细分状态代号与加工硬化程度

细分状态代号	加工硬化程度
H×1	抗拉强度极限为 O 与 H×2 状态的中间值
H×2	抗拉强度极限为 O 与 H×4 状态的中间值
H×3	抗拉强度极限为 H×2 与 H×4 状态的中间值
H×4	抗拉强度极限为 O 与 H×8 状态的中间值
H×5	抗拉强度极限为 H×4 与 H×6 状态的中间值
H×6	抗拉强度极限为 H×4 与 H×8 状态的中间值
H×7	抗拉强度极限为 H×6 与 H×8 状态的中间值
H×8	硬状态
H×9	超硬状态，最小抗拉强度极限值超 H×8 状态至少 10MPa

注：当按表中确定的 H×1~H×9 状态抗拉强度极限值不是以 0 或 5 结尾时，应修正至以 0 或 5 结尾的相邻较大值。

B　H×××状态

H×××状态代号如下：

H111——适用于最终退火后又进行了适量的加工硬化，但加工硬化程度又不及H11状态的产品。

H112——适用于热加工成形的产品。该状态产品的力学性能有规定要求。

H116—适用于镁含量（质量分数）不小于4.0%的5×××系合金制成的产品。这些产品具有规定的力学性能和抗剥落腐蚀性能要求。

C　花纹板的状态代号

花纹板的状态代号和其对应的压花前的板材状态代号如表1-7所示。

表1-7　花纹板和其压花前的板材状态代号对照

花纹板的状态代号	压花前的板材状态代号	花纹板的状态代号	压花前的板材状态代号
H114	O	H164 H264 H364	H15 H25 H35
H124 H224 H324	H11 H21 H31	H174 H274 H374	H16 H26 H36
H134 H234 H334	H12 H22 H32	H184 H284 H384	H17 H27 H37
H144 H244 H344	H13 H23 H33	H194 H294 H394	H18 H28 H38
H154 H254 H354	H14 H24 H34	H195 H295 H395	H19 H29 H39

1.3.2.2　T 的细分状态

在字母 T 后面添加一位或多位阿拉伯数字表示 T 的细分状态。

A　T×状态

在 T 后面添加 0 ~ 10 的阿拉伯数字，表示的细分状态（称作 T×状态）如表 1-8 所示。T 后面的数字表示对产品的基本处理程序。

表 1-8　T×细分状态代号说明与应用

状态代号	说明与应用
T0	固溶热处理后，经自然时效再通过冷加工的状态。 适用于经冷加工提高强度的产品
T1	由高温成形过程冷却，然后自然时效至基本稳定的状态。 适用于由高温成形过程冷却后，不再进行冷加工（可进行矫直、矫平，但不影响力学性能极限）的产品
T2	由高温成形过程冷却，经冷加工后自然时效至基本稳定的状态。 适用于由高温成形过程冷却后，进行冷加工或矫直、矫平以提高强度的产品
T3	固溶热处理后进行冷加工，再经自然时效至基本稳定的状态。 适用于在固溶热处理后，进行冷加工或矫直、矫平以提高强度的产品
T4	固溶热处理后自然时效至基本稳定的状态。 适用于固溶热处理后，不再进行冷加工（可进行矫直、矫平，但不影响力学性能极限）的产品
T5	由高温成形过程冷却，然后进行人工时效的状态。 适用于由高温成形过程冷却后，不经过冷加工（可进行矫直、矫平，但不影响力学性能极限），予以人工时效的产品
T6	固溶热处理后进行人工时效的状态。 适用于固溶热处理后，不再进行冷加工（可进行矫直、矫平，但不影响力学性能极限）的产品
T7	固溶热处理后进行过时效的状态。 适用于固溶热处理后，为获取某些重要特性，在人工时效时，强度在时效曲线上越过了最高峰点的产品

续表 1-8

状态代号	说 明 与 应 用
T8	固溶热处理后经冷加工，然后进行人工时效的状态。 适用于经冷加工或矫直、矫平以提高强度的产品
T9	固溶热处理后人工时效，然后进行冷加工的状态。 适用于经冷加工提高强度的产品
T10	由高温成形过程冷却后，进行冷加工，然后人工时效的状态。 适用于经冷加工或矫直、矫平以提高强度的产品

注：某些6×××系的合金，无论是炉内固溶热处理还是从高温成形过程急冷以保留可溶性组分在固溶体中，均能达到相同的固溶热处理效果，这些合金的T3、T4、T6、T7、T8和T9状态可采用上述两种处理方法中的任一种。

B T××状态及T×××状态（消除应力状态除外）

在T×状态代号后面再添加一位阿拉伯数字（称作T××状态），或添加两位阿拉伯数字（称作T×××状态），表示经过了明显改变产品特性（如力学性能、抗腐蚀性能等）的特定工艺处理的状态，如表1-9所示。

表 1-9 T××及T×××细分代号说明与应用

状态代号	说 明 与 应 用
T42	适用于自O或F状态固溶热处理后，自然时效到充分稳定状态的产品，也适用于需方任何状态的加工产品热处理后，力学性能达到T42状态的产品
T62	适用于自O或F状态固溶热处理后，进行人工时效的产品，也适用于需方对任何状态的加工产品热处理后，力学性能达到T62状态的产品
T73	适用于固溶热处理后，经过时效以达到规定的力学性能和抗应力腐蚀性能指标的产品
T74	与T73状态定义相同。该状态的抗拉强度大于T73状态，但小于T76状态
T76	与T73状态定义相同。该状态的抗拉强度分别高于T73、T74状态，抗应力腐蚀断裂性能分别低于T73、T74状态，但其抗剥落腐蚀性能仍较好

续表 1-9

状态代号	说 明 与 应 用
T7×2	适用于自O或F状态固溶热处理后，进行人工过时效处理，力学性能及抗腐蚀性能达到T7×状态的产品
T81	适用于固溶热处理后，经1%左右的冷加工变形提高强度，然后进行人工时效的产品
T87	适用于固溶热处理后，经7%左右的冷加工变形提高强度，然后进行人工时效的产品

C 消除应力状态

在上述T×或T××或T×××状态代号后面再添加“51”、或“510”、或“511”、或“52”、或“54”表示经历了消除应力处理的产品状态代号，如表1-10所示。

表1-10 消除应力状态代号说明与应用

状态代号	说 明 与 应 用
T×51 T××51 T×××51	适用于固溶热处理或自高温成形过程冷却后，按规定量进行拉伸的厚板、轧制或冷精整的棒材以及模锻件、锻环或轧制环，这些产品拉伸后不再进行矫直。 厚板的永久变形量为1.5%～3%；轧制或冷精整棒材的永久变形量为1%～3%；模锻件、锻环或轧制环的永久变形量为1%～5%
T×510 T××510 T×××510	适用于固溶热处理或自高温成形过程冷却后，按规定量进行拉伸的挤制棒、型和管材，以及拉制管材，这些产品拉伸后不再进行矫直。 挤制棒、型和管材的永久变形量为1%～3%；拉制管材的永久变形量为1.5%～3%
T×511 T××511 T×××511	适用于固溶热处理或自高温成形过程冷却后，按规定量进行拉伸的挤制棒、管和管材，以及拉制管材，这些产品拉伸后略微矫直以符合标准公差。 挤制棒、型和管材的永久变形量为1%～3%；拉制管材的永久变形量为1.5%～3%
T×52 T××52 T×××52	适用于固溶热处理或高温成形过程冷却后，通过压缩来消除应力，以产生1%～5%的永久变形量的产品
T×54 T××54 T×××54	适用于在终锻模内通过冷整形来消除应力的模锻件

1.3.2.3 W 的消除应力状态

与T的消除应力状态代号表示方法相同，可在W状态代号后面添加相同的数字（如51、52、54），以表示不稳定的固溶热处理及消除应力状态。

1.3.3 原状态代号与新状态代号的对照

原状态代号与新状态代号的对照如表1-11所示。

表1-11 原状态代号与相应的新状态代号

旧代号	新代号	旧代号	新代号	旧代号	新代号
M	O	T	H×9	MCS	T62
R	H112或F	CZ	T4	MCZ	T42
Y	H×8	CS	T6	CGS1	T73
Y1	H×6	CYS	T×51、T×52等	CGS2	T76
Y2	H×4	CZY	T0	CGS3	T74
Y4	H×2	CSY	T9	RCS	T5

注：原以R状态交货的、提供CZ、CS试样性能的产品，其状态可分别对应新代号T62、T42。

1.4 变形铝合金的化学成分

按GB/T 3190—1996标准制定的中国变形铝合金的化学成分，如表1-12所示。可适用于以压力加工方法生产的铝及铝合金加工产品（板、带、箔、管、棒、型、线和锻件）及其所用的铸锭和板坯。表中，含量有上下限者为合金元素；含量为单个数值者，铝为最低限，其他杂质元素为最高限。“其他”一栏是指未列出或未规定数值的金属元素。表头未列出的某些元素，当有极限含量要求时，其具体规定列于空白栏中。

表 1-12　变形铝合金的化学成分

序号	牌号	化学成分(质量分数)/%														备注
		Si	Fe	Cu	Mn	Mg	Cr	Ni	Zn		Ti	Zr	其他 单个	其他 合计	Al	
1	1A99	0.003	0.003	0.005									0.002		99.99	LG5
2	1A97	0.015	0.015	0.005									0.005		99.97	LG4
3	1A95	0.030	0.030	0.010									0.005		99.95	
4	1A93	0.040	0.040	0.010									0.007		99.93	1G3
5	1A90	0.060	0.060	0.010									0.01		99.90	LG2
6	1A85	0.08	0.10	0.01									0.01		99.85	LG1
7	1080	0.15	0.15	0.03	0.02	0.02			0.03	Ca 0.03，V 0.05	0.03		0.02		99.80	
8	1080A	0.15	0.15	0.03	0.02	0.02			0.06	Ca 0.03	0.02		0.02		99.80	
9	1070	0.20	0.25	0.04	0.03	0.03			0.04	V 0.05	0.03		0.03		99.70	
10	1070A	0.20	0.25	0.03	0.03	0.03			0.07		0.03		0.03		99.70	
11	1370	0.10	0.25	0.02	0.01	0.02	0.01		0.04	Ca 0.03，V + Ti 0.02，B 0.02			0.02	0.10	99.70	
12	1060	0.25	0.35	0.05	0.03	0.03			0.05	V 0.05	0.03		0.03		99.60	
13	1050	0.25	0.40	0.05	0.05	0.05			0.05	V 0.05	0.03		0.03		99.50	
14	1050A	0.25	0.40	0.05	0.05	0.05			0.07		0.05		0.03		99.50	

续表 1-12

序号	牌号	化学成分(质量分数)/%														备注
		Si	Fe	Cu	Mn	Mg	Cr	Ni	Zn		Ti	Zr	其他 单个	其他 合计	Al	
15	1A50	0.30	0.30	0.01	0.05	0.05			0.03	Fe + Si 0.45			0.03		99.50	LB2
16	1350	0.10	0.40	0.05	0.01		0.01		0.05	Ca 0.03，V + Ti 0.02，B 0.05			0.03	0.10	99.50	
17	1145	Si + Fe 0.55		0.05	0.05	0.05			0.05	V 0.05	0.03		0.03		99.45	
18	1035	0.35	0.60	0.10	0.05	0.05			0.10	V 0.05	0.03		0.03		99.35	
19	1A30	0.10 ~ 0.20	0.15 ~ 0.30	0.05	0.01	0.01		0.01	0.02		0.02		0.03		99.30	L4-1
20	1100	Si + Fe 0.95		0.05 ~ 0.20	0.05				0.10	①			0.05	0.15	99.00	
21	1200	Si + Fe 1.00		0.05	0.05				0.10		0.05		0.05	0.15	99.00	
22	1235	Si + Fe 0.65		0.05	0.05	0.05			0.10	V 0.05	0.06		0.03		99.35	
23	2A01	0.50	0.50	2.2 ~ 3.0	0.20	0.20 ~ 0.50			0.10		0.15		0.05	0.10	余量	LY1
24	2A02	0.30	0.30	2.6 ~ 3.2	0.45 ~ 0.70	2.0 ~ 2.4			0.10		0.15		0.05	0.10	余量	LY2

续表 1-12

序号	牌号	化学成分(质量分数)/%														备注
		Si	Fe	Cu	Mn	Mg	Cr	Ni	Zn		Ti	Zr	其他		Al	
													单个	合计		
25	2A04	0.30	0.30	3.2 ~ 3.7	0.50 ~ 0.80	2.1 ~ 2.6			0.10	Be 0.001 ~0.010	0.05 ~ 0.40		0.05	0.10	余量	LY4
26	2A06	0.50	0.50	3.8 ~ 4.3	0.50 ~ 1.0	1.7 ~ 2.3			0.10	Be 0.001 ~0.005	0.03 ~ 0.15		0.05	0.10	余量	LY6
27	2A10	0.25	0.20	3.9 ~ 4.5	0.30 ~ 0.50	0.15 ~ 0.30			0.10		0.15		0.05	0.10	余量	LY10
28	2A11	0.70	0.70	3.8 ~ 4.8	0.40 ~ 0.8	0.40 ~ 0.80		0.10	0.30	Fe + Ni 0.70	0.15		0.05	0.10	余量	LY11
29	2B11	0.50	0.50	3.8 ~ 4.5	0.40 ~ 0.8	0.40 ~ 0.80			0.10		0.15		0.05	0.10	余量	LY8
30	2A12	0.50	0.50	3.8 ~ 4.9	0.30 ~ 0.9	1.2 ~ 1.8		0.10	0.30	Fe + Ni 0.50	0.15		0.05	0.10	余量	LY12
31	2B12	0.50	0.50	3.8 ~ 4.5	0.30 ~ 0.7	1.2 ~ 1.6			0.10		0.15		0.05	0.10	余量	LY9
32	2A13	0.7	0.60	4.0 ~ 5.0		0.30 ~ 0.50			0.6		0.15		0.05	0.10	余量	LY13

续表 1-12

序号	牌号	化学成分(质量分数)/%														备注
		Si	Fe	Cu	Mn	Mg	Cr	Ni	Zn		Ti	Zr	其他		Al	
													单个	合计		
33	2A14	0.6 ~ 1.2	0.70	3.9 ~ 4.8	0.40 ~ 1.0	0.40 ~ 0.80		0.10	0.30		0.15		0.05	0.10	余量	LD10
34	2A16	0.30	0.30	6.0 ~ 7.0	0.40 ~ 0.8	0.05			0.10		0.10 ~ 0.20	0.20	0.05	0.10	余量	LY16
35	2B16	0.25	0.30	5.8 ~ 6.8	0.20 ~ 0.40	0.05				V 0.05 ~ 0.15	0.08 ~ 0.20	0.10 ~ 0.25	0.05	0.10	余量	
36	2A17	0.30	0.30	6.0 ~ 7.0	0.40 ~ 0.8	0.25 ~ 0.45			0.10		0.10 ~ 0.20		0.05	0.10	余量	LY17
37	2A20	0.20	0.30	5.8 ~ 6.8		0.02			0.10	V 0.05 ~ 0.15 B 0.001 ~ 0.01	0.07 ~ 0.16	0.10 ~ 0.25	0.05	0.15	余量	LY20
38	2A21	0.20	0.20 ~ 0.60	3.0 ~ 4.0	0.05	0.8 ~ 1.2		1.8 ~ 2.3	0.20		0.05		0.05	0.15	余量	
39	2A25	0.06	0.06	3.6 ~ 4.2	0.50 ~ 0.7	1.0 ~ 1.5		0.06					0.05	0.10	余量	
40	2A49	0.25	0.8 ~ 1.2	3.2 ~ 3.8	0.30 ~ 0.6	1.8 ~ 2.2		0.8 ~ 1.2			0.08 ~ 0.12		0.05	0.15	余量	

续表 1-12

序号	牌号	化学成分(质量分数)/%											其他			备注
		Si	Fe	Cu	Mn	Mg	Cr	Ni	Zn		Ti	Zr	单个	合计	Al	
41	2A50	0.7 ~ 1.2	0.7	L 8 ~ 2.6	0.40 ~ 0.8	0.40 ~ 0.8		0.10	0.30	Fe + Ni 0.7	0.15		0.05	0.10	余量	LD5
42	2B50	0.7 ~ 1.2	0.7	1.8 ~ 2.6	0.40 ~ 0.8	0.40 ~ 0.8	0.01 ~ 0.20	0.10	0.30	Fe + Ni 0.7	0.02 ~ 0.10		0.05	0.10	余量	LD6
43	2A70	0.35	0.9 ~ 1.5	1.9 ~ 2.5	0.20	1.4 ~ 1.8		0.9 ~ 1.5	0.30		0.02 ~ 0.10		0.05	0.10	余量	LD7
44	2B70	0.25	0.9 ~ 1.4	1.8 ~ 2.7	0.20	1.2 ~ 1.8		0.8 ~ 1.4	0.15	Pb 0.05, Sn 0.05 Ti + Zr 0.20	0.10		0.05	0.15	余量	
45	2A80	0.50 ~ 1.2	1.0 ~ 1.6	1.9 ~ 2.5	0.20	1.4 ~ 1.8		0.9 ~ 1.5	0.30		0.15		0.05	0.10	余量	LD8
46	2A90	0.50 ~ 1.0	0.50 ~ 1.0	3.5 ~ 4.5	0.20	0.40 ~ 0.8		1.8 ~ 2.3	0.30		0.15		0.05	0.10	余量	LD9
47	2004	0.20	0.20	5.5 ~ 6.5	0.10	0.50			0.10		0.05	0.30 ~ 0.50	0.05	0.15	余量	

续表 1-12

序号	牌号	化学成分(质量分数)/%														备注
		Si	Fe	Cu	Mn	Mg	Cr	Ni	Zn		Ti	Zr	其他		Al	
													单个	合计		
48	2011	0.40	0.7	5.0 ~ 6.0					0.30	Bi 0.20 ~ 0.6 Pb 0.20 ~ 0.6			0.05	0.15	余量	
49	2014	0.50 ~ 1.2	0.7	3.9 ~ 5.0	0.40 ~ 1.2	0.20 ~ 0.8	0.10		0.25	③	0.15		0.05	0.15	余量	
50	2014A	0.50 ~ 0.9	0.50	3.9 ~ 5.0	0.40 ~ 1.2	0.20 ~ 0.8	0.10	0.10	0.25	Ti + Zr 0.20	0.15		0.05	0.15	余量	
51	2214	0.50 ~ 1.2	0.30	3.9 ~ 5.0	0.40 ~ 1.2	0.20 ~ 0.8	0.10		0.25	③	0.15		0.05	0.15	余量	
52	2017	0.20 ~ 0.8	0.7	3.5 ~ 4.5	0.40 ~ 1.0	0.40 ~ 0.8	0.10		0.25	③	0.15		0.05	0.15	余量	
53	2017A	0.20 ~ 0.8	0.7	3.5 ~ 4.5	0.40 ~ 1.0	0.40 ~ 1.0	0.10		0.25	Ti + Zr 0.25			0.05	0.15	余量	
54	2117	0.8	0.7	2.2 ~ 3.0	0.20	0.20 ~ 0.50	0.10		0.25				0.05	0.15	余量	
55	2218	0.9	1.0	3.5 ~ 4.5	0.20	1.2 ~ 1.8	0.10	1.7 ~ 2.3	0.25				0.05	0.15	余量	

续表 1-12

序号	牌号	化学成分(质量分数)/%											其他			备注
		Si	Fe	Cu	Mn	Mg	Cr	Ni	Zn		Ti	Zr	单个	合计	Al	
56	2618	0.10 ~ 0.25	0.9 ~ 1.3	1.9 ~ 2.7		1.3 ~ 1.8		0.9 ~ 1.2	0.10		0.04 ~ 0.10		0.05	0.15	余量	
57	2219	0.20	0.30	5.8 ~ 6.8	0.20 ~ 0.40	0.02			0.10	V 0.05 ~ 0.15	0.20 ~ 0.10	0.10 ~ 0.25	0.05	0.15	余量	LY19
58	2024	0.50	0.50	3.8 ~ 4.9	0.30 ~ 0.9	1.2 ~ 1.8	0.10		0.25	③	0.15		0.05	0.15	余量	
59	2124	0.20	0.30	3.8 ~ 4.9	0.30 ~ 0.9	1.2 ~ 1.8	0.10		0.25	③	0.15		0.05	0.15	余量	
60	3A21	0.6	0.7	0.2	1.0 ~ 1.6	0.05			0.10④		0.15		0.05	0.10	余量	LF21
61	3003	0.6	0.7	0.05 ~ 0.20	1.0 ~ 1.5				0.10				0.05	0.15	余量	
62	3103	0.50	0.7	0.10	0.9 ~ 1.5	0.30	0.10		0.20	Ti + Zr 0.10			0.05	0.15	余量	
63	3004	0.30	0.7	0.25	1.0 ~ 1.5	0.8 ~ 1.3			0.25				0.05	0.15	余量	

续表 1-12

序号	牌号	化学成分(质量分数)/%														备注
		Si	Fe	Cu	Mn	Mg	Cr	Ni	Zn		Ti	Zr	其他 单个	其他 合计	Al	
64	3005	0.6	0.7	0.30	1.0 ~ 1.5	0.20 ~ 0.6	0.10		0.25		0.10		0.05	0.15	余量	
65	3105	0.6	0.7	0.30	0.30 ~ 0.8	0.20 ~ 0.8	0.20		0.40		0.10		0.05	0.15	余量	
66	4A01	4.5 ~ 6.0	0.6	0.20					Zn + Sn 0.10		0.15		0.05	0.15	余量	LT1
67	4A11	11.5 ~ 13.5	1.0	0.50 ~ 1.3	0.20	0.8 ~ 1.3	0.10	0.50 ~ 1.3	0.25		0.15		0.05	0.15	余量	LD11
68	4A13	6.8 ~ 8.2	0.50	Cu + Zn 0.15	0.50	0.05				Ca 0.10	0.15		0.05	0.15	余量	LT13
69	4A17	11.0 ~ 12.5	0.50	Cu + Zn 0.15	0.50	0.05				Ca 0.10	0.15		0.05	0.15	余量	LT17
70	4004	9.0 ~ 10.5	0.8	0.25	0.10	1.0 ~ 2.0			0.20				0.05	0.15	余量	
71	4032	11.0 ~ 13.5	1.0	0.50 ~ 1.3		0.8 ~ 1.3	0.10	0.50 ~ 1.3	0.25				0.05	0.15	余量	

续表 1-12

序号	牌号	化学成分(质量分数)/%														备注
		Si	Fe	Cu	Mn	Mg	Cr	Ni	Zn		Ti	Zr	其他 单个	其他 合计	Al	
72	4043	4.5 ~ 6.0	0.8	0.30	0.05	0.05			0.10	①	0.20		0.05	0.15	余量	
73	4043A	4.5 ~ 6.0	0.6	0.30	0.15	0.20			0.10	①	0.15		0.05	0.15	余量	
74	4047	11.0 ~ 13.0	0.8	0.30	0.15	0.10			0.20	①			0.05	0.15	余量	
75	4047A	11.0 ~ 13.0	0.6	0.30	0.15	0.10			0.20	①	0.15		0.05	0.15	余量	
76	5A01	Si + Fe 0.40	0.10	0.30 ~ 0.7	6.0 ~ 7.0	0.10 ~ 0.20		0.25		0.15	0.10 ~ 0.20		0.05	0.15	余量	LF15
77	5A02	0.40	0.40	1.10	或 Cr 0.15 ~ 0.40	2.0 ~ 2.8				Si + Fe 0.6	0.15		0.05	0.15	余量	LF2
78	5A03	0.50 ~ 0.80	0.50	0.10	0.30 ~ 0.6	3.2 ~ 3.8			0.20		0.15		0.05	0.10	余量	LF3

续表 1-12

序号	牌号	化学成分（质量分数）/%													备注
		Si	Fe	Cu	Mn	Mg	Cr	Ni	Zn		Ti	Zr	其他 单个	其他 合计	Al	
79	5A05	0.50	0.50	0.10	0.30 ~ 0.6	4.8 ~ 5.5			0.20				0.05	0.10	余量	LF5
80	5B05	0.40	0.40	0.20	0.20 ~ 0.6	4.7 ~ 5.7				Si + Fe 0.6	0.15		0.05	0.10	余量	LF10
81	5A06	0.40	0.40	0.10	0.50 ~ 0.8	5.8 ~ 6.8			0.20	Be 0.0001 ~ 0.005②	0.02 ~ 0.10		0.05	0.10	余量	LF6
82	5B06	0.40	0.40	0.10	0.50 ~ 0.8	5.8 ~ 6.8			0.20	Be 0.0001 ~ 0.005②	0.10 ~ 0.30		0.05	0.10	余量	LF14
83	5A12	0.30	0.30	0.05	0.40 ~ 0.8	8.3 ~ 9.6		0.10	0.20	Be 0.005 Sb 0.004 ~ 0.05	0.05 ~ 0.15		0.05	0.10	余量	LF12
84	5A13	0.30	0.30	0.05	0.40 ~ 0.80	9.2 ~ 10.5		0.10	0.20	Be 0.005 Sb 0.004 ~ 0.05	0.05 ~ 0.15		0.05	0.10	余量	LF13
85	5A30	Si + Fe 0.40		0.10	0.50 ~ 1.0	4.7 ~ 5.5			0.25	Cr 0.05 ~ 0.20	0.03 ~ 0.15		0.05	0.10	余量	LF16
86	5A33	0.35	0.35	0.10	0.10	6.0 ~ 7.5			0.50 ~ 1.5	Be 0.0005 ~ 0.005②	0.05 ~ 0.15	0.10 ~ 0.30	0.05	0.10	余量	LF33

续表 1-12

序号	牌号	化学成分(质量分数)/%														备注
		Si	Fe	Cu	Mn	Mg	Cr	Ni	Zn		Ti	Zr	其他		Al	
													单个	合计		
87	5A41	0.40	0.40	0.10	0.30 ~ 0.6	6.0 ~ 7.0			0.20		0.02 ~ 0.10		0.05	0.10	余量	LT41
88	5A43	0.40	0.40	0.10	0.15 ~ 0.40	0.6 ~ 1.4					0.15		0.05	0.15	余量	LF43
89	5A66	0.005	0.01	0.005		1.5 ~ 2.0							0.005	0.01	余量	LT66
90	5005	0.30	0.7	0.20	0.20	0.50 ~ 1.1	0.10		0.25				0.05	0.15	余量	
91	5019	0.40	0.50	0.10	0.10 ~ 0.6	4.5 ~ 5.6	0.20		0.20	Mo + Cr 0.1 ~ 0.6	0.20		0.05	0.15	余量	
92	5050	0.40	0.7	0.20	0.10	1.1 ~ 1.8	0.10		0.25				0.05	0.15	余量	
93	5251	0.40	0.50	0.15	0.10 ~ 0.50	1.7 ~ 2.4	0.15		0.15		0.15		0.05	0.15	余量	
94	5052	0.25	0.40	0.10	0.10	2.2 ~ 2.8	0.15 ~ 0.35		0.10				0.05	0.15	余量	

续表 1-12

序号	牌号	化学成分(质量分数)/%														备注
		Si	Fe	Cu	Mn	Mg	Cr	Ni	Zn		Ti	Zr	其他 单个	其他 合计	Al	
95	5154	0.25	0.40	0.10	0.10	3.1 ~ 3.9	0.15 ~ 0.35		0.20	①	0.20		0.05	0.15	余量	
96	5154A	0.50	0.50	0.10	0.50	3.1 ~ 3.9	0.25		0.20	① Mn + Cr 0.10 ~ 0.50	0.20		0.05	0.15	余量	
97	5454	0.25	0.40	0.10	0.50 ~ 1.0	2.4 ~ 3.0	0.05 ~ 0.20		0.25		0.20		0.05	0.15	余量	
98	5554	0.25	0.40	0.10	0.50 ~ 1.0	2.4 ~ 3.0	0.05 ~ 0.20		0.25	①	0.05 ~ 0.20		0.05	0.15	余量	
99	5754	0.40	0.40	0.10	0.50	2.6 ~ 3.6	0.30		0.20	Mn + Cr 0.10 ~ 0.60	0.15		0.05	0.15	余量	
100	5056	0.30	0.40	0.10	0.05 ~ 0.20	4.5 ~ 5.5	0.05 ~ 0.20		0.10				0.05	0.15	余量	LF5-1
101	5356	0.25	0.40	0.10	0.05 ~ 0.20	4.5 ~ 5.5	0.05 ~ 0.20		0.10	①	0.06 ~ 0.20		0.05	0.15	余量	
102	5456	0.25	0.40	0.10	0.50 ~ 1.0	4.7 ~ 5.5	0.05 ~ 0.20		0.25		0.20		0.05	0.15	余量	

续表 1-12

序号	牌号	化学成分(质量分数)/%											其他			备注
		Si	Fe	Cu	Mn	Mg	Cr	Ni	Zn		Ti	Zr	单个	合计	Al	
103	5082	0.20	0.35	0.15	0.15	4.0 ~ 5.0	0.15		0.25		0.10		0.05	0.15	余量	
104	5182	0.20	0.35	0.15	0.20 ~ 0.50	4.0 ~ 5.0	0.10		0.25		0.10		0.05	0.15	余量	
105	5083	0.40	0.40	0.10	0.40 ~ 1.0	4.0 ~ 4.9	0.05 ~ 0.25		0.25		0.15		0.05	0.15	余量	LF4
106	5183	0.40	0.40	0.10	0.50 ~ 1.0	4.3 ~ 5.2	0.05 ~ 0.25		0.25	①	0.15		0.05	0.15	余量	
107	5086	0.40	0.50	0.10	0.20 ~ 0.7	3.5 ~ 4.5	0.05 ~ 0.25		0.25		0.15		0.05	0.15	余量	
108	6A02	0.50 ~ 1.2	0.50	0.20 ~ 0.6	或 Cr 0.15 ~ 0.35	0.45 ~ 0.9			0.20		0.15		0.05	0.10	余量	LD2
109	6B02	0.7 ~ 1.1	0.40	0.10 ~ 0.40	0.10 ~ 0.30	0.40 ~ 0.8			0.15		0.01 ~ 0.04		0.05	0.10	余量	LD2-1

续表 1-12

序号	牌号	化学成分(质量分数)/%														备注
		Si	Fe	Cu	Mn	Mg	Cr	Ni	Zn		Ti	Zr	其他 单个	其他 合计	Al	
110	6A51	0.50 ~ 0.7	0.50	0.15 ~ 0.35		0.45 ~ 0.6			0.25	Sn 0.15 ~ 0.35	0.01 ~ 0.04		0.05	0.15	余量	
111	6101	0.30 ~ 0.7	0.50	0.10	0.03	0.35 ~ 0.8	0.03		0.10	B 0.06			0.03	0.10	余量	
112	6101A	0.30 ~ 0.7	0.40	0.05		0.40 ~ 0.9							0.03	0.10	余量	
113	6005	0.6 ~ 0.9	0.35	0.10	0.10	0.40 ~ 0.6	0.10		0.10		0.10		0.05	0.15	余量	
114	6005A	0.50 ~ 0.9	0.35	0.30	0.50	0.40 ~ 0.7	0.30		0.20	Mn + Cr 0.12 ~ 0.50	0.10		0.05	0.15	余量	
115	6351	0.7 ~ 1.3	0.50	0.10	0.40 ~ 0.8	0.40 ~ 0.8			0.20		0.20		0.05	0.15	余量	
116	6060	0.30 ~ 0.6	0.10 ~ 0.3	0.10	0.10	0.35 ~ 0.6	0.05		0.15		0.10		0.05	0.15	余量	
117	6061	0.40 ~ 0.8	0.7	0.15 ~ 0.40	0.15	0.8 ~ 1.2	0.04 ~ 0.35		0.25		0.15		0.05	0.15	余量	LD30

续表 1-12

序号	牌号	化学成分（质量分数）/%														备注
		Si	Fe	Cu	Mn	Mg	Cr	Ni	Zn		Ti	Zr	其他 单个	其他 合计	Al	
118	6063	0.20～0.6	0.35	0.10	0.10	0.45～0.9	0.10		0.10		0.10		0.05	0.15	余量	LD31
119	6063A	0.30～0.6	0.15～0.35	0.10	0.15	0.6～0.9	0.05		0.15		0.10		0.05	0.15	余量	
120	6070	1.0～1.7	0.50	0.15～0.40	0.40～1.0	0.50～1.2	0.10		0.25		0.15		0.05	0.15	余量	LD2-2
121	6181	0.8～1.2	0.45	0.10	0.15	0.6～1.0	0.10		0.20		0.10		0.05	0.15	余量	
122	6082	0.7～1.3	0.50	0.10	0.40～1.0	0.6～1.2	0.25		0.20		0.10		0.05	0.15	余量	
123	7A01	0.30	0.30	0.01					0.9～1.3	Si + Fe 0.45			0.03		余量	LB1
124	7A03	0.20	0.20	1.8～2.4	0.10	1.2～1.6	0.05		6.0～6.7		0.02～0.08		0.05	0.10	余量	LC3
125	7A04	0.50	0.50	1.4～2.0	0.20～0.6	1.8～2.8	0.10～0.25		5.0～7.0		0.10		0.05	0.10	余量	LC4

续表 1-12

序号	牌号	化学成分(质量分数)/%														备注
		Si	Fe	Cu	Mn	Mg	Cr	Ni	Zn		Ti	Zr	其他		Al	
													单个	合计		
126	7A05	0.25	0.25	0.20	0.15 ~ 0.40	1.1 ~ 1.7	0.05 ~ 0.15		4.4 ~ 5.0		0.02 ~ 0.06	0.10 ~ 0.25	0.05	0.15	余量	
127	7A09	0.50	0.50	1.2 ~ 2.0	0.15	2.0 ~ 3.0	0.16 ~ 0.30		5.1 ~ 6.1		0.10		0.05	0.10	余量	LC9
128	7A10	0.30	0.30	0.50 ~ 1.0	0.20 ~ 0.35	3.0 ~ 4.0	0.10 ~ 0.20		3.2 ~ 4.2		0.10		0.05	0.10	余量	LC10
129	7A15	0.50	0.50	0.50 ~ 1.0	0.10 ~ 0.40	2.4 ~ 3.0	0.10 ~ 0.30		4.4 ~ 5.4	Be 0.005 ~ 0.01	0.05 ~ 0.01		0.05	0.15	余量	LC15
130	7A19	0.30	0.40	0.08 ~ 0.30	0.30 ~ 0.50	1.3 ~ 1.9	0.10 ~ 0.20		4.5 ~ 5.3	Be 0.0001 ~ 0.004②		0.08 ~ 0.20	0.05	0.15	余量	LC19
131	7A31	0.30	0.6	0.10 ~ 0.40	0.20 ~ 0.40	2.5 ~ 3.3	0.10 ~ 0.20		3.6 ~ 4.5	Be 0.0001 ~ 0.0010	0.02 ~ 0.10	0.08 ~ 0.25	0.05	0.15	余量	
132	7A33	0.25	0.30	0.25 ~ 0.55	0.05	2.2 ~ 2.7	0.10 ~ 0.20		4.6 ~ 5.4		0.05		0.05	0.10	余量	

续表 1-12

序号	牌号	化学成分(质量分数)/%														备注
		Si	Fe	Cu	Mn	Mg	Cr	Ni	Zn		Ti	Zr	其他		Al	
													单个	合计		
133	7A52	0. 25	0. 30	0. 05 ~ 0. 20	0. 20 ~ 0. 50	2. 0 ~ 2. 8	0. 15 ~ 0. 25		4. 0 ~ 4. 8		0. 05 ~ 0. 18	0. 05 ~ 0. 15	0. 05	0. 15	余量	LC52
134	7003	0. 30	0. 35	0. 20	0. 30	0. 50 ~ 1. 0	0. 20		5. 0 ~ 6. 5		0. 20	0. 05 ~ 0. 25	0. 05	0. 15	余量	LC12
135	7005	0. 35	0. 40	0. 10	0. 20 ~ 0. 7	1. 0 ~ 1. 8	0. 06 ~ 0. 20		4. 0 ~ 5. 0		0. 01 ~ 0. 06	0. 08 ~ 0. 20	0. 05	0. 15	余量	
136	7020	0. 35	0. 40	0. 20	0. 05 ~ 0. 50	1. 0 ~ 1. 4	0. 10 ~ 0. 35		4. 0 ~ 5. 0	Zr + Ti 0. 08 ~ 0. 25		0. 08 ~ 0. 20	0. 05	0. 15	余量	
137	7022	0. 50	0. 50	0. 50 ~ 1. 0	0. 10 ~ 0. 40	2. 6 ~ 3. 7	0. 10 ~ 0. 30		4. 3 ~ 5. 2	Zr + Ti 0. 20			0. 05	0. 15	余量	
138	7050	0. 12	0. 15	2. 0 ~ 2. 6	0. 10	1. 9 ~ 2. 6	0. 04		5. 7 ~ 6. 7		0. 06	0. 08 ~ 0. 15	0. 05	0. 15	余量	
139	7075	0. 40	0. 50	1. 2 ~ 2. 0	0. 30	2. 1 ~ 2. 9	0. 18 ~ 0. 28		5. 1 ~ 6. 1	⑤	0. 20		0. 05	0. 15	余量	

续表 1-12

序号	牌号	化学成分(质量分数)/%														备注
		Si	Fe	Cu	Mn	Mg	Cr	Ni	Zn		Ti	Zr	其他 单个	其他 合计	Al	
140	7475	0. 10	0. 12	1. 2 ~ 1. 9	0. 06	1. 9 ~ 2. 6	0. 18 ~ 0. 25		5. 2 ~ 6. 2		0. 06		0. 05	0. 15	余量	
141	8A06	0. 55	0. 50	0. 10	0. 10	0. 10			0. 10	Fe + Si 1. 0			0. 05	0. 15	余量	L6
142	8011	0. 50 ~ 0. 9	0. 6 ~ 1. 0	0. 10	0. 20	0. 05	0. 05		0. 10		0. 08		0. 05	0. 15	余量	
143	8090	0. 20	0. 30	1. 0 ~ 1. 6	0. 10	0. 6 ~ 1. 3	0. 10		0. 25	Li 2. 2 ~ 2. 7	0. 10	0. 04 ~ 0. 16	0. 05	0. 15	余量	

①用作电焊条和焊带、焊丝时，铍含量不大于 0. 0008%；

②铍含量均按规定量加入，可不做分析；

③仅在供需双方商定时，对挤压和锻造产品规定 Ti + Zr 含量不大于 0. 20%；

④用作铆钉线材的 3A21 合金的锌含量应不大于 0. 03%；

⑤仅在供需双方商定时，对挤压和锻造产品规定 Ti + Zr 含量不大于 0. 25%。

2 变形铝合金的特性

2.1 1×××系铝合金

2.1.1 1×××系铝合金的特点

1×××系铝合金属于工业纯铝，具有密度小、导电性好、导热性高、溶解潜热大、光反射系数大、热中子吸收截面较小及外表面色泽美观等特性。铝在空气中其表面能生成致密而坚固的氧化膜，阻止氧的侵入，因而具有较好的抗蚀性。1×××系铝合金用热处理的方法不能达到强化的效果，只能采用冷作硬化方法来提高强度，因此强度较低。

2.1.2 合金元素和杂质元素在1×××系铝合金中的作用

1×××系铝合金中的主要元素是铁和硅,其次是铜、镁、锌、锰、铬、钛、硼等以及一些稀土元素,这些微量元素在部分1×××系铝合金中还起合金化的作用,并且对合金的组织和性能均有一定的影响。

(1) 铁：铁与铝可以生成$FeAl_3$，铁和硅与铝可以生成三元化合物$\alpha(Al_{12}Fe_3Si)$和$\beta(Al_5FeSi)$，它们是1×××系铝合金中的主要相，性硬而脆，对力学性能影响较大，一般是使强度略有提高，而塑性降低，并且可以提高再结晶温度。

(2) 硅：硅与铁是铝中的主要元素。当硅过剩时，以游离硅状态存在，性硬而脆，使合金的强度略有提高，而塑性降低，并对高纯铝的二次再结晶晶粒有明显影响。

(3) 铜：铜在1×××系铝合金中只要以固溶状态存在，就对合金的强度有贡献，对再结晶的温度也有影响。

(4) 镁：镁在1×××系铝合金中可以是添加元素，并主要以固溶状态存在，其作用是提高强度，对再结晶温度的影响较小。

（5）锰、铬：锰、铬可以明显提高再结晶温度，但细化晶粒的作用不大。

（6）钛、硼：钛、硼是1×××系铝合金中的主要变质元素，既可以细化铸锭晶粒，又可以提高再结晶的温度并细化晶粒。但钛对再结晶温度的影响与铁和硅的含量有关，当含有铁时，其影响非常显著；若含有少量的硅时，其作用减小；但当硅含量达到0.48%（质量分数）时，钛又可以使再结晶温度显著提高。

添加元素和杂质对1×××系铝合金的电学性能影响较大，一般均使导电性能降低，其中镍、铜、铁、锌、硅降低较少，而钒、铬、锰、钛则降低较多。此外，杂质的存在破坏了铝表面氧化膜的连续性，使铝的抗蚀性降低。

2.2 2×××系铝合金

2.2.1 2×××系铝合金的特点

2×××系铝合金是以铜为主要合金元素的铝合金，包括Al-Cu-Mg合金、Al-Cu-Mg-Fe-Ni合金和Al-Cu-Mn合金等，这些合金均属热处理可强化铝合金。合金的特点是强度高，通常称为硬铝合金，其耐热性能和加工性能良好，但耐蚀性不如大多数其他铝合金好，在一定条件下会产生晶间腐蚀，因此，板材往往需要包覆一层纯铝，或一层对芯板有电化学保护作用的6×××系铝合金，以大大提高其耐腐蚀性能。其中，Al-Cu-Mg-Fe-Ni合金具有极为复杂的化学组成和相组成，它在高温下有高的强度，并具有良好的工艺性能，主要用于锻压在150~250℃以下工作的耐热零件；Al-Cu-Mn合金的室温强度虽然低于Al-Cu-Mg合金2A12和2A14，但在225~250℃或更高温度下强度却比后两者高，并且合金的工艺性能良好，易于焊接，主要应用于耐热可焊的结构件及锻件。该系合金广泛应用于航空和航天领域。

2.2.2 合金元素和杂质元素在2×××系铝合金中的作用

2.2.2.1 Al-Cu-Mg合金

Al-Cu-Mg系合金的主要合金牌号有2A01、2A02、2A06、2A10、

2A11、2A12 等，主要添加元素有铜、镁和锰，它们对合金的作用如下。

A 铜、镁含量对合金力学性能的影响

当镁含量（质量分数，下同）为 1% ~2% 时，铜含量（质量分数，下同）从 1.0% 增加到 4% 时，淬火状态的合金抗拉强度从 200MPa 提高到 380MPa；淬火自然时效状态下合金的抗拉强度从 300MPa 增加到 480MPa。铜含量在 1% ~4% 范围内，镁从 0.5% 增加到 2.0% 时，合金的抗拉强度增加；继续增加镁含量时，合金的强度降低。

含 4.0% Cu 和 2.0% Mg 的合金抗拉强度值为最大，含 3% ~4% Cu 和 0.5% ~1.3% Mg 的合金，其淬火自然时效效果最大。试验指出，含 4% ~6% Cu 和 1% ~2% Mg 的 Al-Cu-Mg 三元合金，在淬火自然时效状态下，合金的抗拉强度可达 490 ~510MPa。

B 铜、镁含量对合金耐热性能的影响

由含有 0.6% Mn 的 Al-Cu-Mg 合金在 200℃ 和 160MPa 应力下的持久强度试验值可知，含 3.5% ~6% Cu 和 1.2% ~2.0% Mg 的合金，持久强度最大。这时合金位于 Al-S(Al_2CuMg)伪二元截面上或这一区域附近。远离伪二元截面的合金，即当镁含量小于 1.2% 和大于 2.0% 时，其持久强度降低。若镁含量提高到 3.0% 或更多时，合金持久强度将迅速降低。

在 250℃ 和 100MPa 应力下试验，也得到了相似的规律。文献指出，在 300℃ 下持久强度最大的合金，位于镁含量较高的 Al-S 二元截面以右的 α + S 相区中。

C 铜、镁含量对合金耐蚀性的影响

铜含量为 3% ~5% 的 Al-Cu 二元合金，在淬火自然时效状态下耐蚀性能很低。加入 0.5% Mg，降低 α 固溶体的电位，可部分改善合金的耐蚀性。镁含量大于 1.0% 时，合金的局部腐蚀增加，腐蚀后伸长率急剧降低。

铜含量大于 4.0%，镁含量大于 1.0% 的合金，镁降低了铜在铝中的溶解度，合金在淬火状态下，有不溶解的 $CuAl_2$ 和 S 相，这些相的存在加速了腐蚀。铜含量为 3% ~5% 和镁含量为 1% ~4% 的合金，它们位于同一相区，在淬火自然时效状态耐蚀性相差不多。α-S 相区的合金比 α-$CuAl_2$-S 区域的耐蚀性能差。晶间腐蚀是 Al-Cu-Mg 系合金的主要腐蚀倾向。

Al-Cu-Mg 合金中加入锰，主要是为了消除铁的有害影响和提高耐蚀性。锰能稍许提高合金的室温强度，但使塑性有所降低。锰还能延迟和减弱 Al-Cu-Mg 合金的人工时效过程，提高合金的耐热强度。锰也是使 Al-Cu-Mg 合金具有挤压效应的主要因素之一。锰的添加量一般低于1.0%，含量过高，能形成粗大的(FeMn)Al_6脆性化合物，降低合金的塑性。

Al-Cu-Mg 合金中添加的少量微量元素有钛、锆，杂质主要是铁、硅、锌等，其影响如下：

(1) 钛：合金中加钛能细化铸态晶粒，减少铸造时形成裂纹的倾向性。

(2) 锆：少量的锆和钛有相似的作用，细化铸态晶粒，减少铸造和焊接裂纹的倾向性，提高铸锭和焊接接头的塑性。加锆不影响含锰合金冷变形制品的强度，而对无锰合金则使强度稍有提高。

(3) 硅：镁含量低于 1.0% 的 Al-Cu-Mg 合金，硅含量超过0.5%，能提高人工时效的速度和强度，而不影响自然时效能力。因为硅和镁形成了 Mg_2Si 相，有利于人工时效效果。但镁含量提高到1.5%时，经淬火自然时效或人工时效处理后，合金的强度和耐热性能随硅含量的增加而下降。因而，硅含量应尽可能地降低。此外，硅含量增加将使 2A12、2A06 等合金铸造形成裂纹倾向增加，铆接时塑性下降。因此，合金中的硅含量一般限制在0.5%以下。要求塑性高的合金，硅含量应更低些。

(4) 铁：铁和铝形成 $FeAl_3$化合物；铁并溶入铜、锰、硅等元素所形成的化合物中，这些不溶入固溶体中的粗大化合物，降低了合金的塑性，变形时合金易于开裂，并使强化效果明显降低。而少量的铁(小于0.25%)对合金力学性能影响很小，改善了铸造、焊接时裂纹的形成倾向，但使自然时效速度降低。为获得高塑性的材料，合金中的铁、硅含量应尽量低些。

(5) 锌：少量的 Zn(0.1%~0.5%)对 Al-Cu-Mg 合金的室温力学

性能影响很小，但使合金耐热性降低。合金中锌含量应限制在0.3%以下。

2.2.2.2 Al-Cu-Mg-Fe-Ni 合金

Al-Cu-Mg-Fe-Ni 系合金的主要合金牌号有 2A70、2A80、2A90等，各合金元素的作用如下：

（1）铜和镁：铜、镁含量对上述合金室温强度和耐热性能的影响与 Al-Cu-Mg 合金的相似。由于该系合金中铜、镁含量比 Al-Cu-Mg 合金低，使合金位于 $\alpha + S$（Al_2CuMg）两相区中，因而合金具有较高的室温强度和良好的耐热性；另外，铜含量较低时，低浓度的固溶体分解倾向小，这对合金的耐热性是有利的。

（2）镍：镍与合金中的铜可以形成不溶解的三元化合物，镍含量低时形成（AlCuNi），含 Ni 高时形成 $Al_3(CuNi)_2$，因此 Ni 的存在，能降低固溶体中铜的浓度，对淬火状态晶格常数的测定结果也证明了合金固溶体中铜溶质原子的贫化。当铁含量很低时，镍含量增加能降低合金的硬度，减小合金的强化效果。

（3）铁：铁和镍一样，也能降低固溶体中铜的浓度。当镍含量很低时，合金的硬度随铁含量的增加，开始时是明显降低，但当铁含量达到某一数值后，又开始提高。

（4）镍和铁：在 AlCu2.2Mg1.65 合金中同时添加铁和镍时，淬火自然时效、淬火人工时效、淬火和退火状态下的硬度变化特点相似，均在镍、铁含量相近的部位出现一个最大值，相应在此处其淬火状态下的晶格常数出现一极小值。

当合金中铁含量大于镍含量时，会出现 Al_7Cu_2Fe 相。相反，当合金中镍含量大于铁含量时，则会出现 AlCuNi 相，上述含铜三元相的出现，降低了固溶体中铜的浓度，只有当铁、镍含量相等时，则全部生成 Al_9FeNi 相。在这种情况下，由于没有过剩的铁或镍去形成不溶解的含铜相，则合金中的铜除形成 S(Al_2CuMg)相外，同时也增加了铜在固溶体中的浓度，这有利于提高合金强度及其耐热性。

铁、镍含量可以影响合金耐热性。Al_9FeNi 相是硬脆的化合物，在铝中溶解度极小，经锻造和热处理后，当它们弥散分布于组织中时，能够显著地提高合金的耐热性。例如在 AlCu2.2Mg1.65 合金中含1.0% Ni，加入0.7% ~0.9% Fe 的合金持久强度值最大。

(5) 硅：在2A80 合金中加入0.5 % ~1.22% Si 可提高合金的室温强度，但使合金的耐热性降低。

(6) 钛：2A70 合金中加入0.02% ~0.1% Ti，细化铸态晶粒，提高锻造工艺性能，对耐热性有利，而对室温性能影响不大。

2.2.2.3 Al-Cu-Mn 合金

Al-Cu-Mn 系合金主要合金牌号有2A16、2A17 等，其主要合金元素的作用如下：

(1) 铜：在室温和高温下，随着铜含量提高，合金强度增加。铜含量达到5.0%时，合金强度接近最大值。另外，铜能改善合金的焊接性能。

(2) 锰：锰是提高耐热合金的主要元素，它提高固溶体中原子的激活能，降低溶质原子的扩散系数和固溶体的分解速度。当固溶体分解时，析出T相（$Al_{20}Cu_2Mn_3$）的形成和长大过程也非常缓慢，所以合金在一定高温下长时间受热时性能也很稳定。添加适当的 Mn (0.6% ~0.8%)，能提高合金淬火和自然时效状态的室温强度和持久强度。但锰含量过高，T 相增多，使界面增加，加速了扩散作用，降低了合金的耐热性。另外，锰也能降低合金焊接时的裂纹倾向。

Al-Cu-Mn 合金中添加的微量元素有镁、钛和锆，而主要杂质元素有铁、硅、锌等，其影响如下：

(1) 镁：在 2A16 合金中铜、锰含量不变的情况下，添加0.25% ~0.45% Mg 而成为2A17 合金。镁可以提高合金的室温强度，并改善150 ~225℃以下的耐热强度。然而，温度再升高时，合金的强度明显降低。但加入镁能使合金的焊接性能变坏，故在用于耐热可焊的2A16 合金中，杂质镁的含量应不大于0.05%。

(2) 钛：钛能细化铸态晶粒，提高合金的再结晶温度，降低过饱和固溶体的分解倾向，使合金高温下的组织稳定。但钛含量大于0.3%时，生成粗大针状晶体 $TiAl_3$ 化合物，使合金的耐热性有所降低。合金的钛含量规定为0.1% ~0.2%。

(3) 锆：在2219 合金中加入0.1 % ~0.25 % Zr 时，能细化晶粒，并提高合金的再结晶温度和固溶体的稳定性，从而提高合金的耐热性，并改善合金的焊接性和焊缝的塑性。但锆含量高时，能生成较多的脆性化合物 $ZrAl_3$。

（4）铁：合金中的铁含量超过 0.45% 时，形成不溶解相 Al_7Cu_2Fe，能降低合金淬火时效状态的力学性能和 300℃时的持久强度。所以铁含量应限制在 0.3% 以下。

（5）硅：少量 Si（0.4%）对室温力学性能影响不明显，但降低 300℃时的持久强度。硅含量超过 0.4% 时，会降低室温力学性能，故硅含量限制在 0.3% 以下。

（6）锌：少量 Zn（0.3%）对合金室温性能没有影响，但能加快铜在铝中的扩散速度，降低合金 300℃时的持久强度，故锌含量限制在 0.1% 以下。

2.3　3××系铝合金

2.3.1　3××系铝合金的特点

3××系铝合金是以锰为主要合金元素的铝合金，属于热处理不可强化铝合金。它的塑性高，焊接性能好，强度比 1××系铝合金的高，而耐蚀性能与 1××系铝合金的相近，是一种耐腐蚀性能良好的中等强度铝合金，它的用途广，用量大。

2.3.2　合金元素和杂质元素在 3××系铝合金中的作用

（1）锰：锰是 3××系铝合金中唯一的主合金元素，其含量一般在 1.0% ~1.6% 范围内，合金的强度、塑性和工艺性能良好，锰与铝可以生成 $MnAl_6$ 相。合金的强度随锰含量的增加而提高，当锰含量高于 1.6% 时，合金强度随之提高，但由于形成大量脆性化合物 $MnAl_6$，合金变形时容易开裂。随着锰含量的增加，合金的再结晶温度相应地提高。该系合金由于具有很大的过冷能力，因此在快速冷却结晶时，产生很大的晶内偏析，锰的浓度在枝晶的中心部位低，而在边缘部位高，当冷加工产品存在明显的锰偏析时，在退火后易形成粗大晶粒。

（2）铁：铁能溶于 $MnAl_6$ 中，形成 $(FeMn)Al_6$ 化合物，从而降低锰在铝中的溶解度。在合金中加入0.4%～0.7%Fe，但Fe+Mn要保证不大于1.85%，可以有效地细化板材退火后的晶粒，否则，形成大量的粗大片状(FeMn)Al_6化合物，会显著降低合金的力学性能和工艺性能。

（3）硅：硅是有害杂质。硅与Mn形成复杂三元相T($Al_{12}Mn_3Si_2$)，该相也能溶解铁，形成（Al、Fe、Mn、Si）四元相。若合金中铁和硅同时存在，则先形成α($Al_{12}Fe_3Si_2$)或β($Al_9Fe_2Si_2$)相，破坏了铁的有利影响。故合金中的硅应控制在0.6%以下。硅也能降低锰在铝中的溶解度，而且比铁的影响大。铁和硅可以加速锰在热变形时从过饱和固溶体中的分解过程，也可以提高一些力学性能。

（4）镁：少量的镁（约为0.3%）能显著地细化该系合金退火后的晶粒，并稍许提高其抗拉强度。但同时也损害了退火材料的表面光泽。镁也可以是Al-Mg合金中的合金化元素，添加0.3%～1.3%Mg，合金强度提高，伸长率（退火状态）降低，因此发展出Al-Mg-Mn系合金。

（5）铜：合金中含有0.05%～0.5%Cu，可以显著提高其抗拉强度。但含有少量的Cu（0.1%），便能使合金的耐蚀性能降低，故合金中铜含量应控制在0.2%以下。

（6）锌：锌含量低于0.5%时，对合金的力学性能和耐蚀性能无明显影响，考虑到合金的焊接性能，锌的含量限制在0.2%以下。

2.4 4×××系铝合金

2.4.1 4×××系铝合金的特点

4×××系铝合金是以硅为主要合金元素的铝合金，其中大多数合金属于热处理不可强化铝合金，只有含铜、镁和镍的合金，以及焊接热处理强化合金后吸取了某些元素时，才可以通过热处理强化。该系合金由于含硅量高，熔点低，熔体流动性好，容易补缩，并且不会使最终产品产生脆性，因此主要用于制造铝合金焊接的添加材料，如钎焊板、焊条和焊丝等。另外，由于一些该系合金的耐磨性能和高温性能好，也被用来制造活塞及耐热零件。含硅5%左右的合金，经阳极氧化上色后呈黑灰色，因此适宜用作建筑材料以及制造装饰件。

2.4.2 合金元素和杂质元素在4×××系铝合金中的作用

（1）硅：硅是该系合金中的主要合金成分，含量最低为4.5%，最高可达到13.5%。硅在合金中主要以α + Si共晶体和β（Al_5FeSi）形式存在，硅含量增加，其共晶体增加，合金熔体的流动性增大，同时合金的强度和耐磨性也随之提高。

（2）镍和铁：镍和铁可以形成不溶于铝的金属间化合物，能提高合金的高温强度、硬度，而又不降低其线膨胀系数。

（3）铜和镁：铜和镁可以生成Mg_2Si、$CuAl_2$和S相，提高合金的强度。

（4）铬和钛：铬和钛可以细化晶粒，改善合金的气密性。

2.5 5×××系铝合金

2.5.1 5×××系铝合金的特点

5×××系铝合金是以镁为主要合金元素的铝合金，属于不可热处理强化铝合金。该系合金密度小，强度比1×××系和3×××系铝合金的高，属于中高强度铝合金，疲劳性能和焊接性能良好，耐海洋大气腐蚀性好。为了避免高镁铝合金产生应力腐蚀，对最终冷加工产品要进行稳定化处理，或控制最终冷加工量，并且限制使用温度（不超过65℃）。该系合金主要用于制作焊接结构件和应用在船舶领域。

2.5.2 合金元素和杂质元素在5×××系铝合金中的作用

5×××系铝合金的主要成分是镁，并添加少量的锰、铬、钛等元素，而杂质元素主要有铁、硅、铜、锌等。

（1）镁：镁主要以固溶状态和β（Mg_2Al_3或Mg_5Al_8）相存在，虽然镁在合金中的溶解度随温度降低而迅速减小，但由于析出形核困难，核心少，析出相粗大，因而合金的时效强化效果低，一般都是在退火或冷加工状态下使用。因此，该系合金也称为热处理不可强化铝合金。该系合金的强度随镁含量的增加而提高，塑性则随之而降低，其加工工艺性能也随之变差。镁含量对合金的再结晶温度影响较大，当镁含量小于5%时，再结晶温度随镁含量的增加而降低，当镁含量超过5%时，再结晶温度则随镁含量的增加而升高。镁含量对合金的焊接性能也有明显影响，当镁含量小于6%时，合金的焊接裂纹倾向随镁含量的增加而降低，当镁含量超过6%时，则相反；当镁含量小于9%时，焊缝的强度随镁含量的增加而显著提高，此时塑性和焊接系数虽逐渐略有降低，但变化不大，当镁含量大于9%时，其强度、塑性和焊接系数均明显降低。

（2）锰：5×××系铝合金中通常含有1.0%以下的锰。合金中的锰部分固溶于基体，其余以$MnAl_6$相的形式存在于组织中。锰可以提高合金的再结晶温度，阻止晶粒粗化，并使合金强度略有提高，尤其对屈服强度更为明显。在高镁铝合金中，添加锰可以使镁在基体中的溶解度降低，减少焊缝裂纹倾向，提高焊缝和基体金属的强度。

（3）铬：铬和锰有相似的作用，可以提高基体金属和焊缝的强度，减少焊接热裂倾向，提高耐应力腐蚀性能，但使塑性略有降低。某些合金中可以用铬代替锰。就强化效果来说，铬不如锰，若两元素同时加入，其效果比单一加入的大。

（4）铍：在高镁合金中加入微量的Be（0.0001%～0.005%），能降低铸锭的裂纹倾向和改善轧制板材的表面质量，同时减少熔炼时镁的烧损，并且还能减少在加热过程中材料表面形成的氧化物。

（5）钛：高镁合金中加入少量的钛，主要目的是细化晶粒。

（6）铁：铁与锰和铬能形成难溶的化合物，从而降低锰和铬在合金中的作用，当铸锭组织中形成较多硬脆化合物时，容易产生加工裂纹。此外，铁还降低该系合金的耐腐蚀性能，因此铁含量一般应控制在0.4%以下，对于焊丝材料，铁最好限制在0.2%以下。

（7）硅：硅是有害杂质（5A03合金除外），硅与镁形成Mg_2Si相，由于镁含量过剩，降低了Mg_2Si相在基体中的溶解度，所以不但强化作用不大，而且降低了合金的塑性。轧制时，硅比铁的副作用更大些，因此硅含量一般应限制在0.5%以下。5A03合金中含0.5%～0.8%硅，可以降低焊接裂纹倾向，改善合金的焊接性能。

（8）铜：微量的铜就能使合金的耐蚀性能变差，因此铜含量应限制在0.2%以下，有的合金限制得更严格些。

（9）锌：锌含量小于0.2%时，对合金的力学性能和耐腐蚀性能没有明显影响。在高镁合金中添加少量的锌，抗拉强度可以提高10～20MPa。合金中杂质锌应限制在0.2%以下。

（10）钠：微量杂质钠能强烈损害合金的热变形性能，出现“钠脆性”，在高镁铝合金中更为突出。消除钠脆性的办法是使富集于晶界的游离钠变成化合物，可以采用氯化方法使之产生氯化钠并随炉渣排出，也可以采用添加微量铅的方法。

2.6　6×××系铝合金

2.6.1　6×××系铝合金的特点

6×××系铝合金是以镁和硅为主要合金元素并以 Mg_2Si 相为强化相的铝合金，属于热处理可强化铝合金。合金具有中等强度，耐蚀性高，无应力腐蚀破裂倾向，焊接性能良好，焊接区腐蚀性能不变，成形性和工艺性能良好等优点，当合金中含铜时，合金的强度可接近2×××系铝合金，工艺性能优于2×××系铝合金，但耐蚀性变差，合金有良好的锻造性能。6×××系合金中用得最广的是6061和6063合金，它们具有最佳的综合性能，主要产品为挤压型材，是最佳挤压合金，该合金广泛用作建筑型材。

2.6.2　合金元素和杂质元素在6×××系铝合金中的作用

6×××系铝合金的主要合金元素有镁、硅、铜，其作用如下：

（1）镁和硅的作用。镁、硅含量的变化对退火状态的Al-Mg-Si合金抗拉强度和伸长率的影响不明显。

随着镁、硅含量的增加，Al-Mg-Si合金淬火自然时效状态的抗拉强度提高，伸长率降低，当镁、硅总含量一定时，改变镁、硅含量之比对性能也有很大影响。固定镁含量，合金的抗拉强度随着硅含量的增加而提高。固定 Mg_2Si 相的含量，增加硅含量，合金的强化效果提高，而伸长率稍有提高。固定硅含量，合金的抗拉强度随着镁含量的增加而提高。含硅量较小的合金，抗拉强度的最大值位于 α(Al)-Mg_2Si-Mg_2Al_3三相区内。Al-Mg-Si 三元合金抗拉强度的最大值位于 α(Al)-Mg_2Si-Si 三相区内。

镁、硅对淬火人工时效状态合金的力学性能的影响规律，与淬火自然时效状态合金的情况基本相同，但抗拉强度有很大提高，最大值仍位于 α(Al)-Mg_2Si-Si 三相区内，同时伸长率相应降低。

合金中存在剩余硅和 Mg_2Si 时，随其数量的增加，耐蚀性能降低，但当合金位于 α(Al)-Mg_2Si 二相区以及 Mg_2Si 相全部固溶于基体的单相区内的合金时，耐蚀性最好。所有合金均无应力腐蚀破裂倾向。

合金在焊接时，焊接裂纹倾向性较大，但在 α(Al)-Mg_2Si 二相区中，成分为 0.2% ~0.4% Si、1.2% ~0.4% Mg 的合金和在 α(Al)-Mg_2Si-Si 三相区中，成分为 1.2% ~2.0% Si、0.8% ~2.0% Mg 的合金，其焊接裂纹倾向较小。

（2）铜的作用。Al-Mg-Si 合金中添加铜后，铜在组织中的存在形式不仅取决于铜含量，而且受镁、硅含量的影响。当铜含量很少，镁、硅比为 1.73∶1 时，则形成 Mg_2Si 相，铜全部固溶于基体中；当铜含量较多，镁、硅比小于 1.08 时，可能形成 W($Al_4CuMg_5Si_4$)相，剩余的铜则形成 $CuAl_2$，当铜含量多，镁、硅比大于 1.73 时，可能形成 S(Al_2CuMg)相和 $CuAl_2$ 相。W 相、S 相、$CuAl_2$ 相与 Mg_2Si 相不同，固态下只部分溶解参与强化，其强化作用不如 Mg_2Si 相大。

合金中加入铜，不仅可显著改善合金在热加工时的塑性，而且可增加热处理强化效果，还能抑制挤压效应，降低合金因加锰后所出现的各向异性。

6×××系铝合金中的微量添加元素有锰、铬、钛，而杂质元素主要有铁、锌等，其作用如下：

（1）锰：合金中加锰，可以提高强度，改善耐蚀性、冲击韧性和弯曲性能。在 AlMg0.7Si1.0 合金中添加铜、锰时，当锰含量低于 0.2% 时，随着锰含量的增加，合金的强度提高很大。锰含量继续增加，锰与硅形成 AlMnSi 相，损失了一部分形成 Mg_2Si 相所必需的硅，而 AlMnSi 相的强化作用比 Mg_2Si 相小，因而，合金强化效果下降。

锰和铜同时加入时，其强化效果不如单独加锰的好，但可使伸长率提高，并改善退火状态制品的晶粒度。

当合金中加入锰时，由于锰在 α 相中产生严重的晶内偏析，影响了合金的再结晶过程，造成退火制品的晶粒粗化。为获得细晶粒材料，铸锭必须进行高温均匀化（550℃），以消除锰偏析。退火时以快速升温为好。

（2）铬：铬和锰有相似的作用。铬抑制 Mg_2Si 相在晶界的析出，延缓自然时效过程，提高人工时效后的强度。铬可细化晶粒，使再结晶后的晶粒呈细长状，因而提高了合金的耐蚀性，铬含量一般以 0.15%～0.3% 为宜。

（3）钛：6×××系铝合金中添加 0.02%～0.1%Ti 和 0.01%～0.2%Cr，可以减少铸锭的柱状晶组织，改善合金的锻造性能，并细化制品的晶粒。

（4）铁：含少量的铁（小于 0.4% 时）对力学性能没有不利影响，并可以细化晶粒。铁含量超过 0.7% 时，生成不溶的 AlMnFeSi 相，降低制品的强度、塑性和耐蚀性能。合金中含有铁时，能使制品表面阳极氧化处理后的色泽变坏。

（5）锌：少量杂质锌对合金的强度影响不大，其含量限制在 0.03% 以下。

2.7 7×××系铝合金

2.7.1 7×××系铝合金的特点

7×××系铝合金以锌为主要合金元素，属于热处理可强化铝合金。合金中加镁，则为 Al-Zn-Mg 合金，合金具有良好的热变形性能，淬火范围很宽，在适当的热处理条件下能够得到较高的强度，焊接性能良好，一般耐蚀性较好，有一定的应力腐蚀倾向，是高强可焊的铝合金。Al-Zn-Mg-Cu 合金是在 Al-Zn-Mg 合金基础上通过添加铜发展起来的，其强度高于 2×××系铝合金，一般称为超高强铝合金，合金的屈服强度接近于抗拉强度，屈强比高，比强度也很高，但塑性和高温强度较低，可用作常温、120℃以下使用的承力结构件，合金易于加工，有较好的耐腐蚀性能和较高的韧性。该系合金广泛应用于航空和航天领域，并成为这个领域中最重要的结构材料之一。

2.7.2 合金元素和杂质元素在7×××系铝合金中的作用

2.7.2.1 Al-Zn-Mg 合金

Al-Zn-Mg 合金中的锌、镁是主要合金元素，其含量一般不大于7.5%。

该合金随着锌、镁含量的增加，其抗拉强度和热处理效果一般是随之而增加。合金的应力腐蚀倾向与锌、镁含量的总和有关，高镁低锌或高锌低镁的合金，只要锌、镁含量之和不大于7%，合金就具有较好的耐应力腐蚀性能。合金的焊接裂纹倾向随镁含量的增加而降低。

Al-Zn-Mg 系合金中的微量添加元素有锰、铬、铜、锆和钛，杂质主要有铁和硅。

(1) 锰和铬：添加锰和铬能提高合金的耐应力腐蚀性能，含锰量为0.2%~0.4%时，效果显著。加铬的效果比加锰大，如果锰和铬同时加入时，对减少应力腐蚀倾向的效果就更好，铬的添加量以0.1%~0.2%为宜。

(2) 锆：能显著地提高 Al-Zn-Mg 系合金的可焊性。在 AlZn5Mg3Cu0.35Cr0.35 合金中加入0.2% Zr 时，焊接裂纹显著降低。锆还能够提高合金的再结晶终了温度，在 AlZn4.5Mg1.8Mn0.6 合金中，锆含量高于0.2%时，合金的再结晶终了温度在500℃以上，因此，材料在淬火以后仍保留着变形组织。含锰的 Al-Zn-Mg 合金添加0.1%~0.2% Zr，还可提高合金的耐应力腐蚀性能，但锆比铬的作用小些。

(3) 钛：合金中添加钛能细化合金在铸态时的晶粒，并可改善合金的可焊性，但其效果比锆的低。若钛和锆同时加入其效果更好。在含钛量为0.12%的 AlZn5Mg3Cr0.3Cu0.3 合金中，锆含量超过0.15%时，合金有较好的可焊性和伸长率，可获得与单独加入0.2%以上锆时相同的效果。钛也能提高合金的再结晶温度。

(4) 铜：Al-Zn-Mg 系合金中加少量的铜，能提高耐应力腐蚀性能和抗拉强度。但合金的可焊性有所降低。

(5) 铁：铁能降低合金的耐蚀性和力学性能，尤其对锰含量较高的合金更为明显。所以铁含量应尽可能低，其含量应限制在0.3%以下。

(6) 硅：硅能降低合金强度，并使弯曲性能稍降，焊接裂纹倾向增加，硅的含量应限制在0.3%以下。

2.7.2.2　Al-Zn-Mg-Cu 合金

Al-Zn-Mg-Cu 合金属于热处理可强化合金，起主要强化作用的元素为锌和镁，铜也有一定强化效果，但其主要作用是为了提高材料的抗腐蚀性能。

(1) 锌和镁：锌、镁是主要强化元素，它们共同存在时会形成η($MgZn_2$)和T($Al_2Mg_2Zn_3$)相。η相和T相在铝中溶解度很大，且随着温度升降剧烈变化，$MgZn_2$在共晶温度下的溶解度达28%，在室温下降低到4%～5%，有很强的时效强化效果，锌和镁含量的提高可使强度、硬度大大提高，但会使塑性、抗应力腐蚀性能和断裂韧性降低。

(2) 铜：当Zn/Mg比大于2.2，且铜含量大于镁时，铜与其他元素能产生强化相S($CuMgAl_2$)而提高合金的强度，但在与之相反的情况下S相存在的可能性很小。铜能降低晶界与晶内电位差，还可以改变沉淀相结构和细化晶界沉淀相，但对PFZ的宽度影响较小，它可抑制沿晶界开裂的趋势，因而改善了合金的抗应力腐蚀性能。然而当铜含量大于3%时，合金的抗蚀性反而变坏。铜能提高合金过饱和程度，加速合金在100～200℃之间人工时效过程，扩大GP区的稳定温度范围，提高抗拉强度、塑性和疲劳强度。此外，美国F. S. Lin等人研究了铜的含量对7×××系铝合金疲劳强度的影响，发现铜含量在不太高的范围内随着铜含量的增加，会提高周期应变疲劳抗力和断裂韧性，并在腐蚀介质中降低裂纹扩展速率，但铜的加入有产生晶间腐蚀和点腐蚀的倾向。另有资料介绍，铜对断裂韧性的影响与Zn/Mg比值有关，当比值较小时，铜含量愈高，韧性愈差；当比值大时，即使铜含量较高，韧性仍然很好。

合金中还有少量的锰、铬、锆、钒、钛、硼等微量元素，铁和硅在合金中是有害杂质。

（1）锰和铬：添加少量的元素锰、铬等对合金的组织和性能有明显的影响。这些元素可在铸锭均匀化退火时产生弥散的质点，阻止位错及晶界的迁移，从而提高再结晶温度，有效地阻止晶粒的长大，可细化晶粒，并保证组织在热加工及热处理后保持未再结晶或部分再结晶状态，使强度提高的同时具有较好的抗应力腐蚀性能。在提高抗应力腐蚀性能方面，加铬比加锰效果好，加入 0.45% 的铬比加同量的锰的抗应力腐蚀开裂寿命长几十倍至上百倍。

（2）锆：最近出现了用锆代替铬和锰的趋势，锆可大大提高合金的再结晶温度，无论是热变形还是冷变形，在热处理后均可得到未再结晶组织，锆还可以提高合金的淬透性、可焊性、断裂韧性、抗应力腐蚀性能等，是 Al-Zn-Mg-Cu 系合金中很有发展前途的微量添加元素。

（3）钛和硼：钛、硼能细化合金在铸态时的晶粒，并提高合金的再结晶温度。

（4）铁和硅：铁和硅在 7××× 系铝合金中是有害杂质，主要来自原材料，以及熔炼、铸造中使用的工具和设备。这些杂质主要以硬而脆的 $FeAl_3$ 和游离的硅形式存在，这些杂质还与锰、铬形成 $(FeMn)Al_6$、$(FeMn)Si_2Al_5$、Al(FeMnCr) 等粗大化合物。$FeAl_3$ 有细化晶粒的作用，但对抗蚀性影响较大，随着不溶相含量的增大，不溶相的体积分数也在增大，这些难溶的第二相在变形时会破碎并拉长，出现带状组织，粒子沿变形方向呈直线状排列，由短的互不相连的条状组成。由于杂质颗粒分布在晶粒内部或者晶界上，在塑性变形时，在部分颗粒-基体边界上产生孔隙，发生微细裂纹，成为宏观裂纹的发源地，同时它也促使裂纹的过早发展。此外，它对疲劳裂纹的成长速度有较大的影响，在破坏时它具有一定的减少局部塑性的作用，这可能和由于杂质数量增加使颗粒之间距离缩短，从而减少裂纹尖端周围塑性变形流动性有关。因为含铁、硅的相在室温下很难溶解，起到缺口作用，容易成为裂纹源而使材料发生断裂，对伸长率，特别是对合金的断裂韧性有非常不利的影响。因此，新型合金在设计及生产时，对铁、硅的含量控制较严，除采用高纯金属原料外，在熔铸过程中也采取一些措施，避免这两种元素混入合金中。

2.8　主要铝合金的相组成

主要工业变形铝合金的相组成见表2-1。

表 2-1　工业变形铝合金及铝合金半连续铸造状态下的相组成

合金			主要相组成
类别	系	牌号	
1×××系合金	Al	1A85～1A99	$\alpha + FeAl_3$、$Al_{12}Fe_3Si$
		1070A～1235	$\alpha + Al_{12}Fe_3Si$
2×××系合金	Al-Cu-Mg	2A01	$\theta(CuAl_2)$、Mg_2Si、$N(Al_7Cu_2Fe)$、$\alpha(Al_{12}Fe_3Si)$、[S]
		2A02	$S(Al_2CuMg)$、Mg_2Si、N、$(FeMn)_3SiAl_{12}$、[S]、$(FeMn)Al_6$
		2A04	$S(Al_2CuMg)$、Mg_2Si、N、$(FeMn)_3SiAl_{12}$、[S]、$(FeMn)Al_6$
		2A06	$S(Al_2CuMg)$、Mg_2Si、N、$(FeMn)_3SiAl_{12}$、[S]、$(FeMn)Al_6$
		2A10	$\theta(CuAl_2)$、Mg_2Si、$N(Al_7Cu_2Fe)$、$(FeMn)_3SiAl_{12}$、$S(Al_2CuMg)$、$(FeMn)Al_6$
		2A11	$\theta(CuAl_2)$、Mg_2Si、$N(Al_7Cu_2Fe)$、$(FeMn)_3SiAl_{12}$、[S]、$(FeMn)Al_6$
		2B11	$\theta(CuAl_2)$、Mg_2Si、$N(Al_7Cu_2Fe)$、$(FeMn)_3SiAl_{12}$、[S]、$(FeMn)Al_6$
		2A12	$S(Al_2CuMg)$、$\theta(CuAl_2)$、Mg_2Si、$N(Al_7Cu_2Fe)$、$(FeMn)_3SiAl_{12}$、[S]、$(FeMn)Al_6$
		2B12	$S(Al_2CuMg)$、$\theta(CuAl_2)$、Mg_2Si、$N(Al_7Cu_2Fe)$、$(FeMn)_3SiAl_{12}$、[S]、$(FeMn)Al_6$
		2A13	$\theta(CuAl_2)$、Mg_2Si、$N(Al_7Cu_2Fe)$、$\alpha(Al_{12}Fe_3Si)$、[S]
	Al-Cu-Mn	2A16	$\theta(CuAl_2)$、$N(Al_7Cu_2Fe)$、$(FeMn)_3SiAl_{12}$、[$(FeMn)Al_6$、$TiAl_3$、$ZrAl_3$]
		2A17	$\theta(CuAl_2)$、$N(Al_7Cu_2Fe)$、$(FeMn)_3SiAl_{12}$、Mg_2Si、[S]、$(FeMn)Al_6$
	Al-Cu-Mg-Si-Mn	2A50	Mg_2Si、W、$\theta(CuAl_2)$、AlFeMnSi、[S]
		2B50	Mg_2Si、W、$\theta(CuAl_2)$、AlFeMnSi、[S]
		2A14	Mg_2Si、W、$\theta(CuAl_2)$、AlFeMnSi

续表 2-1

合金			主要相组成
类别	系	牌号	
2×××系合金	Al-Cu-Mg-Fe-Ni-Si	2A70	S(Al_2CuMg)、$FeNiAl_9$、[Mg_2Si、N(Al_7Cu_2Fe)或Al_6Cu_3Ni]
		2A80	S(Al_2CuMg)、$FeNiAl_9$、[Mg_2Si、N(Al_7Cu_2Fe)或Al_6Cu_3Ni]
		2A90	S(Al_2CuMg)、θ($CuAl_2$)、$FeNiAl_9$、Mg_2Si、Al_6Cu_3Ni、[α($Al_{12}Fe_3Si$)]
3×××系合金	Al-Mn	3A21	(FeMn)Al_6、$(FeMn)_3SiAl_{12}$
4×××系合金	Al-Si	4A01	Si(共晶)、β(Al_5FeSi)
		4A13	Si(共晶)、β(Al_5FeSi)、AlFeMnSi
		4A17	Si(共晶)、β(Al_5FeSi)、AlFeMnSi
		4A11	Si(共晶)、S(Al_2CuMg)、$FeNiAl_9$、Mg_2Si、β(Al_5FeSi)、[初晶硅]
		4043	Si(共晶)、α(Fe_2SiAl_8)、β(Al_5FeSi)、$FeAl_3$
5×××系合金	Al-Mg	5A02	Mg_2Si、(FeMn)Al_6、[β(Al_5FeSi)]
		5A03	Mg_2Si、(FeMn)Al_6、[β(Al_5FeSi)]
		5082	Mg_2Si、(FeMn)Al_6、[β(Al_5FeSi)]
		5A43	Mg_2Si、(FeMn)Al_6、[β(Al_5FeSi)]
		5A05	β(Mg_5Al_8)、Mg_2Si、(FeMn)Al_6
		5A06	β(Mg_5Al_8)、(FeMn)Al_6
		5B06	β(Mg_5Al_8)、(FeMn)Al_6、[$TiAl_2$]
		5A33	β(Mg_5Al_8)、Mg_2Si、[(FeMn)Al_6]
		5A12	β(大量)、Mg_2Si
		5A13	β(大量)、Mg_2Si、[(FeMn)Al_6]
		5A41	β(Mg_5Al_8)、Mg_2Si、(FeMn)Al_6
		5A66	[β]
		5183	Mg_2Si、W、$(FeMn)_3Si_2Al_{15}$、[$(FeCr)_4Si_4Al_{13}$]
		5086	Mg_2Si、W、$(FeMn)_3Si_2Al_{15}$

续表 2-1

合金			主要相组成
类别	系	牌号	
6×××系合金	Al-Mg-Si	6061	Mg_2Si、$(FeMn)_3Si_2Al_{15}$、$CuAl_2$
	Al-Mg-Si-Cu	6063	Mg_2Si、$(FeMn)_3Si_2Al_{15}$
		6070	Mg_2Si、$(FeMn)_3Si_2Al_{15}$
7×××系合金	Al-Zn-Mg	7003	η、T($Al_2Mg_3Zn_3$)、Mg_2Si、AlFeMnSi、[$ZnAl_3$初晶]
	Al-Zn-Mg-Cu	7A03	η、T($Al_2Mg_3Zn_3$)、S、[AlFeMnSi、Mg_2Si]
		7A04	T(AlZnMgCu),Mg_2Si、AlFeMnSi、[η]
		7A09	T(AlZnMgCu)、Mg_2Si、AlFeMnSi、[$CrAl_7$]
		7A10	T(AlZnMgCu)、Mg_2Si、AlFeMnSi
8×××系合金	Al-其他元素	8A06	$FeAl_3$、α(AlFeSi)、β
		8011	η、T($Al_2Mg_3Zn_3$)、S、[AlFeMnSi、Mg_2Si]
		8090	α(Al)、Al_3Li、Al_3Zr

注:方括号[　]中的相为少量的相或可能的相。

3 铝合金轧制原理

轧制过程是轧辊与轧件（金属）相互作用时，轧件被摩擦力拉入旋转的轧辊间，受到压缩发生塑性变形的过程。

如果轧辊辊身为均匀的圆柱体，这种轧辊称为平辊，用平辊进行的轧制，称为平辊轧制。

平辊轧制是生产板、带、箔材最主要的压力加工方法。图 3-1 为轧制时轧件的受力情况，由图可见，轧制是借助旋转轧辊的摩擦力（T）将轧件拖入轧辊间，同时依靠轧辊施加的压力（N）使轧件在轧辊间发生压缩变形的一种材料加工的方法。轧件通过轧制后，不仅使轧件的厚度变薄，而且轧件的组织与性能也得到改善和提高。如热轧能使铸锭的粗晶破碎、组织致密化；冷轧能使金属的晶粒破碎变得更细小，强度提高，塑性降低等。

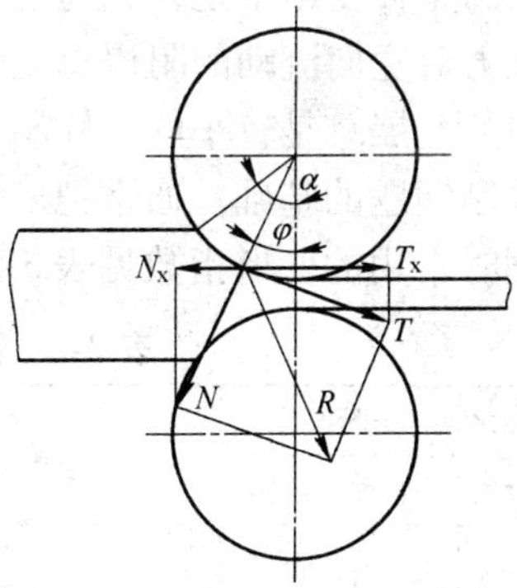

图 3-1　轧制时轧件的受力情况

3.1　简单轧制过程及轧制变形参数

3.1.1　简单轧制过程

为了研究方便，常常把复杂的轧制过程简化成理想的简单轧制过程。简单轧制过程应具备下列条件：

（1）两个轧辊均为主传动辊，辊径相同，转速相等，且轧辊为刚性；

（2）轧件除受轧辊作用外，不受其他任何外力（张力或推力）作用；

（3）轧件的性能均匀；

（4）轧件的变形与金属质点的流动速度沿断面高度和宽度是均匀的。

总之，简单轧制过程两个轧辊是完全对称的，在实际生产中理想的简单轧制过程是不存在的。

3.1.2　轧制变形指数

当轧件高向受到轧辊压缩时，将使金属发生沿纵向和横向流动，即轧件高向（厚度）上受压缩，轧件长度和宽度尺寸增大。但是纵向的延伸变形总是大大超过横向的扩展量（宽展），这是因为辊面摩擦力对宽向流动的阻碍总是大于纵向许多，即相对纵向变形而言，横向的宽展总是较小的。轧制变形过程，高向压缩是主导变形，是研究轧制问题的基础。通常把表示变形程度大小的指标称为变形指数。轧制时常用的变形指数见表 3-1。

表 3-1　轧制过程常用的变形指数

变形方向	变形指数		计算公式	意义及应用
	名称	符号		
高向变形	绝对压下量	Δh	$\Delta h = H - h$	表示轧制前后轧件厚度绝对的变化量，便于生产操作上直接调整辊缝值
	加工率	ε	(1) $\varepsilon = \Delta h/H(\%)$ (2) $\varepsilon = \ln(H/h)$	(1) 近似变形程度，生产现场使用方便； (2) 真实变形程度，常用于理论分析与计算
宽向变形	绝对宽展	ΔB	$\Delta B = B_1 - B_0$	生产现场用于表示宽度的绝对增加值
	相对宽展	ε_b	$\varepsilon_b = \Delta B/B_0$	常用于理论分析
纵向变形	伸长率	δ	$\delta = [(L_1 - L_0)/L_0] \times 100\%$	主要用来表示材料拉伸试验的延伸性能
	延伸系数	λ	$\lambda = L_1/L_0$	用于理论分析与实际计算

根据金属塑性变形的体积不变条件，轧件轧制前后各变形指数间的关系如下：

$$L_1/L_0 = (H/h) \times (B_0/B_1) \quad 或 \quad H/h = (B_1/B_0) \times (L_1/L_0) \tag{3-1}$$

如以 F_0 与 F_1 分别表示轧制前、后轧件的横断面面积，则 $\lambda = F_0/F_1$ 或 $\lambda = (B_0/B_1)/(1-\varepsilon)$。如忽略宽展，则

$$\lambda = h_0/h_1 = 1/(1-\varepsilon) \tag{3-2}$$

总变形量与各道次变形量之间的关系为：

$$F_0/F_n = (F_0/F_1)(F_1/F_2)(F_2/F_3)\cdots(F_{n-1}/F_n)$$

或

$$\lambda_\Sigma = \lambda_1\lambda_2\lambda_3\cdots\lambda_n \tag{3-3}$$

以及

$$\ln\lambda_\Sigma = \ln\lambda_1 + \ln\lambda_2 + \ln\lambda_3 + \cdots + \ln\lambda_n \tag{3-4}$$

式中 n——轧制道次；

λ_Σ——总延伸系数。

3.1.3 轧制变形区的几何参数

轧制时轧件在轧辊间发生塑性变形的区域称为轧制变形区，它由轧件与轧辊的接触弧 AB、$A'B'$，以及轧件入辊口垂直断面 AA' 和出辊口垂直断面 BB' 所围成的区域，称为几何变形区，或理想变形区（见图 3-2）。实际上，在几何变形区的入辊、出辊断面附近区域，轧件多多少少也有塑性变形存在，分别称为前、后非接触变形区。另外，厚轧件热轧时，往往变形不易深透，所以几何变形区内，也有部分金属几乎不发生塑性变形，构成所谓难变形区。

描述轧制几何变形区的基本参数有：接触角 α、变形区长度 l（接触弧 AB 的水平投影）、轧件的平均厚度 $h_{cp} = (H + h)/2$ 及变形区形状系数（l/h_{cp} 和 B/h_{cp}），H、h 分别为轧件轧制前、后的厚度，B 为轧件宽度。

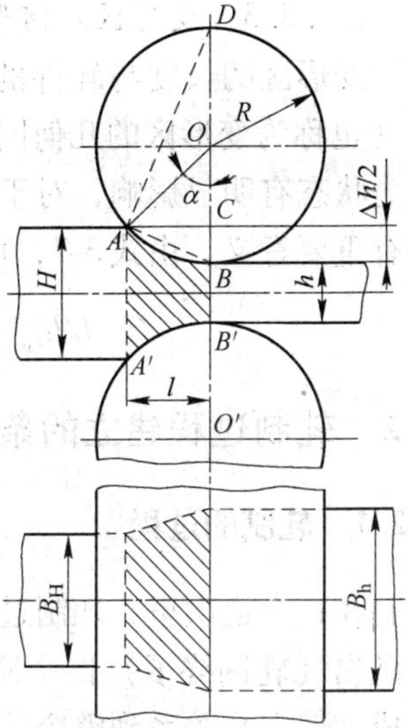

图 3-2 轧制的几何变形区

3.1.3.1 接触角

变形区内接触弧对应的中心角称为接触角 α（也称为咬入角，以弧度表示）。根据几何关系，得接触角的计算式为：

$$\cos\alpha = 1 - \Delta h/D \tag{3-5}$$

当接触角不大（小于10°~15°）时，上式可简化成：

$$\alpha = \sqrt{\Delta h/R} \tag{3-6}$$

3.1.3.2 变形区长度

接触弧（AB）的水平投影称为变形区长度 l。由几何关系，可得变形区长度的计算公式

$$l = \sqrt{R\Delta h - \Delta h^2/4}$$

生产中一般用简化计算公式：

$$l = \sqrt{R\Delta h} \quad (\text{当}\ \alpha \leqslant 20°\ \text{时,其误差不大于}\ 1\%) \tag{3-7}$$

接触角 α 与变形区长度 l 的关系为：

$$l = R\sin\alpha$$

3.1.3.3 变形区几何形状系数

变形区的长度与轧件的平均厚度之比（l/h_{cp}）称为几何形状系数（也称为变形区的几何因子）。变形区几何系数对轧制时轧件内的应力状态有明显影响，对于研究轧制时金属的流动、变形及应力分布等有重要意义。由式3-7，可得其表达式为：

$$l/h_{cp} = 2\sqrt{R\Delta h}/(H + h) \tag{3-8}$$

3.2 轧制过程建立的条件

3.2.1 轧制的过程

在一个道次里，轧制过程可分为开始咬入、拽入、稳定轧制和轧件抛出（轧制终了）四个阶段（见图3-3）。开始咬入阶段虽在瞬间完成，但它是关系到整个轧制过程能否建立的先决条件。稳定轧制是轧制过程的主要阶段，稳定轧制阶段是研究轧件在变形区内流动、变

形与应力状态，以及进行工艺控制、产品质量控制、轧制设备设计等的基本对象。拽入和抛出对轧制过程与轧件质量的影响不大。

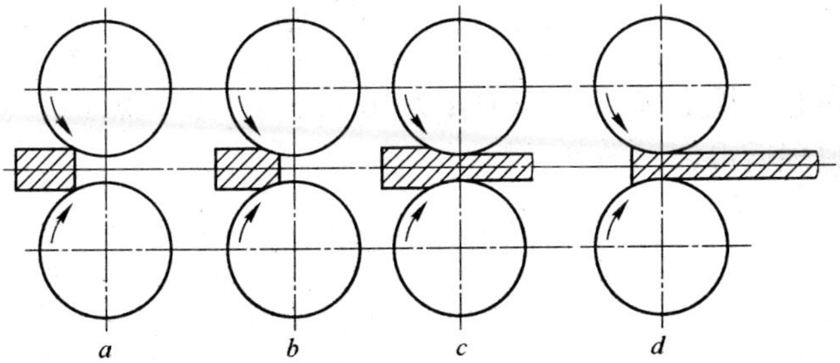

图 3-3 轧制过程的四个阶段

a—咬入；*b*—拽入；*c*—稳定轧制；*d*—轧件抛出（轧制终了）

3.2.2 轧制时轧件咬入条件

3.2.2.1 轧件与轧辊接触瞬间的咬入条件

轧制时，当轧件前端与旋转轧辊接触时，接触点 A 和 A'处，轧件受到辊面正压力 N 和切向摩擦力 T 的作用（见图 3-4），如不考虑轧件咬入时的惯性力，要实现咬着轧件，就必须满足以下力学条件：

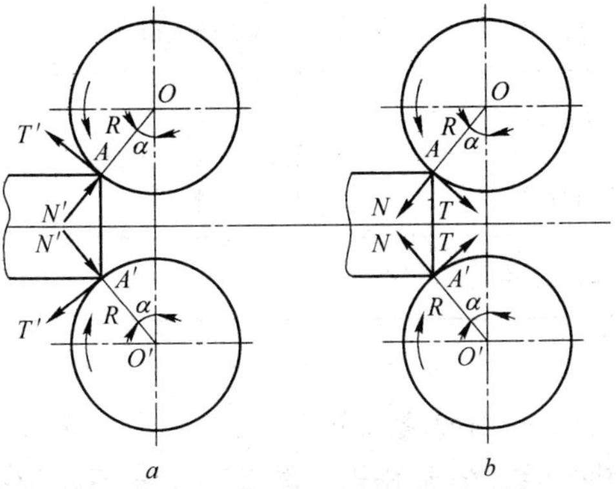

图 3-4 轧件与轧辊接触时的受力图

a—轧辊受力图；*b*—轧件受力图

$$2T\cos\alpha > 2N\sin\alpha$$

由几何关系可知，α 可由下式确定

$$\cos\alpha = 1 - \Delta h/2R \tag{3-9}$$

按库仑摩擦定律，$T = \mu N$（μ 为咬入时的接触摩擦因数）。代入上式，经整理后得，

$$\tan\alpha < \mu$$

如令

$\mu = \tan\beta$（β 为摩擦角），则上式可写成：

$$\tan\alpha < \tan\beta \quad 或 \quad \alpha < \beta \tag{3-10}$$

上式说明，在无外力作用下，轧件进入轧辊的自然咬入条件为：咬入角 α 应不大于摩擦角 β，在此条件下轧制过程才能建立。$\alpha = \beta$，为咬入临界条件，把此时的咬入角 α 定义为最大咬入角，用 α_{max} 表示，它取决于轧辊和轧件的材质、表面状态、尺寸大小，以及润滑条件和轧制速度等。

铝材轧制时，不同轧制情况下的最大咬入角见表3-2。

表 3-2　铝材不同轧制条件下的最大咬入角

轧制条件	最大咬入角/(°)	$\Delta h/D$
热　轧	18 ~ 20	1/30 ~ 1/15
冷轧（粗糙辊面）	5 ~ 8	1/250 ~ 1/100
冷轧（高度光洁辊面，并有良好润滑）	3 ~ 4	1/700 ~ 1/400

注：表中 D 为轧辊直径。

3.2.2.2　稳定轧制的咬入条件

轧辊咬入轧件后，随着轧辊的转动，金属不断地被拽入辊缝内。由于轧辊与轧件的接触表面随轧件向辊间填充而逐渐增加，则轧辊对轧件的作用力位置也不断向出口方向移动。结果，开始咬入时力的平

衡条件必然受到破坏，阻碍轧件进入辊缝的力 N_x 将相对减小，而拉入轧件进入辊缝的力 T_x 将相对增大。因此，使拽入过程较开始咬入时更为有利。

轧件完全填充辊间后，如果单位压力沿接触弧内均匀分布，则合压力作用点在接触弧的中点，合压力与轧辊中心连线的夹角 φ 等于接触角 α 的一半。轧件填充辊间后，继续进行轧制的条件应当仍然是轧件的水平拉入力 T_x 大于水平推出力 N_x，即 $T_x > N_x$。如图 3-5 所示，此时

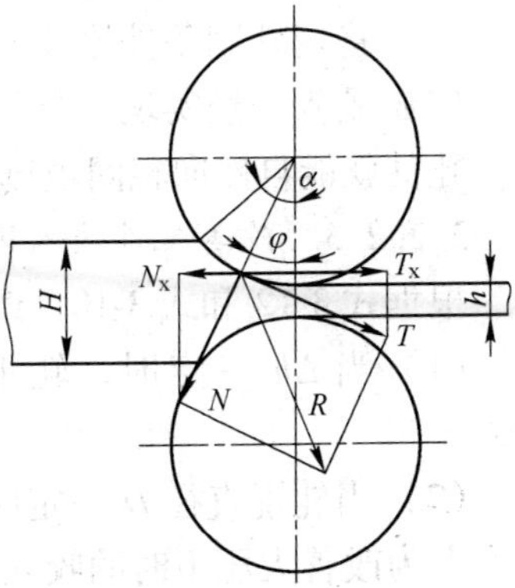

图 3-5 轧件完全填充辊间受力的图示

$$T\cos\varphi > N\sin\varphi$$

$$T/N = \mu > \tan\varphi \tag{3-11}$$

式中 μ——稳定轧制时轧辊与轧件之间的摩擦系数，通常比咬入时的摩擦系数小。

$$\tan\beta > \tan\varphi \quad \beta > \varphi \quad (\varphi = \alpha/2)$$

$$\beta > \alpha/2 \quad 或 \quad 2\beta > \alpha \tag{3-12}$$

当 $\alpha = 2\beta$ 时，为稳定轧制的临界条件；$\alpha < 2\beta$ 时，为稳定轧制条件。

可见，当 $\alpha < \beta$ 时，能顺利咬入，也能顺利轧制；当 $\beta < \alpha < 2\beta$ 时，能顺利轧制，但不能顺利地自然咬入。这时可实行强迫咬入，建立轧制过程；当 $\alpha \geqslant 2\beta$ 时，不但轧件不能自然咬入，而且在强迫咬入后也不能进行轧制。因为开始咬入时的咬入角等于稳定轧制时的接触角。从以上分析金属被轧辊自然咬入时（$\alpha < \beta$）到稳定轧制时（$\alpha < 2\beta$）的条件变化，可得出如下结论：

（1）开始咬入时所需摩擦条件最高（摩擦系数大）；

（2）随轧件逐渐进入辊间，水平拉入力逐渐增大，水平推出力

逐渐减小，因此轧件被拽入的过程比开始咬入容易；

（3）稳定轧制条件比咬入条件容易实现；

（4）咬入一经实现，当其他条件（润滑状况、压下量等）不变时，轧件就能自然向辊间填充，直至建立稳定的轧制过程。

3.2.2.3　改善轧件咬入困难的措施

根据式3-12和式3-10，改善轧制咬入困难的主要措施有：

（1）当 Δh 一定时，轧辊直径 D 愈大，咬入角愈小，则愈易咬入。

（2）当轧辊直径 D 一定时，压下量 Δh 愈大，愈难咬入。因此，生产上为改善大压下时的咬入困难情况，常将轧件前端制作成楔形或圆弧形，以减小咬入角。

（3）辊面接触摩擦愈大，愈有利于咬入。因此，轧辊表面粗糙，或辊面不润滑，或喷洒煤油等涩性油剂等增大辊面摩擦的措施，均有利于咬入。

（4）低速咬入，也可增大咬入时的摩擦，改善咬入条件。一旦咬入后便采用高速轧制以提高生产效率，即生产上常用的“低速咬入，高速轧制”操作方法。

（5）轧制方向上增加水平推力，有利于咬入。因此，当咬入困难，出现打滑现象时，常使用推锭机、辊道运送轧件的惯性力、夹持器、推力辊等对轧件施加水平推力，进行强迫咬入。

测试最大轧制咬入角 α 的方法为：可用调辊法（逐渐抬高辊缝直到能咬入为止）和楔形件法（小头先喂入辊缝后，直到大头进不去出现打滑为止）等方法进行实测。

3.3　轧制金属变形的规律

3.3.1　轧制时的前滑与后滑

当轧件由轧前的原始厚度 H 经过轧制压缩至轧后厚度 h 时，进入变形区的轧件厚度逐渐减薄，根据塑性变形的体积不变条件，则金属通过变形区内任意横断面的秒流量必相等，即

$$F_{\mathrm{H}}v_{\mathrm{H}} = F_{\mathrm{x}}v_{\mathrm{x}} = F_{\mathrm{h}}v_{\mathrm{h}} = \text{常数} \tag{3-13}$$

式中 F_H、F_h、F_x——分别为入口、出口及变形区内任意横断面的面积；

v_H、v_h、v_x——分别为入口、出口及变形区内任意横断面的轧件的水平运动速度。

金属轧制时轧件内金属质点运动除塑性流动外，还受到旋转轧辊的机械运动的影响，即轧制时金属质点的流动速度是上述两种运动速度的合成。这是轧制过程金属流动的明显特点之一。

平辊轧制时金属质点相对辊面的流动与平锤压缩，特别是楔形锤头间压缩时金属的流动十分相似（图 3-6）。金属塑性流动相对辊面的滑动或滑动趋势是：金属向入口侧（厚侧 *AB* 边）方向流动容易，而向出口侧（薄侧 *CD* 边）流动较困难。金属质点向入口侧流动形成后滑区，而向出口侧流动形成前滑区。因而，轧制时的流动分界面（中性面或中性线）偏向出口侧。于是，按金属塑性流动相对辊面的运动情况，接触弧面上有后滑区、中性面和前滑区。而将前滑区所对应的接触角定义为中性角，通常用 γ 表示。

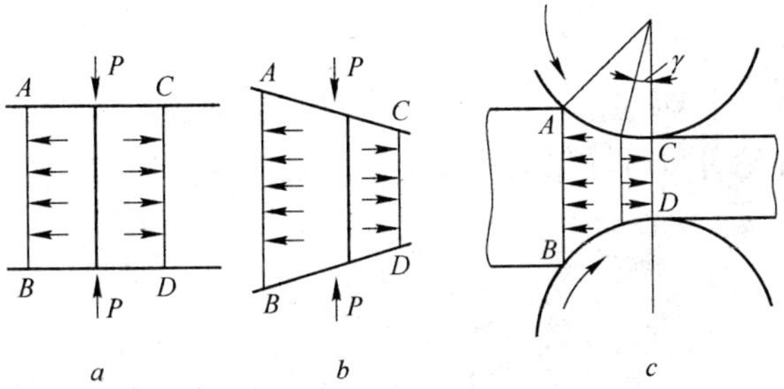

图 3-6 轧制与压缩金属流动示意图

a—平锤压缩矩形件；*b*—斜锤间压缩楔形件；*c*—平辊轧制

前滑区（轧制出口端）轧件产生相对辊面的向前滑动，即轧件的前进速度高于辊面线速；反之，后滑区轧件的速度低于辊面线速；只有在中性面上两者的速度才相等（见图 3-7）。因此，前滑（S_h）定义为：

$$S_h = \frac{v_h - v_0}{v_0} \times 100\% \qquad (3\text{-}14)$$

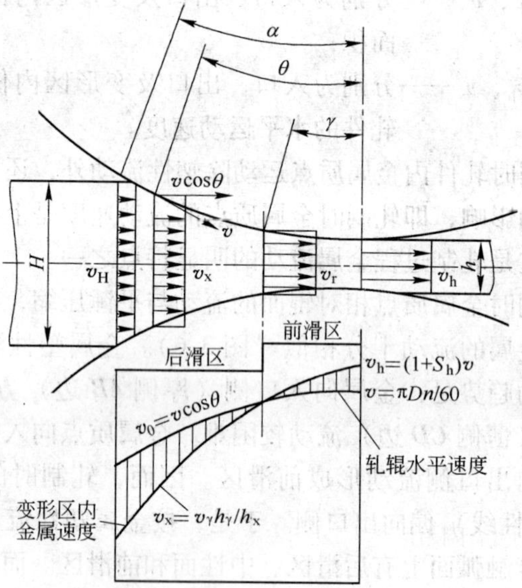

图 3-7 轧制过程速度图示

式中 v_h——轧件流动速度；

v_0——轧辊线速。

根据理论分析可导出，简单轧制过程的前滑值的计算式为：

$$S_h = \frac{[h + D(1 - \cos\gamma)]\cos\gamma}{h} - 1$$

或

$$S_h = 2\sin^2\gamma\left(\frac{D}{h}\cos\gamma - 1\right) \tag{3-15}$$

当 γ 角很小时，可简化成

$$S_h = (R/h - 1/2)\gamma^2 \tag{3-16}$$

式中 γ——中性角。

$$\gamma \approx (\alpha/2)[1 - (1/\mu)(\alpha/2)] \tag{3-17}$$

式中 μ——轧件与轧辊间的摩擦系数。

实际上，轧制时的前滑值一般为 2% ~10%。前滑对于带材、箔

材轧制张力的调整、连轧时各机架之间速度的匹配和协调、热轧机的轧辊与辊道的速度匹配等均有重要实际意义。

前滑值可以用打有两个小坑点的轧辊轧制后，通过测量轧件上压痕点的距离进行计算（见图3-8），且测量精度较高。其计算式为

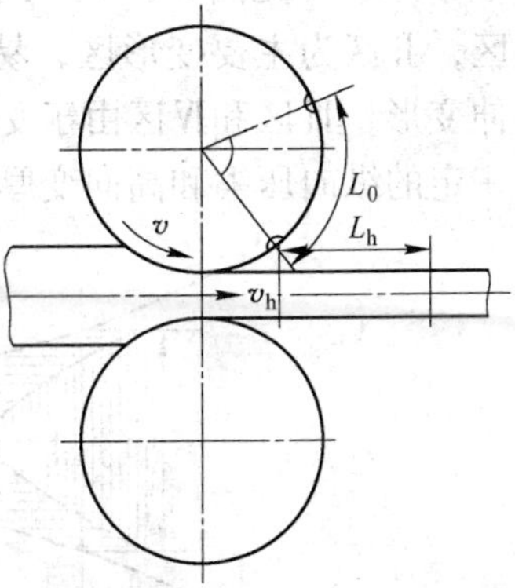

图 3-8 用压痕法测定前滑的原理图

$$S_h = \frac{v_{ht} - v_{0t}}{v_{0t}} \times 100\% = \frac{L_h - L_0}{L_0} \times 100\% \quad (3\text{-}18)$$

式中 L_h——时间 t 内轧件上压痕点间的长度；

L_0——时间 t 内轧辊上小坑点间的弧线长。

3.3.2 沿轧件断面高向的流动和变形的不均匀性

大量的实验研究和理论分析表明，轧制变形区内金属的流动和变形是不均匀的。图 3-9 所示为轧件通过变形区各垂直横断面的金属质点水平流速沿高向的不均匀分布情形，据此，常将轧制变形区划分成

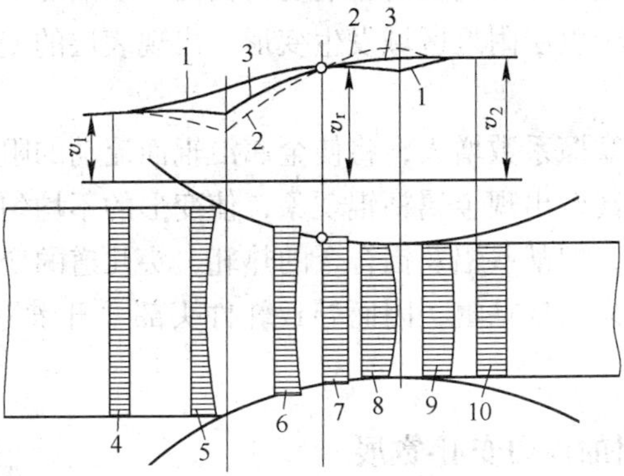

图 3-9 变形区内的水平（下）/断面高向（上）速度分布

（$L/h_{cp}=0.8$）

四个小区域（见图 3-10）：Ⅰ区内几乎没有发生塑性变形，称为难变形区，Ⅱ区为主要变形区，易于发生高向的压缩和纵向（轧向）的延伸变形，Ⅲ区和Ⅳ区由于受到前、后刚端反作用力作用所致，产生了一定的纵向压缩和高向变厚变形。

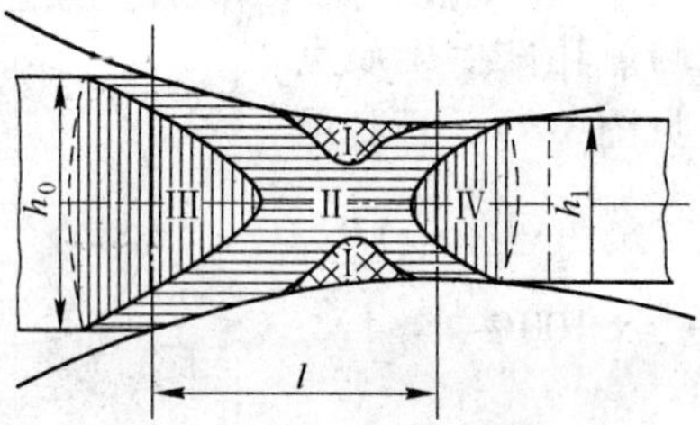

图 3-10 轧制变形区示意图

（$l/h_{cp}>0.8$）

研究发现，首先变形区的形状系数（l/h_{cp}）对轧制断面高度方向上变形不均匀分布的影响很大。如当 $l/h_{cp}>0.5\sim1.0$，即轧件断面高度较小，变形容易深透到轧件芯部，出现中心层变形大于表层的现象；

而当 $l/h_{cp}<0.5\sim1.0$，即轧件相对较厚时，随着变形区形状系数的减小，外端对变形过程的影响变得突出，压缩变形难以深入到轧件芯部，只限于表层附近区域发生变形，出现表层的变形大于芯部的现象。

其次接触摩擦系数增大，将使金属沿辊面流动的阻力增加，增大Ⅰ区的范围，甚至出现金属粘辊现象，使变形的不均匀性加剧。特别是厚件轧制时，如某些铝及铝合金的热轧，头几道的变形量较小，加之摩擦又大，易出现粘辊，因而导致轧件头部“开嘴”，严重时发生缠辊。

3.3.3 轧制时的横向变形-宽展

轧制时金属沿横向流动引起的横向变形，通常称为宽展。轧制时的宽展通常用 $\Delta B=b-B$ 表示（B、b 分别表示轧制前、后轧件宽度)。实验和理论分析表明，影响轧制宽展的主要因素有：随着接触摩擦的增加宽展增加；宽展随压下量增加而增加；轧辊直径愈大，宽展愈大，因为大直径轧辊的接触弧长，使纵向阻力增大；宽展也与轧件宽度与接触弧长的比值（B/L）有关。当比值（B/L）小于一定范围时，随着轧件宽度增加，宽展也增加；但当比值（B/L）超过某定值时，摩擦引起的横向阻力加大，宽展不再增加，宽展将维持一较小值（见图3-11)。可见各因素对宽展的影响是比较复杂的，宽展的计算还停留在经验水平，铝材等有色金属常用的轧制宽展计算公式：

$$\Delta B = C(\Delta h/H)\sqrt{R\Delta h} \tag{3-19}$$

式中 C——常数，对于铝及铝合金（当温度为400℃时），C可取0.45。

这一公式考虑了变形区长度和加工率等主要因素对宽度的影响。实验结果表明，对于铝材热轧（400℃)，可得到满意的结果。但它未考虑轧件宽度的影响，故不适于轧件宽度等于或小于轧件厚度的轧制条件下的宽展计算。

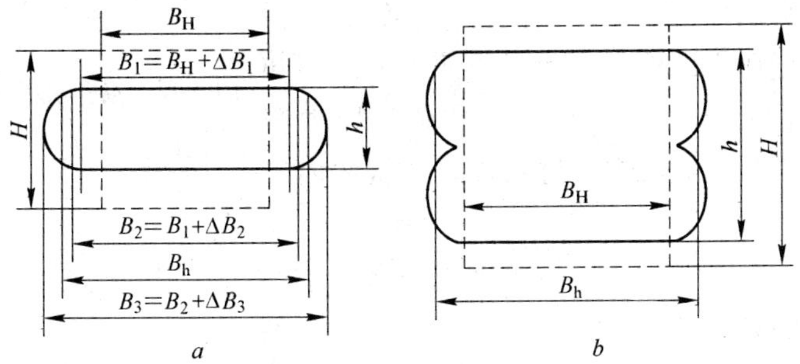

图3-11 宽展与轧件宽度的关系

a—$B/h \geqslant 1$；b—$B/h < 0.5$

3.3.4 轧制时的轧件断面长度方向的变形-延伸

轧制过程中，轧件随着轧制过程的进行越来越薄，长度越来越长，一般以延伸系数λ来反映长度方向轧件的变形程度：

$$\lambda = l/L \tag{3-20}$$

3.4　轧制压力

轧制压力是轧制工艺和设备设计与控制的重要力学参数，在现代化轧机的设计中尤为重要。确定轧制压力的目的是：计算轧辊与轧机其他部件的强度和弹性变形；校核或确定电机的功率，制定压下规程；实现板厚和板形控制；挖掘轧机潜力，提高轧机生产率。

所谓轧制压力，是指轧件对轧辊合力的垂直分量，即轧机压下螺丝下所承受的总压力。轧制时金属对轧辊的作用力有两个：一是与接触表面相切的单位摩擦力 T；另一个是与接触表面垂直的单位压力的合力 N；轧制压力就是这两个力在垂直轧制方向上的投影之和 P_H（图 3-12）。

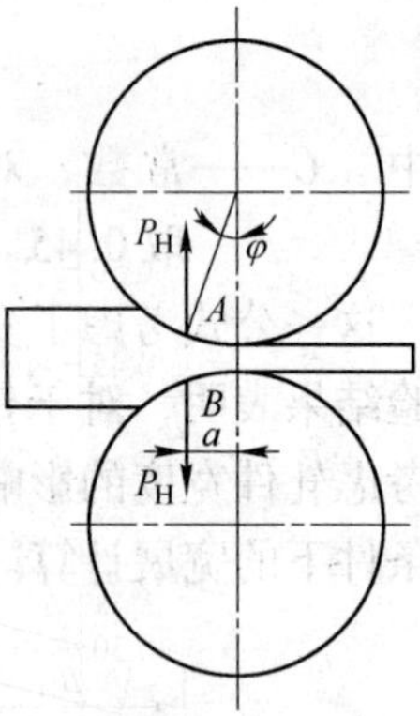

图 3-12　简单轧制条件下的合力方向

轧制压力的确定方法主要有以下两种：

（1）实测法。总压力是通过放置在压下螺丝下的测压头（压力传感器）将轧制过程的压力信号转换成电信号，再通过放大和记录装置显示压力实测数据的方法。轧制压力测试常用压力传感器有电阻应变式测压头和压磁式测压头。沿接触弧上的单位压力测定，则需将针式压力传感器埋设在辊面内进行测定。

（2）理论计算法。它是根据轧制条件和塑性理论分析，推导出轧制压力计算公式。

3.4.1　轧制压力计算

轧制压力的计算式为

$$P = \bar{p}F \tag{3-21}$$

而平均单位轧制压力

$$\bar{p} = n_\sigma K \tag{3-22}$$

式中　n_σ——相对应力系数；

K——材料的变形抗力；

F——接触面积；

$$F = b_{cp} l'$$

b_{cp}——轧件的平均宽度。

l'为考虑轧辊性压扁的接触长度。轧辊性压扁的接触长度 l'可利用图 3-13 计算。计算方法为：先计算出 $2\alpha\mu(K_{cp} - \sigma_{cp})/H$ 与 $(\mu l/h)^2$；由图 3-13 查得 $(\mu l'/h)$；再计算出 l'。

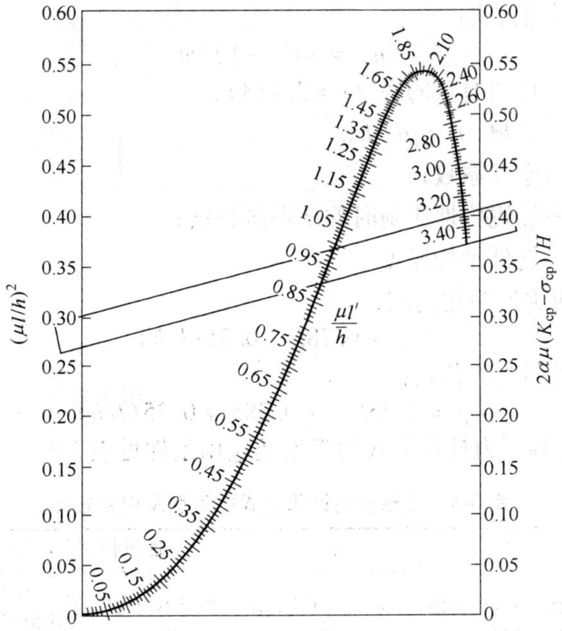

图 3-13 用图解法求轧辊压扁后的接触弧长度

其中，对钢轧辊，$\alpha = 1.06 \times 10^{-4} R$；对铸铁轧辊，$\alpha = 2.06 \times 10^{-4} R$；$R$ 为轧辊半径。

于是，不考虑宽展与轧辊压扁时的轧制力计算公式可表达为：

$$P = \bar{p} F = K n_{\sigma} B \sqrt{R \Delta h} \tag{3-23}$$

3.4.2　单位轧制压力的计算

常用轧制压力计算公式有：

（1）采利柯夫公式：

$$n_{\sigma} = \frac{2(1-\varepsilon)}{\varepsilon(\delta-1)}\left(\frac{h_{\gamma}}{h}\right)\left[\left(\frac{h_{\gamma}}{h}\right)^{\delta}-1\right] \tag{3-24}$$

式中　h_{γ}——中性面上轧件的厚度；

ε——道次加工率。

$$\varepsilon = \Delta h/H$$

（2）斯通公式：

$$n_{\sigma} = (e^{m}-1)/m \tag{3-25}$$

式中　e——自然对数的底（e＝2.718）；

m——系数，$m=\mu l'/\overline{h}$；

μ——摩擦系数；

l'——轧辊弹性压扁时的变形区长度；

$\overline{h}$——轧件平均厚度。

（3）西姆斯简化公式：

$$n_{\sigma} = 0.785 + 0.25(l/h) \tag{3-26}$$

（4）滑移线法公式：

$$n_{\sigma} = 1.25h/l + 0.785 + 0.25(l/h) \tag{3-27}$$

常用轧制压力计算公式的类型及应用条件见表3-3。

表3-3　轧制压力计算公式的类型及应用条件

类型	Ⅰ	Ⅱ	Ⅲ	Ⅳ
基本假设要点	楔形件均匀压缩 不计宽展	楔形件均匀压缩 不计宽展	楔形不均匀压缩 不计宽展	当 $l/h<1.0$ 时，用滑移线法解平面应变压缩问题
接触条件	一般不考虑轧辊压扁； 全滑动（库仑摩擦定律）； 未考虑刚端影响	考虑轧辊压扁； 全滑动（库仑摩擦定律）； 未考虑刚端影响	未考虑轧辊压扁； 全黏着（按常摩擦力定律）； 未考虑刚端影响	考虑了外端的影响； 摩擦系数较大
代表性公式	采利柯夫公式（式3-24）	斯通公式（式3-25）	西姆斯简化公式（式3-26）	滑移线法公式（式3-27）
适用情况	热轧、冷轧	冷轧薄板	热轧	热轧开坯

3.4.3 金属的变形抗力

变形抗力是计算轧制压力的重要材料参数。在轧制变形条件下，金属抵抗塑性变形发生的力称为变形抗力，平面应变条件下的变形抗力常用 K 表示，计算公式为：

$$K = 1.115\sigma_s = 1.115\sigma_{0.2} \tag{3-28}$$

对于大多数铝合金，由弹性变形进入塑性变形的过程是平滑的，屈服点现象很不明显，常用 $\sigma_{0.2}$ 代替 σ_s。变形条件（温度、变形程度和变形速度等）对纯铝及几种常用铝合金的变形抗力的影响曲线图见图 3-14 和图 3-15。影响铝材变形抗力的主要因素有：

（1）轧制铝合金的本性。如化学成分、微量元素、晶粒组织等。

（2）轧制前的预变形程度。主要是冷轧前的加硬化程度。

（3）轧制时的变形速度（或称轧制变形速率）。是指压下方向上的平均变形速度，它的计算公式为：

$$\bar{u} = 2v\sqrt{\Delta h/R}/(H + h) \tag{3-29}$$

（4）轧制温度。铝及铝合金的变形抗力是随轧制温度的升高而降低的。

3.4.4 轧制过程的温度规律

轧制温度包括开轧温度、终轧温度以及卷取温度。这些温度对于铝材轧制时的变形抗力、轧制力、成品的组织、晶粒度、力学性能以及板带材的表面状态等都有着直接影响。特别对于铝材热轧，它是一个极为重要的参数，例如 1% 的温度预测差异，可能导致 2% ~5% 的轧制力预报差异。为此，需了解轧制过程中轧件的热量损失情况以及温度变化规律，主要有以下几方面。

3.4.4.1 辐射散热损失引起的温降

加热的板坯，因辐射散热损失引起的温降公式为：

$$\mathrm{d}t_1 = -2\varepsilon\sigma[(t + 273)/100]^4\mathrm{d}\tau/(c_p\rho h) \tag{3-30}$$

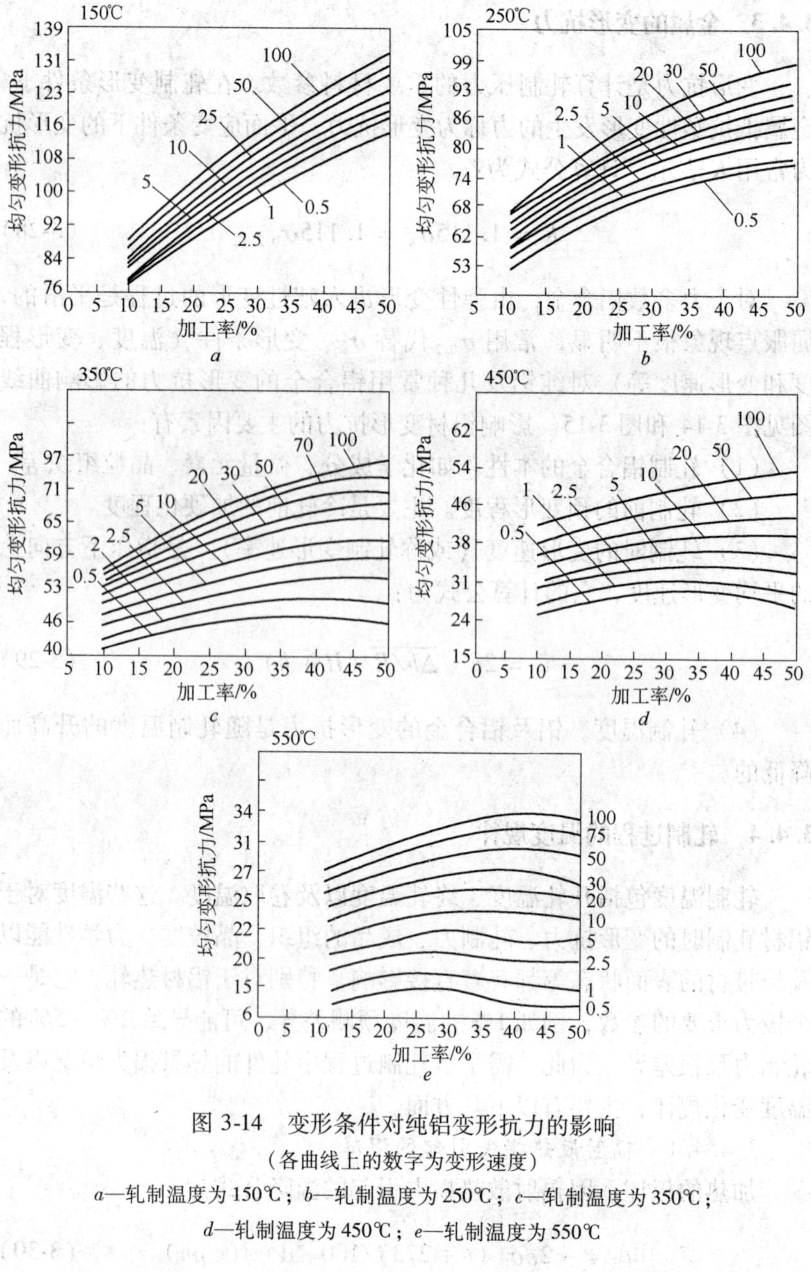

图 3-14　变形条件对纯铝变形抗力的影响

（各曲线上的数字为变形速度）

a—轧制温度为 150℃；*b*—轧制温度为 250℃；*c*—轧制温度为 350℃；

d—轧制温度为 450℃；*e*—轧制温度为 550℃

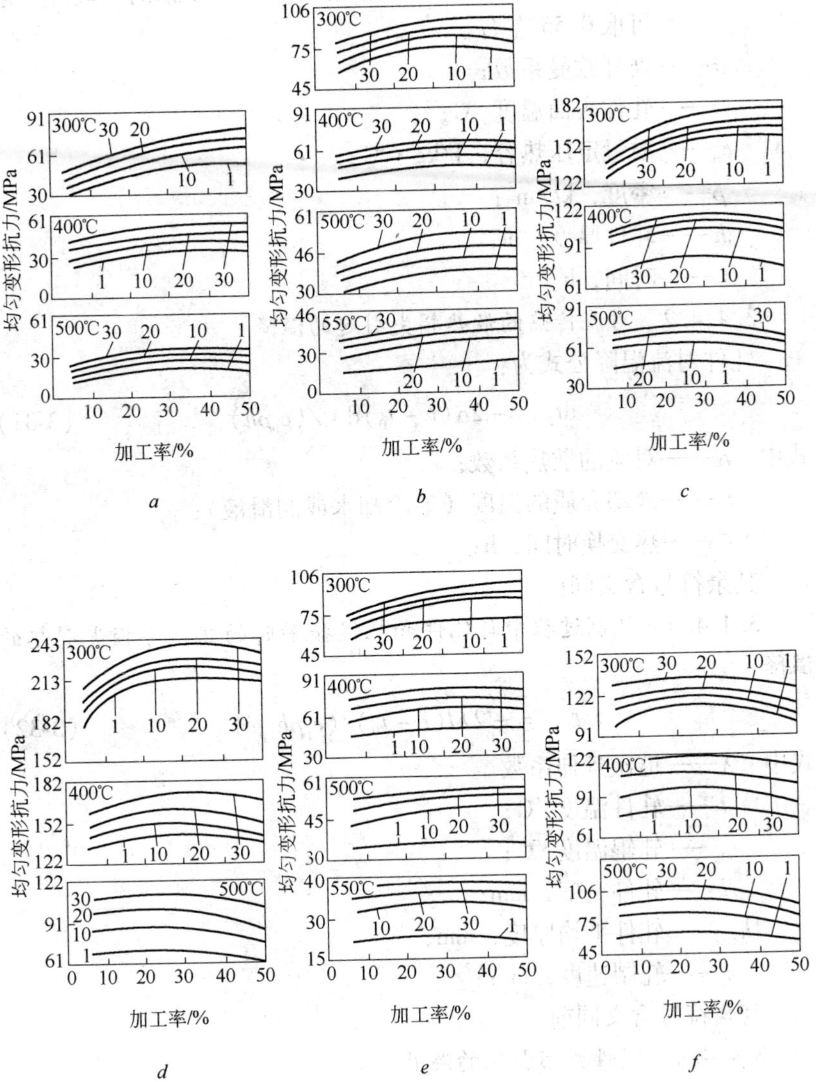

图 3-15 变形条件对常用铝合金变形抗力的影响

（各曲线上的数字为变形速度）

a—工业纯铝；*b*—3003；*c*—5052；*d*—5A06；*e*—6A02；*f*—2A14

式中　ε——轧件的热辐射系数（或称为黑度）对于铝的热轧坯一般可取 0.55 左右。

σ——玻耳兹曼系数；

t——轧件表面温度，℃；

c_p——质量定压热容，J/kg · ℃；

ρ——密度，kg/m^3；

h——轧件厚度，m；

τ——时间，h。

3.4.4.2　对流传热的散热损失引起的温降

轧件对流温降公式为：

$$dt_2 = -2\alpha(t - t_0)d\tau/(c_p\rho h) \tag{3-31}$$

式中　α——对流的散热系数；

t_0——冷却介质的温度（如冷却水或润滑液）；

τ——热交换时间，h；

其余符号含义同前。

3.4.4.3　轧制过程中与轧件和轧辊接触时的热传导损失引起的温降

$$\Delta t_3 = -2\lambda l(t - t_0)/(c_p\rho h_{cp}v) \tag{3-32}$$

式中　λ——道次延伸系数。

t——轧件温度，℃；

t_0——轧辊温度，℃；

l——轧件宽度，mm；

h_{cp}——轧件平均厚度，mm；

v——轧制速度，m/s；

其余符号含义同前。

3.4.4.4　塑性变形引起的温升

金属塑性变形热的温升计算公式为：

$$\Delta t_4 = A\eta\sigma_{cp}\ln(H/h) \times 10^4/(c_p\rho h_{cp}) \tag{3-33}$$

式中　A——轧制前后金属平均散热表面积，m^2；

η——转换效率，一般取 0.90 ~ 0.95；

σ_{cp}——轧件的平均变形力，MPa。

其余符号含义同前。

3.5　轧制的弹塑曲线及板厚纵向控制

3.5.1　轧机的弹性变形

轧制时轧辊承受的轧制压力，通过轧辊轴承、压下螺丝等零部件，最后由机架承受。所以在轧制过程中，所有上述受力件都会发生弹性变形，严重时可达数毫米。测试表明：弹性变形最大的是轧辊系(弹性压扁与弯曲)，约占弹性变形总量的40%～50%，其次是机架(立柱受拉，上下横梁受弯)，约占12%～16%，轧辊轴承占10%～15%，压下系统占6%～8%。

随着轧制压力的变化，轧辊的弹性变形量也随之而变，并引起辊缝大小和形状变化。辊缝大小的变化将导致板材纵向厚度波动，辊缝形状影响到所轧板形变化。它们对轧制板带材板形质量、尺寸精度控制的影响成了现代轧制理论关注和研究的重点。

3.5.1.1　轧机的弹跳方程与弹性特性曲线

轧机弹性变形总量与轧制压力之间的关系曲线称为轧机的弹性特性曲线，描述这一对参数关系的数学表达式，即称为轧机的弹跳方程。

如图3-16所示，当两轧辊的原始辊缝（空载辊缝值）为 s_0 时，

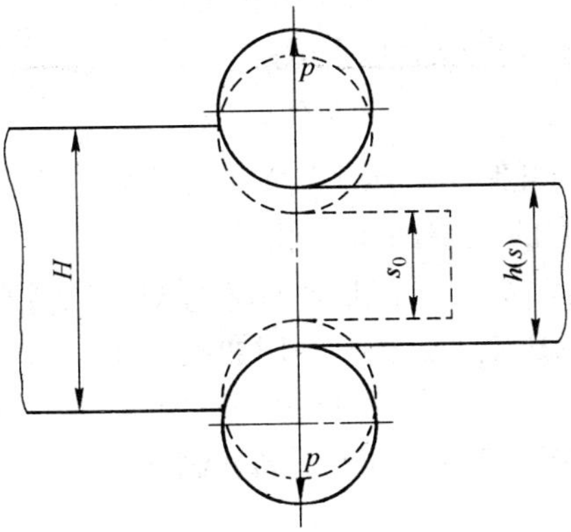

图3-16　轧机弹跳现象

轧制时由于轧制压力的作用，机架发生了变形（$\Delta s = p/k$，p 为轧制压力，$k = \mathrm{d}p/\mathrm{d}s$，为轧机的刚度，表示轧机弹性变形 1mm 所需的力），因此实际辊缝将增大达到 s，辊缝增大的现象称为轧机弹跳或辊跳。于是所轧制出的板厚

$$h = s = s_0 + s_0' + \Delta s = s + s_0' + p/k \qquad (3\text{-}34)$$

式中 s_0'——初始载荷下各部件间的间隙值。如 s_0' 忽略不计，上式变为

$$h = s = s_0 + p/k \qquad (3\text{-}35)$$

式 3-34 称为轧机的弹跳方程。它忽略了轧件的弹性恢复量，说明轧出的轧件厚度为原始辊缝与轧机弹跳量之和（见图 3-17）。

影响原始辊缝 s_0 变化，即影响轧机弹性特性曲线位置的因素有轧辊的偏心、热膨胀、磨损和轧辊轴承油膜的变化等。

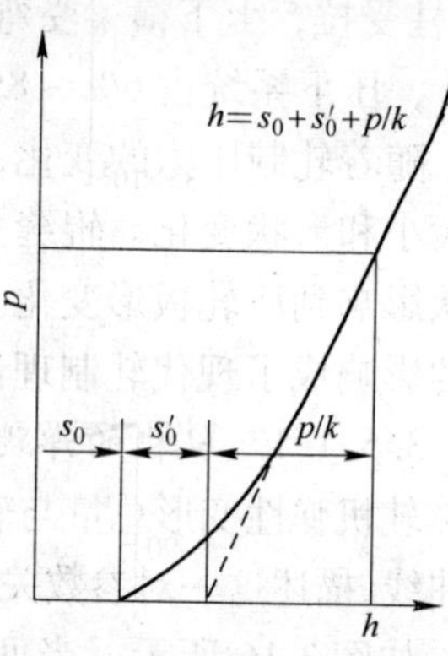

图 3-17 轧件尺寸在弹跳曲线上的表示

3.5.1.2 轧机的刚度

轧机的刚度是指轧机抵抗轧制压力引起弹性变形的能力，又称轧机模量。它包括纵向刚度和横向刚度。轧机的纵向刚度是指轧机抵抗轧制压力引起辊跳的能力。由式 3-35 知，$p = (h - s_0)k$。因而，轧机的纵向刚度可用下式表示。

$$k = p/(h - s_0) \qquad (3\text{-}36)$$

轧机刚度可用轧制法和压靠法等方法实际测定。

影响轧机刚度的主要因素有轧件宽度（见图 3-18）、轧制速度（影响到轴承油膜厚度）等。由图 3-18 可知，轧制速度的影响是：低速时对轧机刚度的影响大，而高速时影响较小。当轧制宽度与辊身长度二者差异较大时，则相互之间的相差较为明显；如果两者尺寸相近，相互之间的差异就小。对于不同轧制宽度（见图 3-19），其修正公式为：

$$k_{\mathrm{L}} = k_{\beta} - \beta(L - B) \qquad (3\text{-}37)$$

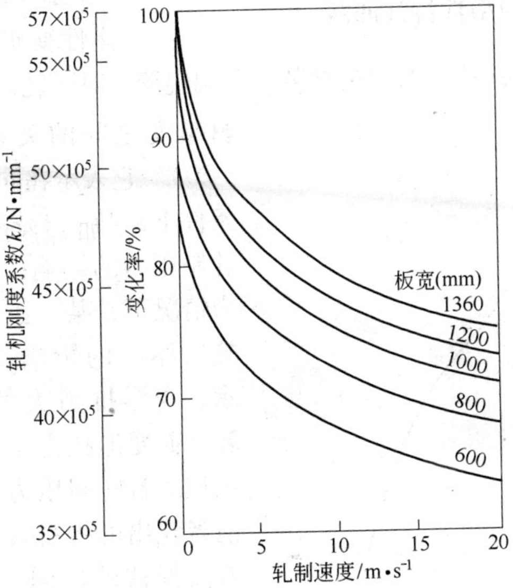

图 3-18 板宽与轧制速度对轧机刚度系数的影响

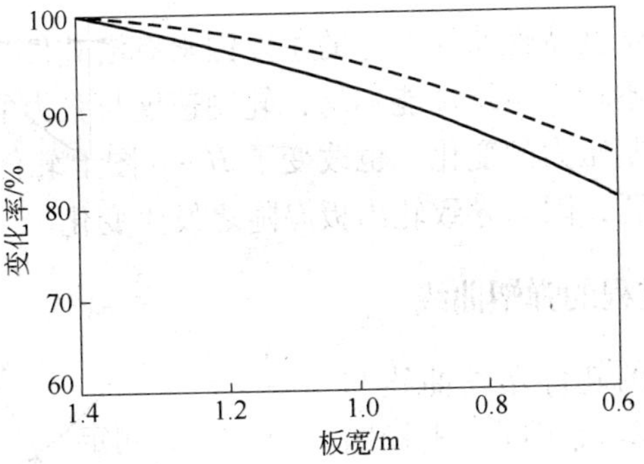

图 3-19 板宽与 k 值的变化曲线

式中 L——辊身长度；

B——轧件宽度；

β——刚度修正系数；

k_{β}——压靠法测得的刚度；

k_{L}——轧件宽度为 B 时的刚度。

3.5.2　轧件的塑性特性曲线

轧件的塑性特性曲线是指某一预调辊缝 s_0时，轧制压力与轧出板材厚度之间的关系曲线（见图 3-20）。它表示在同一轧制厚度的条件下，某一工艺参数的变化对轧制压力的影响；或同一轧制压力情况下，某一工艺因素变化对轧出厚度的影响。如图 3-20 所示，变形抗力大的塑性曲线较陡，而变形抗力小的塑性曲线较平坦。若轧制压力保持不变，则前者轧出的板材较厚（$h_2 > h_1$）。若需保持轧出同一厚度的板材，那么对于变形抗力高的轧件就应加大轧制压力。

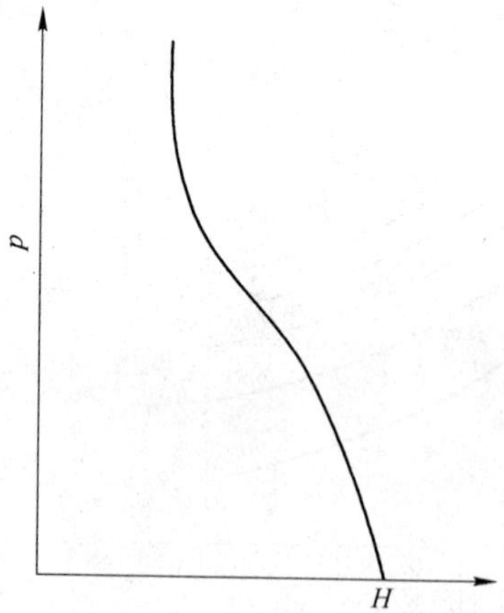

图 3-20　轧件的塑性特性曲线

影响轧件塑性特性曲线变化的主要因素有沿轧件长向原始厚度不均、温度分布不均、组织性能不均，轧制速度与张力的变化等。这些因素影响到轧制压力的变化，也改变了 $H-p$ 图上轧件的塑性特性曲线的形状和位置，因而导致轧出板厚随之发生变化。

3.5.3　轧制过程的弹塑曲线

轧制过程的轧件塑性曲线与轧机弹性曲线集成于同一坐标图上的曲线，称为轧制过程的弹塑性曲线（图 3-21），也称轧制的 $H-p$ 图（见图 3-24）。图中两曲线交点的横坐标为轧件厚度，纵坐标为对应的轧制压力。

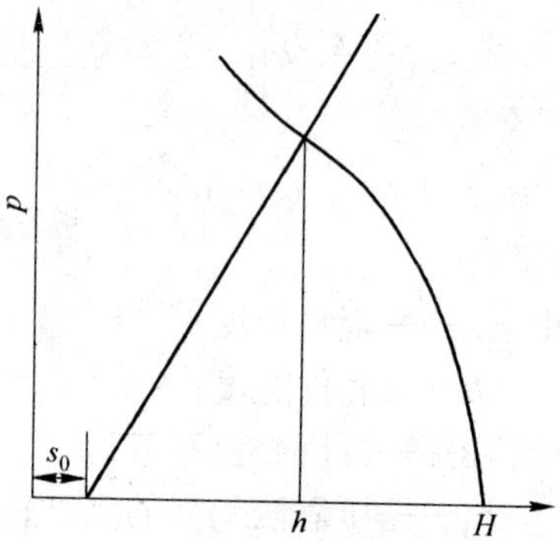

图 3-21　轧制弹塑性曲线

现利用轧制过程的弹塑性曲线来讨论一下初始辊缝 s_0 调整量

变化为 δ_s 时，即轧机弹性曲线位置变化为 δ_s 时（图中为两平行弹性曲线的水平间距），δ_s 与轧后板材厚度变化量 δ_h 之间的关系（见图 3-22）。

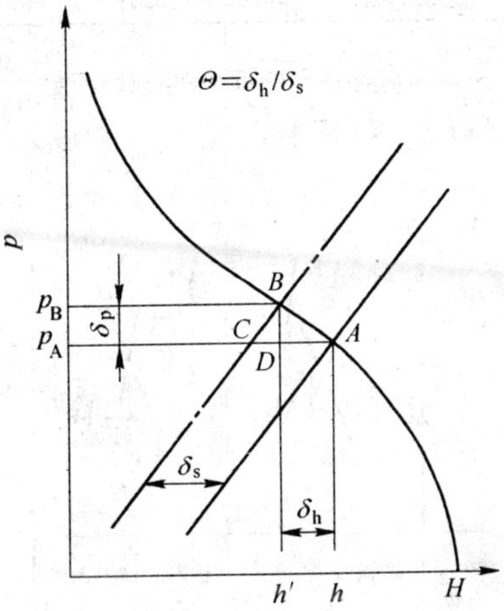

图 3-22 辊缝转换函数

由图 3-22 可知，$AC = AD + CD = \delta_s$，$AD = \delta_h$，$CD = \delta_p/k$

因而

$$\delta_s = \delta_h + \delta_p/k \quad (3\text{-}38)$$

令沿塑性曲线上的 $\delta_p/\delta_h = M$，M 称为轧件的塑性系数，或称轧件的“刚度”，它的物理意义是使轧件产生 1mm 压缩塑性变形所需的轧制力，单位为 N/mm。将它代入上式，经整理后，得

$$\delta_s = \delta_h + M \cdot \delta_h/k = \delta_h(1 + M/k)$$

或

$$\delta_s/\delta_h = 1 + M/k = (k + M)/k$$

如令

$$\Theta = \delta_h/\delta_s = k/(k + M) \quad (3\text{-}39)$$

Θ 称为辊缝的转换函数，又称压下效率，它反映了轧机的弹性效应，是进行压下调整、改变辊缝、实现板厚控制的基本方程。由式 3-39 可知，当轧机刚度一定时，轧制变形抗力高的金属，或接近终轧道次，因 M 很大，此时压下调整量必须相当大，才能减小或消除板厚差 δ_h；当 M 接近无穷大时，则 $\Theta \to 0$，无论调多大的压下，也不可能再轧薄（此时对应的辊缝称为轧机的最小可轧厚度）；金属变形抗力较小时，M 很小，$\Theta \approx 1$，则压下调整量等于或稍大于厚度波动量即可。各种因素对轧制厚度的影响见表 3-4。

表 3-4 轧制工艺条件对轧制厚度的影响

变化原因	金属变形抗力变化，$\Delta\sigma_s$	板坯原始厚度变化，Δh_0	轧件与轧辊间摩擦系数变化，Δf	轧制张力变化 Δq	轧辊原始辊缝变化，Δt_0
变化特性	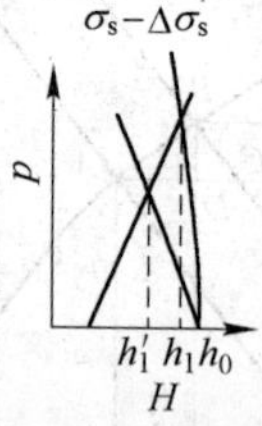	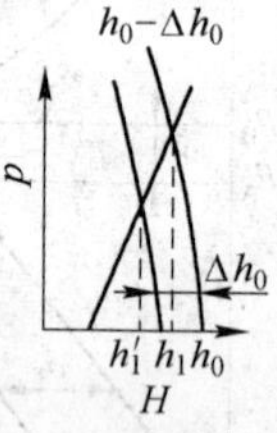	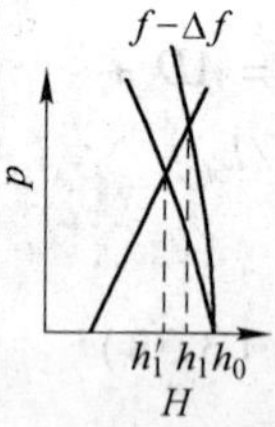	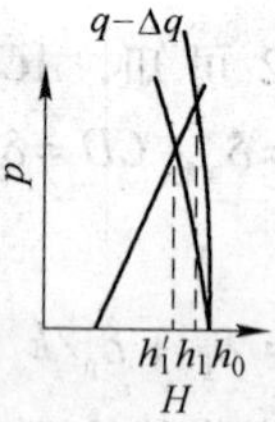	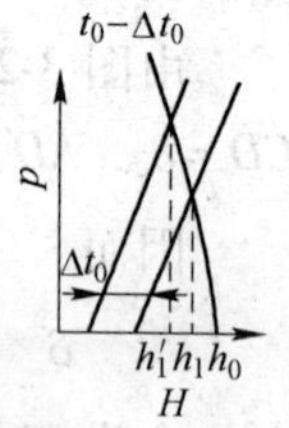
轧出板厚变化	金属变形抗力 σ_s 减小时板厚变薄	板坯原始厚度 h_0 减小时板厚变薄	摩擦系数 f 减小时板厚变薄	张力 q 增加时板厚变薄	原始辊缝 t_0 减小时板厚变薄

3.5.4 板厚控制原理及方法

轧制过程中凡引起轧制压力波动的因素都将导致板厚纵向厚度尺寸的变化，一是对轧件塑性变形特性曲线形状与位置的影响；二是对轧机弹性特性曲线的影响。结果使两条曲线之交点发生变化，产生了纵向厚度偏差。

板厚控制原理是：根据 $H-p$ 图，轧制厚度控制就是要求使所轧板材的厚度，始终保持在轧机的弹性特性曲线和轧件塑性特性曲线交点 h 的垂直线上。但是由于轧制时各种因素是经常变化的，两特性曲线不可能总是交在等厚轧制线上，因而使板厚出现偏差。若要消除这一厚度偏差，就必须使两特性曲线发生相应的变动，重新回到等厚轧制线上。基于这一思路，板厚控制的方法有调整辊缝、张力和轧制速度等三种。

3.5.4.1 调压下改变辊缝

调压下是板带材厚度控制的最主要的方法。这种板厚控制的原理，是在不改变弹塑曲线斜率的情况下，通过调整压下来达到消除轧件或工艺因素影响轧制压力而造成的板厚偏差（见图 3-23）。如遇到

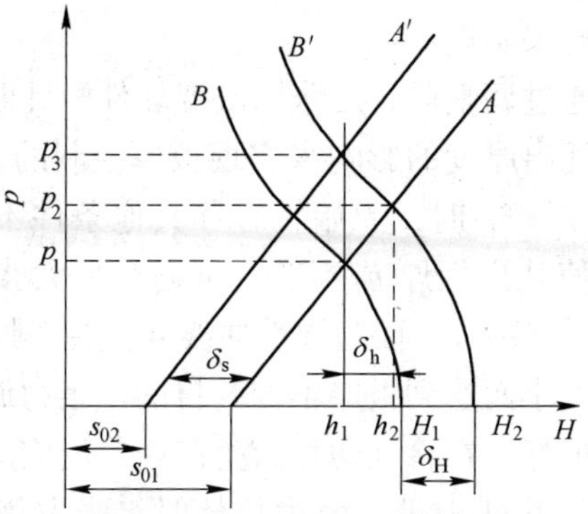

图 3-23　δ_H变化时的调压下原理图

来料退火不均，造成轧件性能不均（变硬），或润滑不良导致摩擦系数增大，或张力变小，轧制速度减小等，由图 3-24 可知，都将使塑性曲线斜率变大，塑性曲线由 B 变到 B'，其他条件不变时，同样轧出厚度产生偏差 δ_h，此时也可通过调整压下时减小辊缝来消除。

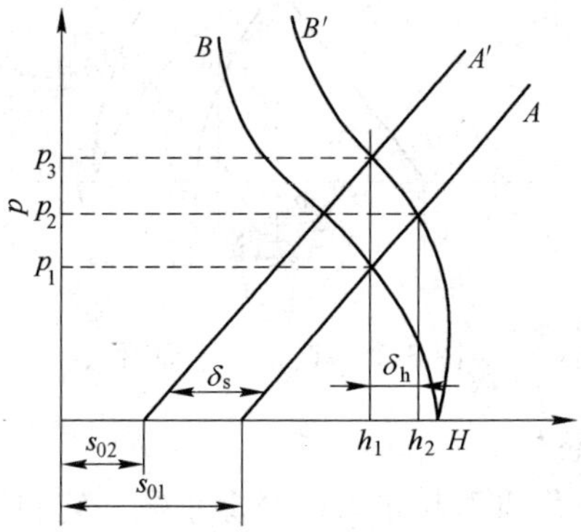

图 3-24　塑性曲线变陡时的调压下原理图

3.5.4.2　调整张力

关于调整压下的方法，由于需调整压下螺丝，如塑性模量 M 很大，或轧机刚度 k 过小，则调整量过大，调整速度慢，效率低，因此对于冷精轧薄板带的调节不如调整张力快和好。特别是对于箔材轧制更是如此，因为这时轧辊实际已经压靠，所以板厚控制只得依靠调整张力、润滑与轧速来实现。

调整张力是通过调整前、后张力改变轧件塑性曲线的斜率，达到消除各种因素对轧出厚度的影响来实现板厚控制的（见图 3-25）。当来料出现厚度偏差 $+\delta_H$ 时，原始辊缝和其他条件不变时，轧出板厚产生偏差 δ_h，为使轧出板厚 h_1 不变，可通过加大张力，使塑性曲线 B' 变化到 B''（改变斜率），而与弹性曲线 A 交在等厚度轧制线上，实现无需改变辊缝大小而达到板厚不变的目的。张力调整方法的特点是反应快、精确效果好，在冷轧薄板带生产中广泛应用。但它不适用于厚板轧制，特别是热轧板带，因为热轧时，张力稍大就易出现拉窄（出现负宽展）或拉薄，使控制受到限制。

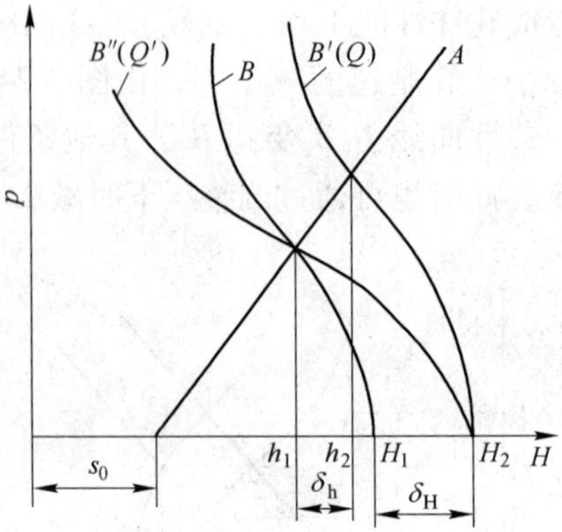

图 3-25 调张力原理图

3.5.4.3 调整轧速

轧制速度的变化将引起张力、摩擦系数、轧制温度及轴承油膜厚度等发生变化，因而也可改变轧制压力，从而使轧件塑性曲线斜率发生改变，其基本原理与调整张力相似。

4 铝合金板材的品种、生产方法及生产工艺流程

4.1 铝合金板材产品规格

我国铝合金板材的定义为：横断面呈矩形，厚度均一并大于0.20mm 的轧制产品，通常边部经过剪切或锯切，并以平直状外形交货，厚度不超过宽度的1/10。

其中厚板与薄板规定如下：

厚板为厚度大于4.0mm 的板材。

薄板为厚度0.2～4.0mm 的板材。

按 ANSI-H35.2(M)的标准规定薄板和中厚板材的分类为：

薄板是指厚度大于0.15mm 且小于6.3mm，截面为矩形，边部为切边、剪切或锯切的轧制产品。

中厚板是指厚度大于6.3mm，横截面为矩形，边部为切边或锯边的轧制产品。

按照习惯，称厚度不小于6.0mm 的板材为中厚板。我国现行铝及铝合金板材产品的品种规格范围如表4-1 所示。

表 4-1 铝及铝合金板材产品的规格范围

品种		尺寸范围/mm		
		厚度	宽度	长度
板材	薄板	0.3～6.0	400～2500	2000～10000
	厚板	6.0～80.0	1000～2500	2000～10000
	特厚板	80 以上	1000～2500	2000～10000

4.2 铝合金板材产品状态

根据国家标准和技术条件的规定，铝合金板材加工产品应按用户

的要求，板材产品的交货状态分别为：自由加工状态（F）、热加工状态（H112）、退火状态（O）、全硬状态（H×8）、3/4 硬状态（H×6）、1/2 硬状态（H×4）、1/4 硬状态（H×2）、淬火状态（T），淬火及自然时效状态（T4）、淬火及人工时效状态（T6）、淬火及自然时效预拉伸状态（T451）、淬火及人工时效预拉伸状态（T651）。常用的铝合金板材的品种和规格范围见表 4-2。

表 4-2　常用的铝合金板材的品种和规格范围

牌　号	供货状态	厚度/mm
1A97、1A93、1A90、1A85	F、H112	>6~150
1070、1070A、1060、1050、1050A、1100、1145、1200、3003、3004	O	>0.2~10.0
	H12、H22、H14、H24、H16、H26、H18	>0.2~6
	F、H112	6~150
3A21、8A06	O	>0.2~10.0
	H14、H24、H18	>0.2~6
	F、H112	6~150
5052	O	>0.5~10.0
	H12、H22、H32、H14、H24、H34、H16、H26、H36、H18、H38	0.5~6
	F、H112	6~150
5A02	O	>0.5~10.0
	H14、H24、H34、H18	>0.5~6
	F、H112	6~150
5005、5754、5182、5083	O	>0.5~10.0
	H12、H32、H14、H34、H18、H38	>0.5~6
	F、H112	6~150
5A03	O、H14、H24、H34	>0.5~6
	F、H112	6~150
5A05、5A06、5086	O	>0.5~6
	F、H112	6~150

续表 4-2

牌　号	供货状态	厚度/mm
6061、6063、6082、6A02、2A14、2014	O、T4、T6	>0.5～10
	F、H112	6～150
	T651	6.3～80
2A11、2A12、2017、2024	O、T4、T6	>0.5～10
	F、H112	6～150
	T451	6.3～80
7A04、7A09、7075	O、T6	>0.5～10
	F、H112	6～150
	T651	6.3～80

4.3 铝合金板材生产方法

铝合金板材生产方法按轧制坯料的供应方式可以分为铸锭轧制方法、连续铸轧和连铸连轧法。

铸锭轧制是传统的生产板带材的方案，规模可大可小，既有年产量数百吨的小工厂，也有年产几十万吨的大型企业。生产的品种、规格易于调整，最终制品的组织、性能易于控制。

铝及铝合金的连续铸轧和连铸连轧生产方案，省去了铸锭方法的热轧工序，从节约能源来看是有利的。但由于受到板坯连铸速度的限制，一般的一条双辊式铸轧生产线的年产量为 1 万 t 左右，特殊的双钢带式哈兹莱特连轧机年产 10 万 t。由于板坯连铸厚度的限制，产品的规格也受到一定限制，可调控最终制品组织、性能的工艺环节少，从物理冶金的角度来看，在控制产品组织状态方面存在一定的缺陷，产品品种受到限制。目前连续铸轧生产方案主要用于纯铝及防锈铝板带材的生产，目前连铸连轧法在我国应用很少。

轧制方式按金属温度可分为热轧和冷轧；按轧机排列方式可分为单机架轧制、半连续轧制和连续轧制。

块式法按生产方式可分为块片法和带式法。块式法是经热轧或冷粗轧（冷通）后剪切成一定长度的板坯，再采用冷轧等工序，直到成品。这种方法，设备及操作简单，投资少，上马快，生产的品种、规格灵活性较大。一般适用于小型工厂。但是，块式法是一种古老的生产方法，生产率和成品率低，劳动强度大，生产条件差，周期长，产品品种受限，尤其是对薄板生产的限制更多。

带式法即成卷轧制，最后才横剪成板或纵剪分卷。用这种方法生产板材或带材，可采用大铸锭、高速度轧制，生产率和成品率高，而且容易实现生产过程的连续化、自动化和计算机控制，达到高质量、高效率，劳动强度小。但是，设备较复杂，投资大，建设周期较长，适用于产品规模大，技术力量较强，品种较单一的大中型工厂。

4.4 铝合金在塑性加工时的组织与性能变化

4.4.1 热变形所引起铝合金组织性能的变化

4.4.1.1 热变形对铸态组织的改善

铝合金在高温下塑性高，抗力小，加之原子扩散过程加剧，伴随有完全再结晶，有利于组织的改善。在三向压缩应力状态占优势的情况下，热变形能最有效地改变铝及铝合金的铸态组织，给予适当的变形量，可以使铸态组织发生下列有利的变化：

(1) 一般热变形是通过多道次的反复变形来完成的。由于在每一道次中硬化和软化过程是同时发生的。变形破碎了粗大的柱状晶粒，反复的变形使材料的组织成为较均匀细小的等轴晶粒。同时，还能使某些微小的裂纹得以愈合。

(2) 由于应力状态中静水压力的作用，可促进铸态组织中存在的气泡焊合，缩孔压实，疏松压实，变为较致密的组织结构。

(3) 由于高温原子热运动能力加强，在应力作用下，借助原子的自由扩散和异扩散，有利于相对地减少铸锭化学成分的不均匀性。

通过热变形，铸锭组织改变成了变形组织（或加工组织），并具有较高的密度、均匀细小的等轴晶粒及比较均匀的化学成分，因而塑性和强度指标都有明显的提高。

4.4.1.2 热变形制品晶粒度的控制

热变形后制品晶粒度的大小，取决于变形程度和变形温度（主要是加工终了温度)。在完全软化的温度范围内加工铝及铝合金材料时，为了获得均匀细小的晶粒，每道次的变形量应大于临界变形程度。通常每道次的变形量应大于10%，如2024合金的临界变形程度，在变形速度大时（如冲击变形时）为2%~8%，在变形速度小时（如在液压机上模锻或挤压时)，应大于10%。

4.4.1.3 热变形时的纤维组织

在热变形过程中，金属内部的晶粒、杂质和第二相及各种缺陷将沿最大延伸主变形方向被拉长、拉细，而形成纤维方向的强度高于材料其他方向的强度（如有挤压效应时更为明显)，材料表现出不同程度的各向异性。此外，热变形时也可能同时产生变形结构及再结晶结构，它们也会使材料出现方向性及不均匀性。

4.4.1.4 热变形过程中的回复与再结晶

热变形过程中，在应力状态作用下，铝合金材料一般发生动态回复与再结晶。

A 铝合金在热变形过程中的回复

铝合金在热变形过程中的堆垛层错能较大，自扩散能较小。在高温下，位错的滑移和攀移比较容易进行。因此，动态回复是它们在热变形过程中的唯一软化机构。高温变形后，对铝合金材料立即观察，在组织中可看到大量的回复亚晶。将动态回复的组织保持下来，已成功地用来提高6063合金建筑挤压型材的强度。

B 铝合金在热变形过程中的再结晶

热变形进入稳态后，铝材内部发生全面的动态再结晶，随着变形的继续，回复与再结晶又反复进行，其组织状态已不随变形量的增加而变化。但是，由动态再结晶而导致软化的铝材，其组织一般难以保持，因为就在热变形完结后，静态再结晶即迅速发生而替代了那种“加工结构”。所以，热变形过程中的再结晶，包括与变形同时发生的动态再结晶和各道次之间，变形完结后冷却时所发生的静态再结晶。但热变形时起软化作用的主要还是动态再结晶。研究结果表明：（1）动态再结晶的临界变形程度很大；（2）动态再结晶易于在晶界及亚晶界处形核；（3）由于动态再结晶的临界变形程度比静态再结晶大得多，因此，一旦变形停止，马上会发生静态再结晶；（4）变形温度愈高，发生动态再结晶与静态再结晶所需时间就愈短。

4.4.2　冷变形对铝材组织性能的影响

4.4.2.1　冷变形时铝材内部组织的变化

A　晶粒形状的变化

铝材冷加工后，随着外形的改变，晶粒均朝最大主变形发展方向被拉长、拉细或压扁。冷变形程度越大，晶粒形状变化也越大。在晶粒被拉长的同时，晶间的夹杂物也跟着拉长，使冷变形后的金属出现纤维组织。

B　亚结构

金属晶体经过充分冷塑性变形后，在晶粒内部出现了许多取向不同、长度约为 $10^{-3} \sim 10^{-6}$cm，似乎是金属遭受变形后粉碎成了许多小块，只是这些小块（或小晶粒间）的取向差不多（小于1°），所以它们仍然维持在同一个大晶粒范围内，这些小晶块称为亚晶，这种组织称为亚结构（或镶嵌组织）。亚晶的大小、完整程度、取向差与材料的纯度、变形量和变形温度有关。当材料中含有杂质和第二相时，在变形量大和变形温度低的情况下，所形成的亚晶小，亚晶间的取向差大，亚晶的完整性差（即亚晶内晶格的畸变大）。冷变形过程中，亚晶结构对金属的加工硬化起重要作用，由于各晶块的方位不同，其边界又为大量位错缠结，对晶内的进一步滑移起阻碍作用。因此，亚结构可提高铝及铝合金材料的强度。

C　变形织构

铝及铝合金在冷变形过程中，因受外力的作用，内部各晶粒间的相互作用及变形发展方向的影响，晶粒要相对于外力轴产生转动，而使其动作的滑移系有朝着作用力轴的方向（或最大主变形方向）做定向旋转的趋势。在较大冷变形程度下，晶粒位向由无序状态变成有序状态的情况，称为择优取向。由此所形成的纤维状组织，因具有严格的位向关系，称为变形织构。变形织构可分为丝织构（如在拉丝、挤压、旋转条件下形成的织构）和板织构（如轧制织构）。具有冷变形织构的材料进行退火时，由于晶粒位向趋于一致，总有某些位向的晶块易于形核长大，往往形成具有织构的退火组织，这种组织称为再结晶织构。拉伸、拉丝和圆棒挤压时可得到丝织构，而宽板轧制、带材轧制和扁带拉伸时可得到板织构等。织构使材料具有明显的各向异性，在很多情况下会出现织构硬化。在实际生产中，要控制变形条件，充分利用其有利的一面，而避免其不利的一面。

D 晶内及晶间的破坏

在冷变形时不发生软化过程的愈合作用，因滑移（位错的运动及其受阻、双滑移、交叉滑移等）、双晶等过程的复杂作用以及晶粒所产生的相对移动与转动，造成了在晶粒内部及晶粒间界处出现一些显微裂纹、空洞等缺陷，使铝材密度减小，是造成显微裂纹和宏观破断的根源。

4.4.2.2 冷变形对铝材性能的影响

A 对理化性能的影响

对理化性能的影响如下：

（1）密度。冷变形后，因晶内及晶间出现了显微裂纹或宏观裂纹、裂口空洞等缺陷，使铝材密度减小。

（2）电阻。晶间物质的破坏使晶粒直接接触、晶粒位向有序化、晶间及晶内破裂等，都对电阻的变化有明显的影响。前两者使电阻随变形程度的增加而减少，后者则相反。

（3）化学稳定性。经冷变形后，材料内能增高，使其化学性能更不稳定而易被腐蚀，特别是易于产生应力腐蚀。

B 对力学性能的影响

铝材经冷变形后，发生了晶内及晶间的破坏，晶格产生了畸变以及出现了第二类残余应力等，使塑性指标急剧下降，在极限状态下可能接近于完全脆性的状态；另外，由于晶格畸变、位错增多、晶粒被拉长细化以及出现亚结构等，其强度指标大为提高，即出现加工硬化现象。

C 对结构与各向异性的影响

铝材经较大冷变形后，出现织构，使材料呈现各向异性。例如，铝合金薄板在深冲时易出现明显的制耳。应合理控制加工条件，以充分利用织构与各向异性的有利一面，而避免或消除其不利的一面。

4.5　铝合金板材产品工序简介

铝及合金板材产品生产工序多，流程长。下面就两类轧制坯料供应生产方案中的最基本的工序（铸锭设计、热轧、冷轧和热处理）进行简要介绍。

4.5.1　铸锭设计

确定铸锭尺寸，首先根据生产规模确定铸锭质量大小，还应考虑合金工艺性能、生产方法、产品规格、设备能力等条件。铸锭尺寸用厚度×宽度×长度（即 $H \times B \times L$）表示。

铸锭厚度的合理选择，与产品最终质量、生产率和成品率关系很大。对同一厚度的产品，铸锭越厚，总变形量越大，再经多次冷轧，能保证产品性能要求。厚度较大的产品，宜选择厚度较大的铸锭，否则热轧或冷轧变形量不足，影响产品组织与性能。铸锭厚度大，便于生产过程的连续化，生产率和成品率高。铸锭厚度还受合金特性、设备条件限制。如果热轧机能力小，或热轧开坯合金的生产规模不大，其铸锭厚度小。但最小铸锭厚度主要受产品最低加工率的限制，并与铸造条件及铸锭宽度有关。目前我国中小厂铸锭厚度一般在 80mm 以下，大厂一般在 400mm 左右，国外铸锭最大厚度达 660mm。

4.5.2　热轧

铝及铝合金板材生产，采用铸锭供坯时，一般用热轧开坯，即将准备好的铸锭经加热后直接热轧。热轧可采用大铸锭，充分利用金属高温下的良好塑性，加工率大，生产率和成品率高。此外，中小厂产品规模不大，铸锭较小，对加工性能良好的纯铝等，可利用铁模或水冷模铸造后的余热，控制一定温度直接热轧。这种方法可节省能耗，缩短生产周期及减少加热设备，降低成本。

合金状态图是确定热轧温度范围最基本的依据。理论上热轧开轧温度取合金熔点温度的 0.85 ~ 0.90 倍，但应考虑低熔点相的影响。热轧温度过高，容易出现晶粒粗大，或晶间低熔点相的熔化，导致加热时铸锭过热或过烧，热轧时开裂。

塑性图在一定程度上反映了金属的高温塑性情况，它是确定热轧温度范围的主要依据。根据塑性图可选择塑性最高、强度最小的热轧温度范围。

塑性图不能反映热轧终了金属的组织与性能。当热轧产品组织性能有一定要求时，必须根据第二类再结晶图确定终轧温度。终轧温度要保证产品所要求的性能和晶粒度。温度过高，晶粒粗大，不能满足性能要求，而且继续冷轧会产生轧件表面橘皮和麻点等缺陷，当冷轧加工率较小时，还难以消除。终轧温度过低会引起金属加工硬化，能耗增加，再结晶不完全会导致晶粒大小不均及性能差。终轧温度还取决于相变温度，在相变温度以下，将有第二相析出，其影响由第二相的性质决定。一般会造成组织不均，降低合金塑性，产生裂纹甚至开裂。终轧温度一般取相变温度以上 20 ~ 30℃。无相变的合金，终轧温度可取合金的熔点温度的 0.65 ~ 0.70 倍。为保证终轧温度，采用多机架连轧是有效的工艺手段。

4.5.3 冷轧

冷轧通常指金属在再结晶温度以下的轧制过程。冷轧产生加工硬化，金属的强度和变形抗力增加，伴随着塑性降低。冷轧和热轧相比，其主要特点是：（1）产品的组织与性能均匀，有良好的力学性能和承受再加工的性能；（2）产品尺寸精度高，表面质量与板形好；（3）通过控制不同的加工率或配合成品热处理，可获得各种状态的产品；（4）冷轧能生产热轧不能轧出的薄板带或箔材。

根据冷轧的不同目的，一般可将冷轧分为开坯、粗轧、中轧及精轧 4 种类型：

（1）开坯冷轧。不宜热轧的铸锭或铸坯，直接冷轧到一定厚度的板坯或卷坯，使铸造组织变为加工组织的过程。

（2）粗轧（冷通）。将热轧后的板坯（卷坯）冷轧到一定厚度，称粗轧。

（3）中轧。将粗轧后的板坯（卷坯）冷轧到成品前所要求的坯料厚度，即轧制成品前的冷轧，称中轧。

（4）精轧（轧成品）。按成品总加工率轧制到成品厚度，而达到产品要求的冷轧，称精轧。

根据设备及工艺条件，冷轧既可在不同的轧机上进行，也可在同一台轧机上完成。冷轧应用很广泛，凡热轧后要求继续轧薄，而且性能、组织、表面质量及尺寸精度要求较高的产品都要进行冷轧。但是，冷轧加工硬化，变形能耗大。因此，大部分有色金属及合金，在加工率达到一定程度后要进行中间退火，以消除加工硬化，实现继续冷轧。为了减少能耗，提高生产率，冷轧应与热轧相配合。在保证产品质量的前提下，充分利用热轧高效率的特点，尽量减少冷轧压下量。所以，冷轧一般很少单独采用。

4.5.4 热处理

热处理是板材生产中的主要工序。根据不同的目的及合金强化特点，板材坯料与成品热处理通常分为中间退火、成品退火、淬火-时效及形变热处理。

4.5.4.1 中间退火

中间退火包括热轧坯料退火和冷轧中间坯料退火，即软化退火。

热轧坯料退火可以消除热轧后因不完全热变形产生的硬化，或某些合金的淬火效应。以得到平衡均匀的组织和最大塑性变形能力，实现继续冷轧。铝合金热轧板坯的终轧温度为 280 ~ 330℃，在空气中快速冷却，加工硬化现象不能完全消除。特别是热处理强化铝合金（2A12、2A11、7A04 等），自 280 ~ 330℃ 在空气中冷却时，不仅再结晶过程不能充分进行，过饱和固溶体也来不及彻底分解，仍保留一部分加工硬化和淬火效应，进行坯料退火，有利于继续冷轧和成品性能控制。

4.5.4.2 成品退火

成品退火分为完全退火与低温退火。其目的是控制产品最终性能，保证产品符合技术标准要求。完全退火用于生产软态产品；低温退火在于消除内应力，稳定材料尺寸、形状及性能，以获得半硬态或硬态产品。成品退火工艺制度比中间退火要求更严格。

4.5.4.3 完全退火

完全退火温度，一般铝及铝合金比再结晶温度高 100 ~ 200℃。

为了防止晶粒粗大，或表面氧化、吸气，以及减轻再结晶织构等，应尽量降低退火上限温度或取下限温度。对同一合金，生产中应根据不同的退火设备、产品规格、冷变形量、技术要求及装炉量等，确定适当的退火温度。对于保温时间，一般装炉量越多、产品越厚或炉温分布越不均匀，则保温时间越长。加热速度在保证质量的前提下，最好采用快速加热的方法。这一方面可缩短加热时间、节约能量及提高生产率；另一方面可细化晶粒，提高产品质量。其冷却速度与中间退火相同。

4.5.4.4 低温退火

低温退火的温度应控制在再结晶开始温度以下。主要是为控制半硬态产品的性能或消除加工残余应力，其退火的温度，应在再结晶开始温度与终了温度之间，使退火后的显微组织产生一部分再结晶晶粒。退火温度应根据合金的退火温度与力学性能的关系曲线，确定退火温度范围。但要考虑杂质、合金化程度及冷加工率的影响。生产中常采用低温长时间的退火制度，以免局部过热和性能不均。低温退火需要缓慢而均匀的加热与冷却，以免引起新的热应力。

4.5.4.5 淬火与时效

为了改善产品性能，对热处理可强化的合金进行淬火与时效热处理。淬火是将合金中的可溶相溶解到固溶体之中，形成室温下不稳定的过饱和固溶体，又称固溶处理；时效是在淬火的基础上，促使过饱和固溶体进行分解（脱溶）而达到强化的目的。

制定淬火工艺时，主要参考影响固溶化的温度、时间及冷却速度。

确定淬火温度的原则是使可溶相尽可能地溶解到固溶体之中。淬火温度越高，第二相溶解得越彻底，淬火与时效后合金的力学性能越高。但铝合金固溶温度范围较窄。淬火温度过低则时效后性能低，淬火温度过高易发生过热和过烧，使材料报废，故需严格控制，并要求炉温分布均匀。

保温时间应由强化相的溶解速度、板材尺寸及加热条件确定。加热温度高，冷加工率大，溶解速度快，则保温时间可缩短。加热时，可用感应加热、盐浴槽内加热、强制空气循环电炉加热及静止空气炉加热，加热速度依次降低，因此保温时间需依次延长。对于包铝板材为防止铜原子向包铝层扩散穿透而降低耐腐蚀性能，保温时间应严格控制，不可随意延长。

淬火一般用水作冷却剂，因水的冷却速度快。板材尺寸较小、形状简单，则水温可低些；相反，水温可高些，以减小冷却速度，防止产生扭曲变形和残余应力。为了防止水对板材的腐蚀作用，可在水中加入腐蚀抑制剂（硅酸盐、硝酸盐等），提高空气炉淬火产品的耐蚀性。采用加硝酸盐水冷却淬火后的板材，必须清洗吹干，以免硝盐腐蚀影响表面质量。

热处理强化的第二阶段是时效，时效方法有人工时效与自然时效。人工时效是控制在一定温度下进行的时效；自然时效是在室温下放置，无其他处理的工序。一般硬铝合金自然时效比人工时效的强度稍低，但耐蚀性能好，在常温下使用的材料可采用自然时效。但高温下使用时，自然时效的材料不稳定，则必须采用人工时效。超硬铝（7A04）自然时效时间太长，而且耐蚀性比人工时效的差，因此采用人工时效是合理的。

4.6　铝合金中厚板生产工艺流程

4.6.1　制定工艺流程的原则

铸锭经过一系列工序处理，最后加工成板材产品。生产工艺流程主要根据合金特性、产品规格、用途及技术标准、生产方法、设备技术条件等制度。确定工艺流程的原则是：在确保产品质量，满足技术要求的前提下，尽可能简化或缩短工艺流程；根据设备条件，保证各工序设备负荷均衡，安全运转，充分发挥设备潜力；应尽量采用新设备、新工艺、新技术；提高生产率和成品率，降低成本，提高经济效益和社会效益。

4.6.2　铝合金中厚板生产工艺流程

产品的工艺流程完全反映了该产品的整个生产工艺过程。铝合金中厚板生产工艺，主要由热轧直接轧制到成品板厚，部分由冷轧控制成品厚度。图 4-1 所示为铝合金中厚板材产品典型工艺流程。

由典型工艺流程图可知，合金种类、产品规格、技术要求、生产

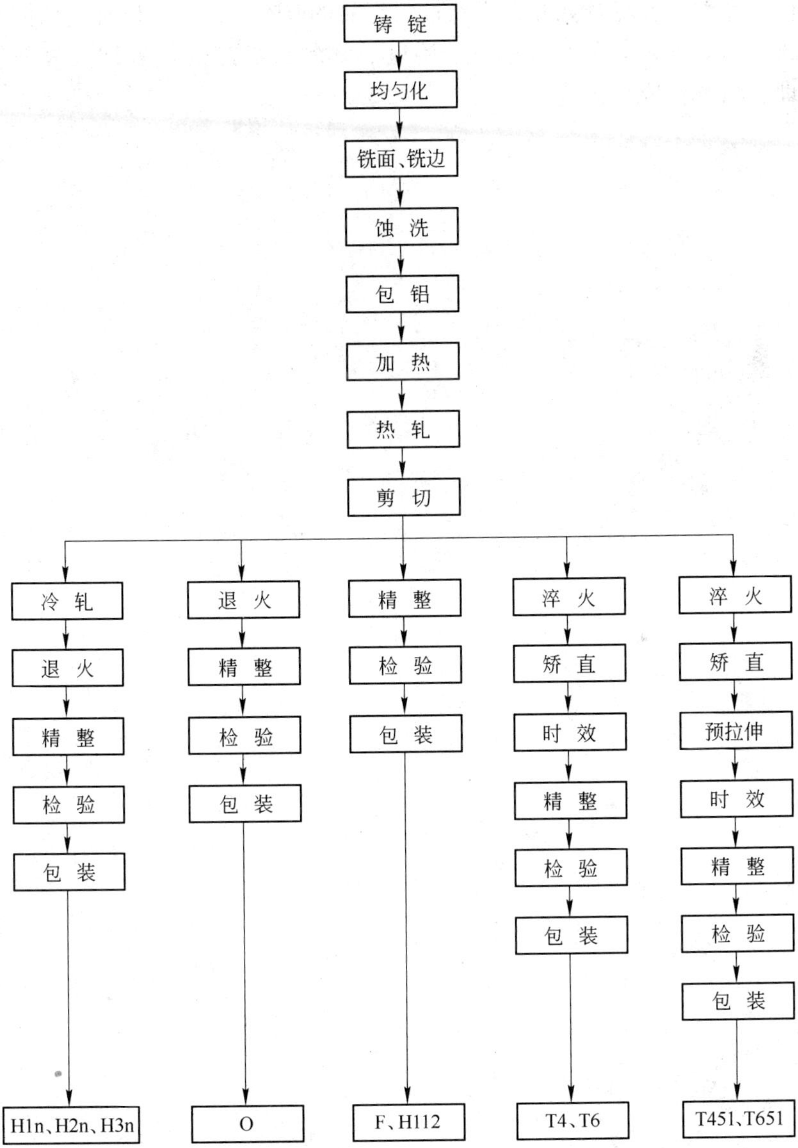

图 4-1 铝合金中厚板材产品典型生产工艺流程

方法及设备条件等方面的差异，决定了其生产工艺流程的不同。即使同一产品，在不同的工厂，因设备、工艺、技术条件不同，其工艺流程也有差异。尽管如此，生产板材产品的基本工序，一般都包括铸锭的表面处理及热处理、热轧、冷轧、坯料或成品的热处理及表面处理、精整及成品包装等。

5 铝合金中厚板热轧技术

5.1 热轧的特点与产品方案

5.1.1 热轧的特点

热轧一般指在金属再结晶温度以上进行的轧制。在热轧时，变形金属同时存在硬化和软化过程，因受变形速度的影响，只要回复和再结晶过程来不及进行，金属随变形程度的增加就会产生一定的加工硬化。但在热轧温度范围内，软化过程起主导作用，因而，在热轧终了时，金属的再结晶常不完全，热轧后的铝合金板带材呈现为再结晶与变形组织共存的组织状态。

热轧具有以下特点：

(1) 热轧能显著降低能耗，降低成本。热轧时金属塑性高，变形抗力低，大大减少了金属变形的能量消耗。

(2) 热轧能改善金属及合金的加工工艺性能，即将铸造状态的粗大晶粒破碎，显微裂纹愈合，减少或消除铸造缺陷，将铸态组织转变为变形组织，提高金属的加工性能。

(3) 热轧通常采用大铸锭、大压下量轧制，不仅提高了生产效率，而且为提高轧制速度、实现轧制过程的连续化和自动化创造了条件。

(4) 热轧不能非常精确地控制产品所需的力学性能，热轧制品的组织和性能不够均匀。其强度指标低于冷作硬化制品而高于完全退火制品；塑性指标高于冷作硬化制品而低于完全退火制品。

(5) 热轧产品厚度尺寸较难控制，控制精度相对较差；与冷轧制品相比，热轧制品的表面较粗糙，R_a 值一般为0.5~1.5μm。

5.1.2　产品方案与工艺流程

热轧产品一般分为两大类，一类是热轧厚板，另一类是热轧卷。

热轧厚板是指厚度不小于6.0mm的铝合金板材，主要品种有热轧板（H112）、退火板（O）、淬火或淬火预拉伸板等，热轧厚板在热轧机上通常采用块片法生产，其典型工艺流程是：铸锭（均匀化）→铣面、铣边→加热→热轧→剪切中断→矫直。

厚度小于6.0mm的铝合金板材采用卷式法生产，主要任务是为冷轧提供坯料，其工艺流程是：铸锭（均匀化）→铣面、铣边→加热→热轧（开坯轧制）→热精轧（卷取轧制）→卸卷。

5.2　热轧前的准备

热轧所用铸锭是采用连续、半连续、铁模等铸造方法生产的扁锭。现代化的大生产多采用半连续铸造方法生产扁锭，铸锭的重量可从几吨到几十吨。为了保证产品质量和满足加工工艺性能要求，对铸锭规格尺寸和形状的选择、表面及内部质量的控制均有严格的要求，在热轧前必须根据合金的工艺特性和最终产品的用途对铸锭进行表面处理和热处理。

热轧前的准备工作包括：铸锭的选择、铸锭均匀化退火、铸锭的表面处理、铸锭的加热等工序。

5.2.1　铸锭的选择

铸锭的选择应充分考虑工厂固有的设备能力和工艺条件、生产的合金品种和质量要求、生产组织要求等因素，遵循高质量、高效率、低成本的原则。一般而言，铸锭越厚，总变形量越大，有利于提高最终产品的性能；厚度较大的产品，宜选择厚度较大的铸锭，否则变形量不足，将影响产品组织与性能。铸锭的宽度主要由成品宽度确定，考虑不同的合金品种及加工特性，应留足切边量。铸锭长度主要取决于轧制速度、辊道长度及铸造设备等。

5.2.1.1　铸锭尺寸和形状

确定铸锭尺寸，首先根据生产规模确定铸锭的质量大小，还应考虑合金工艺性能、生产方法、产品规格、设备能力等条件。铸锭尺寸用厚度×宽度×长度（即 $H \times B \times L$）表示。

A 铸锭厚度

合理选择铸锭厚度与产品最终质量、生产率和成品率关系很大。对同一厚度的产品，铸锭越厚，总变形量越大，热加工越深入，能保证铸态组织转变为热加工组织，保证产品性能要求。厚度较大的产品，宜选择厚度较大的铸锭，否则热轧或冷轧变形量不足，影响产品组织与性能。铸锭厚度大，便于生产过程的连续化，切头、切尾损失少，生产率和成品率高。

铸锭厚度还受合金特性、设备条件限制。如果热轧机能力小，生产规模不大，其铸锭厚度小。但最小铸锭厚度主要受产品最低加工率的限制，并与铸造条件及铸锭宽度有关。考虑轧机能力，一般轧辊直径与铸锭厚度之比为 5～7。目前我国一般中小厂铸锭厚度在 80mm 以下，大厂在 300mm 左右，国外铸锭最大厚度达 660mm。

B 铸锭宽度

铸锭宽度主要由成品宽度确定。一般考虑轧制时的宽展量和切边量，然后取成品宽度的整数倍作为铸锭的宽度。铸锭宽度可以用下式计算：

$$B = nb + \Delta b - \Delta B \tag{5-1}$$

式中 b——成品宽度，mm；

n——成品宽度的倍数；

Δb——总切边量（与切边或剖条次数有关），mm；

ΔB——热轧宽展量，mm。

考虑轧辊长度对铸锭宽度的限制，应便于操作与板形控制等，视不同轧制条件而定，一般取辊身长度的 80% 以下。铸锭宽度受铸造设备和工艺限制。为减少设备，提高铸锭质量，铸锭宽度也可由锭厚确定，一般铸锭的宽厚比为 3～7。

为减少铸造设备，铸锭宽度规格不宜多，但是要满足多宽度的要求，通常可采用以下措施：（1）当成品宽度大于所选铸锭宽度时，如轧机能力允许，可采用横轧。即铸锭纵轴方向与轧辊轴线平行送入轧辊的轧制方法。如半连续铸锭，按不同宽度要求，锯切相应的铸锭长度进行横轧；（2）用块式法生产冷轧板时，可在热轧或冷粗轧后，下料横轧；（3）热轧时先纵轧到所需宽度，再转向90°横轧直至完成。纵轧是指铸锭纵轴方向与轧辊轴线垂直送入轧辊的轧制方法，板带材轧制通常采用这种方法；（4）先角轧后纵轧，也能使铸锭展宽而达到所需宽度。所谓角轧是指铸锭纵轴方向与轧辊轴线呈一定角度（15°~45°）送入轧辊的轧制方法。两对角线交替轧制一定道次，至所需宽度然后纵轧，并使轧件形状不致发生歪斜；（5）铁模铸造，设计模子宽度可以调节，也能改变铸锭宽度。

C 铸锭长度

铸锭长度主要取决于轧制速度、辊道长度及铸造设备等。当铸锭厚度和宽度一定时，锭越长、越重，生产率和成品率越高。若设备条件允许，在保证终轧温度下，尽可能采用较长的铸锭。根据设备条件，确定铸锭长度要满足产品最终长度的要求，或定尺长度的整数倍（剪掉头尾）。块式法生产，不仅要考虑热轧辊道长度，如果热轧后直接冷粗轧，还要考虑冷轧机前后辊道长度和便于操作等。在铸锭厚度和宽度确定之后，可用铸锭重量计算铸锭长度。

D 铸锭形状

生产板材的铸锭，一般为长方形扁锭。铸锭外形应保证沿横向厚度均匀。端头或侧面应规整，或者呈圆弧形等，这不仅防止轧制过程不均匀变形产生裂纹或“张嘴”等缺陷，轧制时还能改善咬入。

a 断面形状

生产板材的铸锭为长方形扁锭，断面呈圆弧形或梯形，如图5-1、图5-2所示。

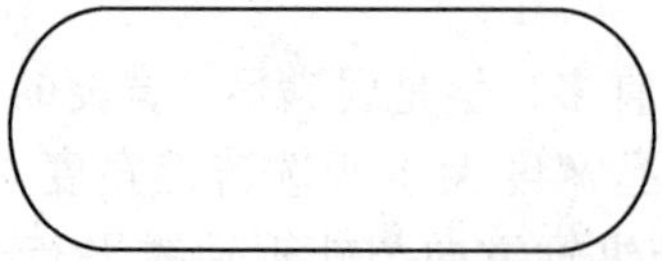

图 5-1 普通结晶器铸锭断面图

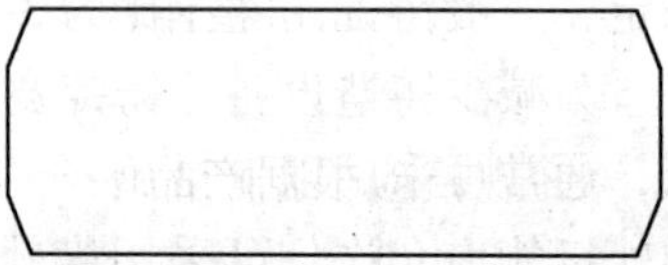

图 5-2 可调结晶器铸锭断面图

b 铸锭的头尾形状及处理

铸锭的头尾形状如图5-3所示，由于铸锭头尾组织存在很多硬质点和铸造缺陷，对产品质量和轧制安全有一定影响，因此，根据产品质量要求和合金特性，热轧前对铸锭头尾采取以下三种处理方法：

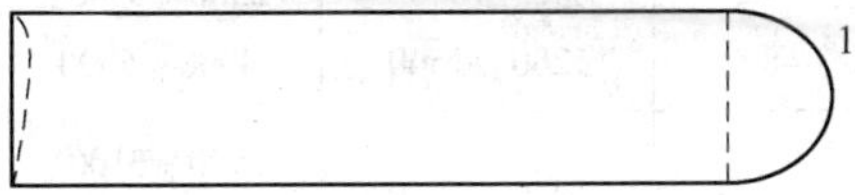

图5-3 铸锭头尾形状图

1—底部；2—浇注口

（1）对表面质量要求不高的产品，保留铸锭头尾原始形状，即热轧前不对铸锭头尾作任何处理，以最大限度地提高成材率，降低成本。

（2）对表面质量要求较高的产品，如3004（3104）制罐材料等，应将铸锭底部圆头部分切掉，切头长度因合金特性和产品质量要求不同而异，但至少要切掉非平行直线部分（即整个圆弧部分），一般切去量为200～250mm。

（3）下列五种情况须将铸锭底部圆头和浇口部收缩部分切掉：1）表面要求极高的产品；2）热轧时易张嘴分层的合金，如5×××系合金；3）需包铝轧制的合金；4）为保证宽度尺寸而横向轧制的板材；5）根据工艺条件，为保证成品质量大小符合要求而调整铸锭长度。

切去部分的长度因产品质量要求和合金特性不同而异，但至少应保证：1）铸锭底部应切去非平行直线部分，一般为200～250mm；2）铸锭浇注口应切去从收缩口的最底部算起距铸锭心部不能少于100mm，一般浇注口整体切去量为200mm。

E 铸锭规格

铸锭规格应根据产品的合金、品种、规格和技术要求，以及工厂的设备能力和生产批量来确定。表5-1列出了国内某厂采用固定结晶器生产的部分铸锭尺寸。

表 5-1　固定结晶器生产的部分铸锭尺寸

合　金	厚度/mm	宽度/mm	长度/mm	预留切边量/mm
1×××系	300、400、480	640、1060、1260、1560	2500、3500、4000、5000	60～80
3×××系	300、320、400、480	640、1040、1260、1560	2500、3500、4000、5000	60～80
2×××系	255、300、340、400	1260、1560	2500、3500、4000、5000	100～120
5×××系	255、300、340、400	1000、1200、1500	2500、3500、4000、5000	100～120
6×××系	255、300、340、400	1040、1240、1270、1320、1560	2500、3500、4000、5000	80～100
7×××系	300、340、400	1000、1200、1580	2500、3500、4000、5000	100～120

5.2.1.2　铸锭的质量要求

铸锭的质量对产品加工的工艺性能及最终质量影响很大。铸锭质量除铸锭尺寸与形状要满足要求外，还包括铸锭的化学成分、表面和内部质量应符合技术标准。

A　化学成分

铸锭的化学成分不符合技术标准，或化学成分不均，不仅恶化加工过程的工艺性能，导致加工困难，而且产品最终组织性能会达不到技术要求。因此，铸锭的化学成分必须符合标准，保证成分均匀。

B　铸锭表面质量

铸锭表面应无冷隔、裂纹、气孔、偏析瘤及夹渣等缺陷，表面光洁平整。否则，冷隔会导致热轧后表面粗糙，或起皮、裂边；裂纹会使锭铸内部氧化，热轧开裂、起皮；气孔不能压合，会引起表面起皮或起泡；偏析瘤会导致热脆、碎裂或分层等。因此，铸锭表面通常要用机械铣削（铣面）、清洗或修刮等方法，尽可能消除上述缺陷。

C　铸锭内部质量

铸锭内部缺陷，成分、组织不均，对加工过程及产品质量影响极大，甚至造成大量废品。铸锭内部常见缺陷有偏析、缩孔、裂纹、气孔及非金属夹杂物等。

铸锭化学成分不均匀的现象称为偏析。晶内偏析，一般通过热处理和加工方法来消除；晶界偏析是低熔点物质聚集于晶界，使铸锭热裂倾向增大，产品容易发生晶界腐蚀。如高镁铝合金中的钠脆；宏观偏析，即铸锭内外部成分不一致，使铸锭及加工产品的组织和性能不均。如硬铝铸锭中锡及铜的反偏析，引起热脆，容易轧裂。宏观偏析不能靠均匀化退火消除，要特别注意防止其产生。

铸锭中部和头部等地方，常出现收缩孔洞。细小而分散的缩孔(缩松)，轧制时一般可以压合；容积大且聚集有气体和非金属夹杂物的集中缩孔，不能压合，只能伸长，而且热轧造成铸锭沿缩孔轧裂或分层，或退火出现起皮、起泡等废品。

铸锭内部裂纹使塑性降低，容易轧裂，或导致产品性能降低。轧制时气孔可被压扁，而难以压合，常常在轧制和热处理过程中，产生起皮、起泡现象。对铝及铝合金，气孔是铸锭生产中经常遇到而又难以完全消除的重要缺陷，潮湿天气更为严重。夹渣是铸锭中的金属与非金属夹杂物，轻金属多内部夹渣，重金属多表面夹渣。夹渣对产品力学性能影响很大。有些夹渣轧制时，沿金属延伸方向被拉长、展平，使金属横向强度比纵向约低50%，伸长率约低90%，并出现起皮或分层。

由此可见，提高铸锭内部质量，对改善加工工艺性能、提高产品质量和成品率具有重要的意义。为了保证铸锭质量，除对铸锭进行成分分析、低倍或高倍组织检查、无损探伤之外，热轧前还要进行铸锭表面处理和均匀化退火。

5.2.2 铸锭均匀化退火

5.2.2.1 均匀化退火原理

热轧前铸锭均匀化退火的目的是使铸锭中的不平衡共晶组织在基体中分布趋于均匀，过饱和固溶元素从固溶体中析出，以消除铸造应力，提高铸锭塑性，减小变形抗力，改善加工产品的组织和性能。

铸锭产生非平衡结晶组织的原因是结晶时扩散过程受阻，这种组织在热力学上是亚稳定的，若将铸锭加热到一定温度，提高铸锭内能，使金属原子的热运动增强，不平衡的亚稳定组织逐渐趋于稳定组织。

铸锭均匀化过程，是通过合金元素的扩散来实现的。铸锭均匀化退火时，原子的扩散主要是在晶内进行的，使晶内化学成分均匀。它只能消除晶内偏析，对区域偏析影响很小。由于均匀化退火是在不平衡固相线或共晶线温度以下进行的，分布在铸锭各晶粒间的不溶物和非金属夹杂缺陷，不能通过溶解和扩散过程消除，所以，均匀化退火不能使合金中基体晶粒的形状发生明显的改变。在铸锭均匀化退火过程中，除原子的扩散外，还伴随着组织上的变化，即富集在晶粒和枝晶边界上可溶解的金属间化合物和强化相的溶解和扩散，以及过饱和固溶体的析出及扩散，从而使铸锭组织均匀处理，加工性能得到提高。

硬铝合金铸锭，如2A11、2A12、7A04、7A03、7A05、7A09等，热轧前必须进行组织均匀化处理。成分简单、塑性较高的软铝合金，如纯铝、3A21等，对产品最终组织、性能有特殊要求（例如要求晶粒细小，深冲性能好等）时，也要进行组织均匀化，否则软铝合金可不进行组织均匀化。

5.2.2.2 均匀化退火参数的确定

均匀化退火的工艺制度包括退火温度、加热速度、保温时间及冷却速度。在铝合金铸锭均匀化退火工艺参数中，起主要作用的是退火温度。

A 退火温度

工业生产中通常采用的均匀化退火温度为$0.9T_{熔} < T_{均} < 0.95T_{熔}$，$T_{熔}$为实际开始熔化温度。有时在低于非平衡固相线温度进行均匀化退火难以达到组织均匀化的目的，即使能达到，也需要很长时间。为加强均匀化过程，应尽可能提高均匀化退火温度，可采用高温均匀化退火，即在非平衡固相线温度以上和平衡固相线温度以下的退火工艺。均匀化温度尽可能选高一些，但应低于不平衡固相线或合金中低熔点共晶温度5~40℃。合理的退火温度，往往要通过实验确定。

B 加热速度

加热速度以不使铸锭产生开裂和过大的变形为原则。

C 保温时间

保温时间应保证一定的退火温度，使非平衡相溶解，晶内偏析消除，但应根据合金特性、铸锭尺寸、偏析程度、第二相的形状及大小和分布、加热设备和温度等，确定保温时间的长短。实践证明，均匀化过程的速率随时间延长，而由大逐步减小。因此，过分延长保温时间是不适宜的，会使金属的烧损和能耗增加，降低生产率。

D 冷却速度

均匀化后铸锭可随炉冷却，也可出炉空冷。冷却速度对硬铝等不宜太快，以免产生淬火效应。

铸锭均匀化退火可以单独进行,也可以和热轧前加热结合进行。即将铸锭加热到均匀化退火温度,保温一定时间后降到热轧温度,接着热轧,既减少工序,又节省能耗。但是,均匀化退火温度高,时间长而能耗大,对成分简单、偏析不严重及塑性好的合金,不必进行均匀化处理。一般超硬铝合金、硬铝、锻铝及防锈铝等均需进行均匀化退火。

5.2.2.3 均匀化退火制度

在大量研究和工厂的实践基础上制定了铝及铝合金最佳均匀化退火制度，表5-2列出了工业常用的铝合金铸锭均匀化退火制度。

表5-2 工业常用铝合金扁锭均匀化退火制度

合金牌号	厚度/mm	金属温度/℃	保温时间/h
2A11、2A12、2017、2024、2014、2A14	200~400	485~495	16~25
2A06		480~490	15~25
2219、2A16		510~520	15~25
3003		600~615	5~15
3004		560~570	5~15
4004		500~510	10~20
5A03、5754		450~460	15~25
5A05、5182、5083、5086		460~470	15~25
5A06、5A41		470~480	36~40
5A12		440~450	36~40
7A04、7020、7022、7075、7A09	300~450	450~460	35~50

5.2.2.4 均匀化退火工艺控制要点

工艺控制要点是：

(1) 热处理工装炉前要检查设备运转，炉门封闭、吊具等情况，确认正常后方可装炉。

(2) 热处理工要在均热记录本上写明日期、装炉时间、合金牌号、熔次、炉号、数量、均热制度、送电、停电与改定温及出炉时间，并签字。

(3) 同一均热制度的铸锭可装入同一炉；同熔次的两个铸锭必须装在同一炉中。出炉后立即装炉或交替出炉。装出炉要停电、停风，并使用安全架。

(4) 将未均热的铸锭放入防爆架内。

(5) 均热炉的仪表、电偶、整个温控系统匹配误差在 ±4℃之内；空炉测温温差不高于 10℃。

(6) 根据上班或本班热处理工要求的温度、时间，及时、准确地送电、停电或改定温。

(7) 根据记录的均热制度，在需改定温前 1～2h，观察各区仪表指示温度。如果二区或二区以上提前达到定温温度，应提前改定温，但所提前的时间必须加在保温时间里，即延长保温时间，使总的时间不变。

(8) 发现铸锭表面不正常，铸锭均热超过规定温度和时间或发现铸锭表面有黑色析出物及发生其他特殊情况时，应进行显微组织检验，在确认组织无过烧后，方可投产。

(9) 对均火的 2A12、2024 铸锭应在高温端取样进行显微组织检验，每炉不少于一个试样。取试样位置在距铸块表面 15～20mm 区域。

(10) 在工业生产中，铸锭均匀化退火最好采用带有强制热风循环系统的电阻炉，并且要设有灵敏的温度控制系统，确保炉膛温度均匀。

(11) 为了有效地利用电炉，要求把均匀化退火的铸锭，根据合金种类、外形尺寸和均匀化退火温度进行分类装炉。炉温高于 150℃时可直接装炉，否则炉子要按电炉预热制度进行预热。在装炉时，铸锭在炉内的位置要留有间隙，保证热风畅通。

(12) 均匀化铸锭的冷却速度，一般不加严格控制，在实际生产中可以随炉冷却或出炉堆放在一起在空气中冷却。但冷却太慢时，从固溶体中析出相的质点会长得很粗大。

(13) 均匀化退火时，先将加热炉定温到均匀化温度，铸锭装炉后，待铸锭表面温度升到均匀化温度后才开始计算保温时间。一般是大锭采用时间的上限，小锭采用时间的下限；温度高的采用时间的下限，温度低的采用时间的上限。

5.2.3 铸锭的表面处理

铸锭表面处理可分为机械处理、化学处理及表面包覆三种方法。

5.2.3.1 铸锭表面机械处理

将铸锭表面全部或局部剥去一层，常用铣面、刨边等方法，机械消除铸锭表面缺陷。

A 刨边

镁含量大于3%的铝-镁合金铸锭，高锌铝合金铸锭，以及经顺压的2×××系合金铸锭小面表层在铸造冷却时，产生边部的偏析瘤，富集了Fe、Mg、Si等合金元素，形成非常坚硬的质点，热轧时边部极易破碎开裂，影响正常轧制，因此，该类铸锭热轧前均需刨边(侧面铣效果最佳)。一般表层急冷区厚度约5mm，所以刨边深度一般控制在5~10mm范围即可，刨边后应无明显毛刺，刀痕均匀，刀痕深度不大于3.0mm。

铸锭小面弯曲度过大，不利于热轧辊边轧制，严重时易造成轧制带材产生镰刀弯而无法纠正，因此，当铸锭小面弯曲度超过控制范围(3mm/m)时，也可采用刨边的方法进行纠正。

B 铣面

半连续铸造法生产的铝合金铸锭，其表面常有偏析瘤、夹渣，结疤和裂纹等缺陷，对面积大的缺陷，采用铸锭铣面，即用铣削或刨削法除去一层表皮。由于偏析瘤中合金元素含量较高，在热轧时塑性很低，易被压碎或压裂、碎裂的金属及其所含灰尘和脏物压入板面后，将造成金属压入或非金属、压入缺陷。其表面缺陷如不铣掉，必将恶化产品质量。

铸锭的铣面是在专用的机床上进行的，有单面铣、双面铣、双面铣带侧面铣等。目前国内大多数中小型企业采用的设备是单面铣，铣削过程需进行一次翻面，生产效率低，铣削面易机械损伤；国外大型铝加工厂大多采用双面铣或双面铣带侧面铣，生产效率高，表面质量好。根据铣面时采用的润滑冷却方式不同，可分为湿铣和干铣，湿铣采用乳液进行冷却和润滑，乳液浓度一般为2%～20%，铣削完毕需用航空洗油清擦或用蚀洗的方法除掉表面残留的污物；干铣即铣面时不加冷却润滑剂，采用油雾润滑，其优点是表面清洁无污物，铣削完毕即可装炉加热。

一般而言，除表面质量要求不高的普通用途的纯铝板材，其铸锭可用蚀洗代替铣面外，其他所有的铝及铝合金铸锭均需铣面。铸锭表面铣削量应根据合金特性、熔铸技术水平、产品用途等原则来确定。其中，所采用的铸造技术是决定铣面量最主要的因素，例如目前先进的电磁铸造技术、LHC（low head carbon）铸造技术等，其铸锭表面急冷区厚度小于1mm，显然，其铸锭铣面量大大减少。铸锭表面铣削量的确定要同时兼顾生产效率和经济效益。铣面时铣削深度要适当，每面铣削的最小深度视铸锭表面情况而定。一般情况，铸锭铣面量为5～30mm，最大铣面量不超过40mm，根据合金成分的不同，硬铝合金或表面缺陷较深的取上限，纯铝或表面缺陷较浅的取下限。铸锭的最小铣面深度也不一样，表5-3列出了各种合金的单面最小铣削深度。

表5-3　铝及铝合金铸锭的单面最小铣削量

合金牌号	每面铣削的最小量/mm
纯铝、6A02、3A21、5A02等	不小于3.0
2A11、2A12、2A16、5A05、5A06等	不小于6.0
7A09、7A01	不小于7.0

C　铸锭表面处理机械工艺控制要点

工艺控制要点是：

（1）刨边、铣面前要详细检查设备，确认正常后方可生产。

（2）刨边的铸锭温度不得超过100℃。

（3）每一次刨边的最大吃刀量不得超过5mm，每边刨光量不得超过10mm，表面的黑皮或缺陷必须刨净，小面要保证圆滑过渡。

（4）铸锭铣面温度不得超过40℃。

（5）铣面铸块必须夹牢、铣面中铣屑均匀。

（6）铣面后刀痕深度不准超过0.1mm，铸块厚度差不准超过3mm，机械碰伤不准超过3mm，铸块按熔次堆放。

（7）铣削后铸锭在搬运存放过程中应避免磕碰伤，保持存放环境的清洁，避免受灰尘、油污的污染，存放时间一般不要超过24h。

（8）工作中铸块必须夹牢，铣削均匀。

（9）铣面时不间断地向铣刀与铸块喷射乳液。

（10）正确选择床面移动速度，及时更换铣刀，铣削后铸块表面不允许有粘铝、起皮、气孔、夹渣、表面裂纹和疏松等。

（11）铣面后擦净乳液、铝屑，防止产生压坑和腐蚀，铣面后刀痕深度不准超过0.1mm，铸块厚差不准超过3.0mm。

（12）按熔次和铣面堆放。吊铸块要平稳、轻吊轻放。铣面后机械碰伤深度不准超过3.0mm。

5.2.3.2 铸锭表面化学处理

A 铸锭表面化学处理原理

铸锭表面化学处理，是指用化学方法除去表面的油污和脏物，使铸锭表面生成新的光亮氧化膜的过程，又称蚀洗。铸锭及包铝板蚀铣的目的是采用化学腐蚀的方法清除其表面的油污及脏物，使之清洁。

硬铝合金铸块，如2A06、2A11、2A12、2014等铣面后在加热前应进行蚀洗，铸造表面质量好且板材表面无特殊要求的工业纯铝铸锭，可以不经铣面而直接进行蚀洗。蚀洗后的铸块，存放时间不应过长（一般不超过24h），如果存放时间过长而落有灰尘时，在加热前必须再次进行蚀洗，或用航空汽油擦净。

高锌、高镁铝合金铸块，如7A04、7A09、5A05、5A06等合金铸块，不能进行蚀洗。这些合金有的蚀洗后表面变黑（含有高锌铝的合金），有的表面易产生白点（含有高镁的合金），所有这些都将恶化产品质量。上述合金加热前必须用航空汽油清擦铸块表面。

包铝板要进行蚀洗，并擦净表面，便于热轧时包铝板与铸锭牢固焊合，防止退火后产生气泡等缺陷。

B 铸锭表面化学处理工艺流程

蚀洗的工艺流程是：碱洗（NaOH 浓度 15% ~25%，温度 60 ~ 80℃，浸泡时间 2 ~ 10min）→室温流动水洗→酸洗（HNO_3浓度 15% ~30%，室温，浸泡时间 2 ~4min）→室温流动水洗→热水洗（温度不低于 70℃）→吹干或擦干。

C 铸锭表面化学处理工艺控制要点

工艺控制要点是：

(1) 蚀洗生产时应打开酸、碱槽的通风装置。

(2) 铸块装炉时要用浸湿航空汽油的毛巾擦净表面，待铸块上的汽油全部挥发后方可装炉。

(3) 允许用刮刀或钢丝刷修除蚀洗或铣面时产生的表面缺陷，其深度铸块不应超过 3mm；包铝板不应超过实际厚度的 5%，用刮刀处理后的缺陷应圆滑。

(4) 长期存放的铸块，若灰尘太厚或油污较重，经蚀洗不能除掉的，需重新铣面，不允许只擦面就装炉。

(5) 表面处理后，存放时间超过 24h 的铸块、包铝板和夹边需按原方法重新处理。

(6) 蚀洗后的铸块，包铝板和夹边不允许有影响焊合质量的缺陷，如水痕、水锈、碱痕和脏手印等。

(7) 经表面处理的铸块应轻吊、轻放，防止碰撞伤。碰撞伤深度及修理后深度不允许超过 3mm。

(8) 不铣纯铝锭块表面偏析瘤超过 5mm 或有分层、金属瘤等缺陷时，需铣面后投产。

5.2.3.3 铸锭表面包覆

铸锭表面包覆是指铸锭表面或两侧面上，用机械的方法衬上和铸锭大小相近的纯金属或合金板材。然后随铸锭加热、热轧或冷轧直至成品。外层金属称包覆层，内层金属称为基体。用这种方法生产的板材，实质上是一种双金属产品。

A 铸锭表面包铝

包铝是把包铝板放在铣过面的铸块两面上，通过热轧使包铝板与铸块牢固焊接在一起。表面包铝可分为工艺包铝和防腐包铝两大类。为了改善铝合金的加工工艺性能（如热轧表面裂纹）而进行的包铝，称为工艺包铝；为了提高铝合金产品抗蚀性能而进行的包铝，称为防腐蚀包铝。防腐蚀包铝又分为正常包铝和加厚包铝。加厚包铝是在特殊条件下使用的板材，需要较高的抗腐蚀能力，采取加厚包覆层的方法。

选择硬铝合金包铝层材料的原则是：在腐蚀介质的作用下，使包铝层对于基体（铸块）成为阳极材料，以电化学方式起保护作用。在包铝层局部遇到破坏时（如划伤、擦伤等）对基体金属也能起到稳定的保护作用。硬铝合金主要指2×××系、6×××系、7×××系以及镁含量较高的铝合金（如5A06）等。7×××系合金采用含锌的7A01包铝板，其他合金采用1A50包铝板。

硬铝合金板材包铝层厚度如表5-4所示。

表5-4 硬铝合金板材包铝层厚度

板材厚度/mm	每面包铝层厚度占板材厚度的百分比/%		
	正常包铝	加厚包铝	工艺包铝
<2.5	≥2	≥8	1.0~1.5
≥2.5	≥4		

包铝板的制备规格：长度是铸锭长度的75%，宽度等于或略大于铸锭宽度，厚度按式5-2计算。

$$a = H_0\delta/(100K - 20K\delta) \tag{5-2}$$

式中 a——包铝板厚度，mm；

H_0——铸锭厚度，mm；

δ——所要求的单面包铝层厚度占板片总厚度的百分比，%；

K——选用的包铝板长度与铸锭长度比，$K = 0.75 \sim 0.90$。

考虑到包铝板与基体金属延伸变形的差异、包铝板厚差等因素，包铝板厚度应稍大于计算值。

常用的硬铝合金铸锭包铝板厚度如表5-5所示。

表 5-5　常用硬铝合金铸锭包铝板厚度

铸锭厚度/mm	铸锭铣面后厚度/mm	成品板材厚度/mm	单面包铝板厚度/mm
200	185	0.5～2.4	10.7～11.2
		2.5～10.0	5.0～5.2
		工艺包铝	2.2～2.5
		加厚包铝	32.0～34.0
300	270	0.5～2.4	16.0～16.5
		2.5～10.0	7.6～8.0
		工艺包铝	3.0～3.2
		加厚包铝	38.0～40.0
340	300	0.5～2.4	20.0～20.5
		2.5～10.0	7.6～8.0
		工艺包铝	3.0～4.0
		加厚包铝	42.0～44.0
400	385	0.5～2.4	24
		2.5～10.0	12
		工艺包铝	5
		加厚包铝	48

注：生产变断面板片时，包铝板厚度按成品薄端计算。

B　铸锭侧面包铝

为提高硬铝合金热塑性，我国首创了侧面包铝新工艺。侧面包铝工艺是：采用7A01、1A50厚度7～9mm，其宽度略小于铸块厚度的侧面包边用夹边（铝条），经蚀洗后，在铸块加热前与包铝板同时放在铸块两侧。加热后，经轧机前几道给予一定加工率和立辊滚边轧制，使铸块上下两面及两个侧面用包铝层焊在一起。减少热轧裂边，大大提高了硬铝合金的工艺塑性，这是由于在热轧时产品的边部裂纹已被塑性高的纯铝所充满并与基体牢固焊合在一起，形成一个可靠的闭锁。继续轧制时，已形成的裂纹不易扩展，从而提高了热轧和冷轧的工艺塑性，减少了冷轧时中间退火次数，减少冷轧的断带次数，相应地提高了板材的成品率和生产效率。

C 铸锭表面包覆工艺控制要点

工艺控制要点是：

（1）铸块包铝前要进行表面处理。

（2）铸块包铝板合金、规格要与工艺要求及订货标准相适应。

（3）包铝板应在铸块上放正，并与咬入端对齐。

（4）对需放入弯边包铝板的合金铸块，装炉时应放上夹边。

（5）包铝板不弯边时，夹边分开放在铸块上面。

5.2.4 铸锭的加热

铝及铝合金铸锭加热，通常是在辐射式电阻加热炉、带有强制空气循环的电阻加热炉或天然气加热炉内进行。天然气加热炉加热速度快，温度均匀，有利于现代化连续性的大生产。

5.2.4.1 铸块加热参数的确定

制度铸锭加热制度包括加热温度，加热及保温时间，炉内气氛。

A 加热温度

加热温度必须满足热轧温度的要求，保证合金的塑性高、变形抗力低。热轧温度的选择是根据合金的平衡相图、塑性图，变形抗力图、第二类再结晶图确定的，其计算方法按式5-3计算。

$$T = 0.65 \sim 0.95T_{固} \tag{5-3}$$

式中 T——热轧温度,℃；

$T_{固}$——合金的固相线温度,℃。

实际生产过程中，为补偿出炉到热轧开坯前的温降损失，保证热轧温度，金属在炉内温度应适当高于热轧温度。

B 加热及保温时间

加热及保温时间的确定，应充分考虑合金的导热特性、铸锭规格、加热设备的传热方式以及装料方式等因素，在确保铸锭达到加热温度且温度均匀的前提下，应尽量缩短加热时间，以利于减少铸锭表面氧化，降低能耗，防止铸锭过热、过烧，提高生产效率。铸锭厚度越大所需的加热时间越长，铸锭的加热时间可按经验公式5-4计算。

$$t = 20\sqrt{H} \tag{5-4}$$

式中 t——铸锭加热时间，min；

H——铸锭厚度，mm。

5.2.4.2 铸块加热制度

表5-6和表5-7列出了不同规格的铝及铝合金铸锭在推进式加热炉和辐射式双膛链式加热炉内的加热制度。

表5-6 铝及铝合金铸锭在推进式加热炉内的加热制度

合金	状态	铸锭厚度/mm	加热制度			铸锭出炉温度	
			定温/℃	加热时间/h	最长停留时间/h	温度范围/℃	最佳温度/℃
纯铝	H112	300	540/520	8~12	48	420~500	460
	H18、H×4、F、O		540/520			420~480	450
	深冲		540/520			480~520	500
3003、3A21	所有	300	540/520	10~12	48	480~520	500
5A02、5052	H112	300	540/520	10~12	48	450~480	470
	H18、H×4	300	540/520			480~520	500

表5-7 铝及铝合金铸锭在辐射式双膛链式加热炉内的加热制度

合金	状态	铸锭厚度/mm	加热制度			铸锭出炉温度	
			定温/℃	加热时间/h	最长停留时间/h	温度范围/℃	最佳温度/℃
纯铝	H112	300	620	5~8	48	420~500	450
	H18、H×4、F、O			4~6		330~360	350
	深冲			5.5~8		480~520	500
	H112	340	600~620	4~8	48	420~480	450
	H18、H×4、F、O			4~8		330~360	350
	深冲			4~8		480~520	500
2A06、2A11、2A12、2A16、2219、2A14 2017、2014	所有	255	620	4.5~6	8	390~430	420
		340	600~620	4.4~8	12	420~440	430
		400		5~9	15	420~440	430

续表 5-7

合金	状态	铸锭厚度/mm	加热制度			铸锭出炉温度	
			定温/℃	加热时间/h	最长停留时间/h	温度范围/℃	最佳温度/℃
3A21、3003、3004	H112、O	300	620	6~10	48	480~520	500
	H18、H24			5~7		330~360	350
	H112、O	340	600~620	5~8	24	480~520	500
	H18、H24			5~10		450~500	480
4A17、4A13、LQ2、LQ1	所有	300	550	4~7	10	410~450	430
		340	540	5~10	24	400~450	430
5A02、5052	H112	255	620	4~7	24	420~450	430
		340		4~8		450~470	460
		400		6~10		450~470	460
	H18、H×4	255	620	5~8		470~500	490
		340		4~8		480~500	490
		400		5~9		480~500	490
5A03、5754	所有	255	620	5~8	24	470~500	490
		340	600~620	4~8		450~470	460
		400		5~9		450~470	460
5083、5A05	所有	255	620	5~8	24	450~480	460
		340	600~620	4~8		450~470	460
		400		5~9		450~470	460
5A06、5A41	所有	255	620	5~8	24	430~470	450
		340	600~620	4~8	15	450~460	460
		400		5~9		450~460	460
5A12	所有	300	620	6~8	10	410~430	420
		340	600~620	4~8	15	430~450	420
		400		5~9		430~450	440
5A66	所有	300	620	5.5~8	48	480~520	500

续表 5-7

<table>
<tr><th rowspan="2">合 金</th><th rowspan="2">状 态</th><th rowspan="2">铸锭厚度/mm</th><th colspan="3">加热制度</th><th colspan="2">铸锭出炉温度</th></tr>
<tr><th>定温/℃</th><th>加热时间/h</th><th>最长停留时间/h</th><th>温度范围/℃</th><th>最佳温度/℃</th></tr>
<tr><td rowspan="9">6A02</td><td>H112、F、T4、T6</td><td>300</td><td>620</td><td>5.5~8</td><td rowspan="4">48</td><td>420~500</td><td>460</td></tr>
<tr><td rowspan="3">O</td><td rowspan="3">300</td><td>585</td><td>7</td><td rowspan="3">450~500</td><td rowspan="3">480</td></tr>
<tr><td>500</td><td>6</td></tr>
<tr><td>450</td><td>3</td></tr>
<tr><td>H112、F、T4、T6</td><td>340</td><td>600~620</td><td>4~8</td><td rowspan="5">24</td><td>410~500</td><td>450</td></tr>
<tr><td rowspan="4">O</td><td rowspan="4">340</td><td>585</td><td>7</td><td rowspan="4">410~500</td><td rowspan="4">450</td></tr>
<tr><td>520</td><td>6</td></tr>
<tr><td>400</td><td>3</td></tr>
<tr><td></td><td></td></tr>
<tr><td>6061、6063</td><td>所有</td><td>300</td><td>620</td><td>5~8</td><td>48</td><td>400~440</td><td>420</td></tr>
<tr><td>6082</td><td>所有</td><td>300</td><td>620</td><td>4.5~6</td><td>48</td><td>450~480</td><td>460</td></tr>
<tr><td>7A01</td><td>所有</td><td>300</td><td>620</td><td>5~8</td><td>48</td><td>420~500</td><td>430</td></tr>
<tr><td rowspan="2">7A04、7A09、7A52、7075</td><td rowspan="2">所有</td><td>300</td><td>620</td><td>4.5~6</td><td>8</td><td>370~410</td><td>390</td></tr>
<tr><td>400</td><td>600</td><td>6~9</td><td>15</td><td>380~410</td><td>390</td></tr>
</table>

5.2.4.3 铸块加热工艺控制要点

工艺控制要点是：

（1）装炉前要详细检查炉体传动部分和加热元件等部位，确认正常后方可装炉。

（2）加热炉送电、停电以及改温等作业，由热处理工通知仪表工执行，并在记录本上注明日期、班次、炉号、定温温度、送电时间、改定温温度、时间，并签字。除紧急情况外，热处理工不得擅自送电、停电或改定温。

（3）生产前按生产任务单备好铸块，包铝板等，装炉时由检查员按生产卡片认真核对装炉铸块的合金、状态、规格、数量、包铝板等，并记录在生产卡片上。

（4）所有品种铝板必须按同一熔次编批装炉。

（5）铸块、包铝板表面应清洁、无油污、灰尘、水痕、碱痕、腐蚀、起皮、夹渣、分层、气孔、气泡、金属瘤，以及高度大于5.0mm的偏析瘤、拉裂、铝胡子等缺陷。其机械碰伤深度和刮修深度不超过3mm，对包铝板用铸块不超过实际厚度5%。

（6）经锯切的铸块有裂纹不准装炉。

（7）短尺小方锭装炉时，当实际规格与生产卡片上的铸块规格不等时，须修改生产卡片上的规格后方可装炉。

（8）一次与二次加热铸块，铣面与不铣面铸块、蚀洗与擦面铸块，都应分别装护。如混装时，须通知热处理工采取措施：装炉时要合理安排先后顺序，采用中间空区、分区定温、分区停电、送电等，使铸块的加热温度达到要求。

（9）装炉时，铸块或包铝板放在加热炉链条上之前，应垫上符合要求的铝垫，防止铸块与链条接触，铝垫与铸块接触面必须清洁，并根据铝垫使用情况，及时更换。

（10）包铝板应在铸块上放正，并与咬入端对齐。

（11）铸锭在炉内最长停留时间超过规定时，检定氧化程度不会影响热轧及产品质量时，可以进行热轧。

（12）加热过程中，每炉至少打开炉门两次，检查加热元件是否断相，发现断相要采取措施，保证铸块出炉温度合乎要求。

（13）出炉时应检查炉子定温、保温时间、出炉温度，检查铸块有无过烧迹象及表面氧化程度。

（14）热处理工在保温时间1h范围内，可以自行调整加热时间和在不超过定温的前提下，分区送电、停电和改定温。

（15）出炉后，热处理工应检查铸块下表面的铝垫是否全部掉落，并用风吹净铸块表面上的灰尘。

（16）出炉铸块表面发黑或有析出物时，不得供热轧机生产，应做高倍检查，看是否过烧。

（17）空炉测温时，保温阶段同一区最大温差不超过20℃；带负荷测温时，保温阶段同一区内金属最大温差不超过15℃。测温与温控系统的匹配误差不超过±5℃。

(18) 炉体保温良好，炉体外表温度应不超过65℃（炉门除外）。

5.3 热轧制度的确定与工艺参数的优化

5.3.1 热轧制度的确定

热轧的工艺制度主要包括热轧温度、热轧速度、热轧压下制度等，根据设备能力和控制水平合理制定热轧轧制制度有利于提高产品质量、生产效率和设备利用率，保证设备安全运行。

5.3.1.1 热轧温度

热轧温度包括开轧温度和终轧温度。

A 开轧温度

合金的平衡相图、塑性图、变形抗力图、第二类再结晶图是确定热轧开轧温度范围的依据。合金的塑性图在一定程度上反映了金属的高温塑性情况，它是确定热轧温度范围的主要依据。根据塑性图可选择塑性最高、强度最小的热轧温度范围。理论上热轧开轧温度取合金熔点温度的0.85~0.90倍，但应考虑低熔点相的影响。热轧温度过高，容易出现晶粒粗大，或晶间低熔点相的熔化，导致加热时铸锭过热或过烧，热轧时开裂。

B 终轧温度

热轧的终轧温度是根据合金的第二类再结晶图确定的，塑性图不能反映热轧终了金属的组织与性能。铝及铝合金在热轧开坯轧制时的终轧温度一般都控制在再结晶温度以上。当对热轧产品组织性能有一定要求时，必须根据第二类再结晶图确定终轧温度。终轧温度要保证产品所要求的性能和晶粒度。温度过高晶粒粗大，不能满足性能要求，而且继续冷轧会产生轧件表面橘皮和麻点等缺陷，当冷轧加工率较小时，还难以消除。终轧温度过低引起金属加工硬化，能耗增加，再结晶不完全导致晶粒大小不均及性能差。终轧温度还取决于相变温度，在相变温度以下，将有第二相析出，其影响由第二相的性质决定。一般会造成组织不均，降低合金塑性，造成裂纹甚至开裂。终轧温度一般取相变温度以上20~30℃。无相变的合金，终轧温度可取合金的熔点温度的0.65~0.70倍。为保证终轧温度，采用多机架连轧是有效的工艺手段。

表5-8列出了铝及铝合金板材在热粗轧-热精轧时开轧温度和终轧温度的控制范围。

表5-8 部分铝及铝合金热轧开轧温度和终轧温度

合金	热粗轧轧制温度/℃		热精轧轧制温度/℃	
	开轧温度	终轧温度	开轧温度	终轧温度
1×××系	420~500	350~380	350~380	230~280
3003	450~500	350~400	350~380	250~300
5052	450~510	350~420	350~400	250~300
5A03	410~510	350~420	350~400	250~300
5A05	450~480	350~420	350~400	250~300
5A06	430~470	350~420	350~400	250~300
2024	420~440	350~430	350~400	250~300
6061	410~500	350~420	350~400	250~300
7075	380~410	350~400	350~380	250~300

5.3.1.2 热轧速度

为提高生产效率，保证合理的终轧温度，在设备允许范围内尽量采用高速轧制。在实际生产过程中，应根据不同的轧制阶段，确定不同的轧制速度：（1）开始轧制阶段，温度较高，如采用高速轧制，其热效应显著，会使铸块温度达到高温热脆区，加之铸造组织缺陷，会导致轧裂，同时铸锭厚而短，绝对压下量较大，咬入困难，为了便于咬入，一般采用较低的轧制速度；（2）中间轧制阶段，坯料过渡到变形组织后，加工性能改善和温度降低，为了控制终轧温度和提高生产效率，只要条件允许，则采用高速轧制；（3）最后轧制阶段，带材变得薄而长，轧制过程温降损失大，板材与轧辊接触时间较长，为获得均匀的组织及性能、优良的表面质量和良好的板形，应根据实际情况，选用合适的轧制速度。

在变速可逆式轧机轧制过程中，一个道次轧制速度分三个阶段合理控制：（1）开始轧制时，为有利于咬入，轧制速度控制较低；

（2）咬入后升速至稳定轧制，轧制速度较高；（3）抛出时，降低轧制速度，实现低速抛出。这样，有利于减少对轧机的冲击，保证设备安全，减少板材的温降损失，提高生产效率。

5.3.1.3 热轧压下制度

热轧压下制度主要是热轧的总加工率和道次加工率的确定。合理的压下制度，应该满足优质、高产、低消耗的要求，充分发挥热轧的特点，获得最佳的技术经济效果。通常是在保证质量的前提下，当金属塑性及设备能力允许时，尽量采用大的加工率，减少轧制道次。

A 总加工率的确定原则

铝及铝合金板材的热轧总加工率可达到90%以上。总加工率愈大，材料的组织愈均匀，性能愈好。当铸锭厚度和设备条件已确定时，热轧总加工率的确定原则是：（1）合金材料的性质。纯铝及软铝合金，其高温塑性范围较宽，热脆性小、变形抗力小，因而其总加工率大；硬铝合金，热轧温度范围窄，热脆性倾向大，其总加工率通常比软铝合金小；（2）满足最终产品表面质量和性能的要求。供给冷轧的坯料，热轧总加工率应留足冷变形量，以利于控制产品性能和获得良好的冷轧表面质量；对热轧制品，热轧总加工率的下限应使铸造组织变为加工组织，以便控制产品性能，铝及铝合金热轧制品的总加工率应大于80%；（3）轧机能力及设备条件。轧机最大工作开口度和最小轧制厚度差越大，铸锭越厚，热轧总加工率越大，但铸锭厚度受轧机开口度和辊道长度的限制；（4）铸锭尺寸及质量，铸锭厚且质量好，加热均匀，热轧总加工率相应增大。

B 道次加工率的确定原则

确定道次加工率要保证轧制过程顺利进行；减少轧件的不均匀变形，保证产品尺寸精度与板形的要求；实现安全生产，充分发挥设备能力。确定道次加工率，应考虑咬入条件、合金的高温性能、产品质量要求及设备能力。分配道次加工率受以下条件限制：

（1）咬入条件。轧件能否顺利被轧辊咬入，是实现轧制过程的先决条件。根据咬入条件的分析，当$\alpha<\beta$（α为咬入角，β为摩擦角）时，能实现顺利的咬入，当$\alpha>\beta$时，需要实行强迫咬入。分配道次压下量时，应根据设备、润滑条件等来确定最大道次压下量

(Δh_{max})，即：

$$\Delta h_{max} < D(1 - \cos\beta) \tag{5-5}$$

式中 Δh_{max}——最大道次压下量；

D——轧辊直径；

β——摩擦角。

(2) 金属的塑性。金属的塑性是限制道次压下量的一个因素，如果道次压下量超过金属所承受的最大变形程度，轧件就会产生裂纹或裂边。通常在开始轧制的头几道次，加工率不宜过大，以保证铸态组织转变为加工组织，避免轧碎轧裂。但是，在铸锭较厚、开轧温度较高的情况下，加工率太小会使变形集中于表层，中心层不变形或变形很小，产生表面裂纹、张嘴等缺陷。此时应加强润滑或适当增加压下量，采用立辊轧边，减少不均匀变形程度，防止产生裂纹、裂边。而中间轧制道次，金属铸造组织已逐步转变为加工组织，塑性好，变形抗力不高，宜采用大压下量轧制。热轧后几道次，轧件薄而长，温度较低，变形抗力较大，此时为了获得平直与尺寸精确的轧件，应适当减少压下量，提高轧制速度。

(3) 轧机强度和电机能力。热轧中间各道次采用提高轧制速度与进行大压下量轧制，但必须保证设备安全运转，轧制压力不超过轧机部件（主要是轧辊）的许用压力，传动负荷不应超过电机本身的允许电流及转矩。同时，各道次电机负荷应尽可能均匀，以便充分利用电机能力。

(4) 不同轧制阶段道次加工率确定原则是：1）开始轧制阶段，道次加工率比较小，一般为2%～10%，因为前几道次主要是变铸造组织为加工组织，满足咬入条件。对包铝铸锭，为了使包铝板与其基体金属之间牢固焊合，头一道次的加工率应小于5%，采用较低的道次加工率干压3～5道次。2）中间轧制阶段，随金属加工性能的改善，如果设备条件允许，应尽量加大道次变形量，对硬铝合金道次加工率可达45%以上，软铝合金可达50%，大压下量的轧制将产生大的变形热补充带材在轧制过程中的热损失，有利于维持正常轧制。3）最后轧制阶段，一般道次加工率减小。为防止热轧制品产生粗大晶粒，热轧最后道次的加工率应大于临界变形量（15%～20%）；热轧最后两道次温度较低，变形抗力较大，其压下量分配应保持板材良好的板形，厚度偏差及表面质量。

C 制定热轧压下制度的步骤

根据上述原则，制定热轧压下制度通常按以下步骤进行：

(1) 确定金属塑性所允许的最大加工率。一方面可参阅现有资料确定，另一方面可根据现场同类条件下的实际工艺或按公式计算确定。道次加工率应不超过金属塑性所允许的最大加工率。

(2) 按咬入条件进行压下量的试分配。先查出最大允许咬入角或摩擦系数；根据最大允许咬入角或摩擦系数算出最大压下量；按最大允许压下量并参阅有关资料试分配压下量和轧制道次。

(3) 确定热轧速度制度。按金属允许的变形速度算出稳定轧制速度，并计算轧制时间和间歇时间。

(4) 计算或查阅有关手册的图表确定各道次温降，计算轧前轧后的温度。

(5) 计算平均单位压力和总轧制压力，计算轧制力矩和总传动力矩，并绘出轧制负荷图。

(6) 校核轧辊强度和主电机的发热与过载能力。

(7) 根据校核结果与产品质量要求，修正压下量分配数值，并定出合理的轧制道次。

5.3.2 热轧机轧制规程的制定及轧制生产

5.3.2.1 热轧机设备配置

热轧机轧制规程的制定及轧制生产以单机架热轧为例介绍。

单机架热轧在一台可逆式热轧机上，铸锭经过往复轧制，板材的厚度可达6~8mm，轧制终了温度为300~360℃，板材需经过切头尾和剪边及卷取等工序，以供给冷轧。并可生产6mm以上的热轧板材。

可逆式热轧机，轧制速度达3m/s，由于铸锭质量较大，为避免冲击，最初几道次的轧速为1~1.5m/s，由于铸锭较厚，在轧制中，为了减少裂边，可用立辊进行滚边。如结合采用侧面包铝工艺，就更加有效地减少了板材的裂边情况。立辊滚边的道次数根据不同合金而定，铸锭厚度在200~400mm左右，当轧件轧到80mm左右时，则可不需继续滚边。

带有包铝板的铸锭，在前几道轧制时应不给乳液，以使包铝板得到良好的焊合。第一道次的压下量不应过大，该道次的压下量约相当于包铝板的厚度。

在此类单机架轧机上，轧制板材的长度，除受到辊道长度的限制外，同时还受到板材终轧温度和轧出板材的平整质量的限制，因此，它轧制的铸锭质量不能过大，一般在 1～3t 左右。

ϕ700/1250mm × 2000mm 四重热轧机列，见图 5-4。ϕ750/1400mm × 2800mm 及 ϕ700/1250mm × 2000mm 四重可逆式热轧机的技术性能见表 5-9。

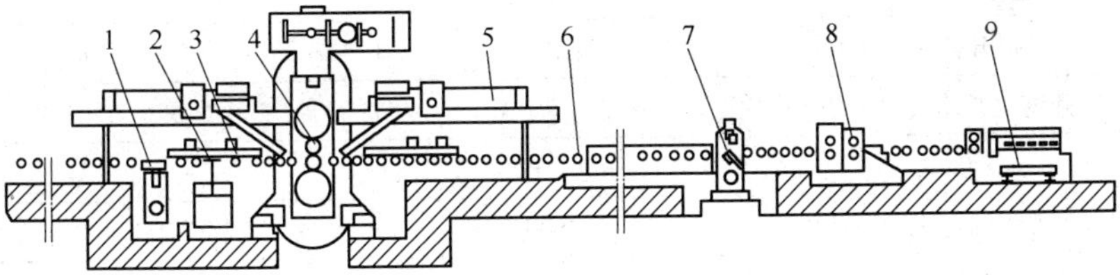

图 5-4　四重可逆式热轧机组示意图

1—立辊；2—回转台；3—导尺；4—轧机；5—推锭机；6—辊道；7—下切式剪刀机；8—碎边圆盘剪；9—垛板机

表 5-9　热轧机的技术性能

技术参数	2000mm 四重可逆式热粗轧机	2800mm 四重可逆式热粗轧机
轧辊尺寸/mm × mm	ϕ700/1250 × 2000	ϕ750/1400 × 2800
轧制速度/m · min^{-1}	180	240
轧制力矩/kN · m		1560
最大轧制力/MN	20	30
轧辊最大开口度/mm	400	500
轧辊压下速度/mm · s^{-1}	20	0-1.17/10.55/17.5
立　辊		
立辊尺寸/mm × mm	800 × 300	829/810 × 550

续表 5-9

技术参数	2000mm 四重可逆式热粗轧机	2800mm 四重可逆式热粗轧机
立辊轧制速度/$m \cdot s^{-1}$	3.2	2.56
立辊移动速度/$mm \cdot s^{-1}$		(0－2)×50
立辊开口度/mm	1000～2000	900～2800
立辊最大压下量/mm		20/30
导尺		
开口度/mm	1000～2000	900～2800
最大推力/kN		130/每侧
回转升降台		
提升铸块质量/t	3	7
提升铸块并旋转90°的时间/s	7	6.05
电机		
主传动电机功率/kW	3600	2×3200
转数/$r \cdot min^{-1}$	37.5～75	50/100
压下电机功率/kW	2×74.5	2－100/155
转数/$r \cdot min^{-1}$	520	0-475-732/1214
立辊电机功率/kW	306	2
转数/$r \cdot min^{-1}$	450	350/700
导尺电机功率/kW		16
转数/$r \cdot min^{-1}$		700
回转升降台电机功率/kW		22
转数/$r \cdot min^{-1}$		723

5.3.2.2 热轧机轧制规程的制定

A 轧制表的制定原则

轧制表制定的总原则是充分考虑热轧机在生产时间上的平衡，以追求最大的生产效率为目标。在轧制表设定压下值时，对于1×××系、3×××系、6×××系等软铝合金以咬入条件为边界条件，追求高效稳定生产；对2×××系、5×××系、7×××系等硬铝合金以轧机的最大载荷为边界条件，同样以追求高效稳定生产为目标。

B 热轧铸坯厚度的确定

热轧铸坯厚度的确定应综合考虑以下几个因素：（1）根据材料特性确定坯料厚度。合金品种、板材宽度、热轧终轧成品厚度不同，铸坯厚度也不同。合金强度越高、板材宽度越宽、成品厚度越薄，设计铸坯厚度越薄；反之，设计铸坯厚度越厚；（2）适宜于轧制过程温度的管理，若铸坯厚度设计太薄，热粗轧机轧制时间过长，带材温降损失大，不利于后续正常轧制；（3）充分考虑设备的能力，如热精轧机的载荷能力、运输辊道的长度等；（4）以最大限度地提高生产效率为目标，考虑热轧与加热、剪切在时间上的平衡；（5）铸坯厚度的设计要适应热轧板形及表面质量的控制。

C 热轧机压下量的分配

热轧机压下量的设计按等压下率原则分配各道次压下量，等压下率按式5-6和式5-7计算：

$$T_0 = T_N \times (1 - R)^N \tag{5-6}$$

即

$$R = 1 - \sqrt[N]{T_0 / T_N} \tag{5-7}$$

式中 T_0——热轧机终轧成品厚度；

T_N——热轧铸坯厚度；

N——压延道次；

R——压下率。

已知坯料厚度、终轧成品厚度、压延道次数，即可按式5-7计算出压下率，利用式5-6可计算出各道次压下量分配。

D 立辊滚边工艺

a 滚边道次和滚边量的控制

立辊滚边的目的是控制板材宽度精度，减少板材的裂边。滚边道次多，滚边量大，板材边裂小。但是铸锭边部铸造产生的偏析（俗称黑皮）在滚边时易压入板材表面，特别是上表面尤其明显，随着滚边道次的增多，滚边量大，偏析压入表面的宽度增加，因而严格控制滚边道次和滚边量是必要的。事实上，对于软铝合金如1×××系、3003合金等，完全可以不进行滚边轧制，这不仅有利于减少黑皮宽度，而且有利于提高生产效率。减少板材黑皮宽度，还有两个措施：（1）改善铸锭边部质量，如用电磁铸造、边部铣面等方法，减少铸锭边部偏析；（2）将立辊辊身磨削成一定坡度（15°）的锥面。表5-10列出了不同合金的滚边道次和滚边量。

表 5-10 不同合金的滚边道次和轧边量

合金	滚边道次	滚边量/mm	滚边时坯料厚度/mm
软合金	2	20~25	200~300
硬合金	3	20~25	第一道次：铸锭厚度
			第二道次：200~300
			第三道次：100~150

b 滚边速度和方式

由于受立辊轧机与热轧机轧辊中心线距离的限制，在滚边时必须考虑坯料的长度，以保证设备安全。当滚边时坯料长度小于立辊轧机与热轧机中心线距离时，其滚边速度可在立辊轧机额定速度内任意设定，并进行可逆式轧制；当坯料长度大于或等于立辊轧机与热粗轧机中心线距离时，如需滚边，应在进行该道次的水平轧制前将立辊打开到大于坯料宽度的一定开口度，让板坯顺利通过立辊后，将立辊调到立辊所要求的开口度，再将坯料咬入立辊轧机进行滚边，此时，滚边速度应与即将进行水平轧制的热轧设定速度相同，实现立轧—水平轧制的同速轧制。

E 中间剪切机切头尾

中间剪切机切头、尾的目的是消除坯料头尾在轧制过程中形成的张嘴分层缺陷，避免该缺陷在后续轧制过程中进一步延伸；消除因铸造缺陷所引起的头尾撕裂、大裂口等缺陷，保证轧制的正常进行。切头尾是在热粗轧奇道次60~100mm厚时进行，软合金取上限，硬合金取下限。为保证切头、切尾的顺利进行，须合理分配该道次的压下量，防止板坯端头翘曲，以利于端头顺利通过剪切。由于铸锭底部（圆头部分）偏析大，其硬度大于浇注口，所以，对未经切除底部和浇注口部分的铸锭进行轧制时，铸锭浇注口应朝轧机入口轧制方向，这样，可减少铸锭底部冲击轧辊而在轧辊表面形成的舌头状印痕缺陷，同时由于浇注口在轧制时易张嘴，切头量大，可减少切头时推进料头的操作程序，减少切头的辅助生产时间。

确定剪切量的总原则是既要切除头尾不良部分，又要最大限度地减少几何损失。因此，剪切头尾的长度应根据合金材料的特性、最终产品的要求来确定，例如，对于成卷交货的热精轧成品卷，由于在热精轧要进行头尾处理，因此在中间剪切时应尽量少切；5×××系合金由于在轧制过程中易张嘴分层，因此在中间剪切时应尽量多切。通常，浇注口部分的剪切长度为从端头最低点算起切去200~300mm；底部的剪切长度为切掉非平行直线（圆头）部分。

F 清刷辊使用工艺

现代热粗轧机和热精轧机都配有清刷辊装置，使用清刷辊的目的主要是有效控制轧辊表面粘铝层厚度及其均匀性，使辊面粘铝处于一个理想的稳定状态，因而正确使用清刷辊，有利于获得良好的板材表面质量。

a 清刷辊的配置

清刷辊一般配置于热粗轧机和热精轧机的上、下工作辊的出口侧，如图5-5所示。清刷辊的旋转方向一般与轧制方向无关，但为控制刷辊发热，防止钢丝折断，通常使用“正转”方向，即冷却液旋进方向。清刷辊的旋转方向一般是固定不变的，在特殊情况下，也可根据实际情况采用反方向旋转。

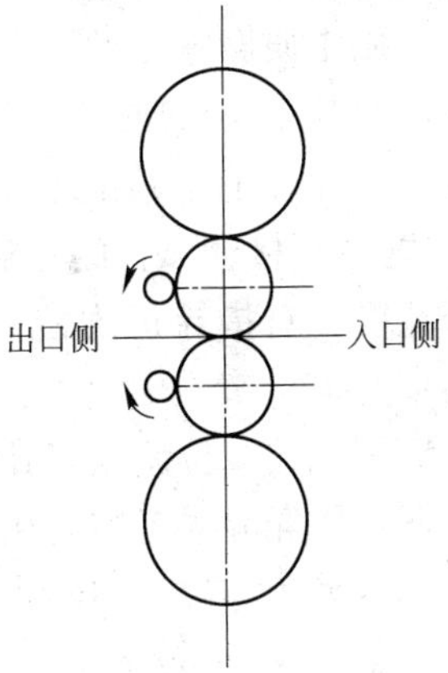

图5-5 清刷辊配置及旋转方向

b 清刷辊材质的选择

清刷辊的材质不同，清除工作辊辊面粘铝的效果不尽相同，目前采用的清刷辊有钢丝刷辊和尼龙刷辊两类。钢丝刷辊清刷能力比较强，但钢丝刷辊存在以下缺点。（1）使用寿命短，一般在3000h左右，长期使用过程中，易断钢丝，掉下的钢丝易压入带材表面，产生金属压入缺陷；掉下的钢丝损伤轧辊表面，在带材表面形成轧辊印痕。

(2) 使用钢丝刷辊，对轧辊的磨损大，降低轧辊的使用寿命。(3) 钢丝刷辊与轧辊摩擦产生大量铁粉，混入乳化液中污染乳化液，特别是对无皂技术乳化液品质的稳定性影响更大。尼龙刷辊在带材宽度方向上清刷的均匀性较好，更易获得均匀的表面质量，克服了钢丝刷辊的缺点，且“老化”时间容易掌握。目前，越来越多的轧机都使用尼龙刷辊。

c 清刷辊在轧制过程中的使用

清刷辊去除辊面粘铝效果的好坏，与清刷辊对轧辊表面的研磨宽度有直接的关系。研磨宽度是指清刷辊由液压缸压靠于轧辊表面，与辊面接触弧长的投影长度。理想的研磨宽度是以控制轧辊表面粘铝适应性强、范围能力大、质量稳定为原则，影响研磨宽度的主要因素有:(1) 清刷辊的零位调整；(2) 压靠清刷辊的液压力；(3) 轧辊的原始辊型；(4) 轧辊的热膨胀。通常热粗轧机上的研磨宽度比热精轧机上的研磨宽度小。

清刷辊研磨宽度的测定应根据轧机的规格、轧制的合金品种、轧制所用冷却-润滑剂的性能等来确定。其测定方法是将清刷辊压靠在轧辊上，在轧辊不转的情况下，给定清刷辊一个恒定的推力并旋转10s，这时其接触弧长的投影即为研磨宽度的测定宽度。确定清刷辊研磨宽度，对指导正确使用清刷辊，获得良好的表面质量是极为重要的。

清刷辊的零位调整是在轧辊的装配过程中进行的，清刷辊的调零须根据使用经验，考察使用效果，充分考虑轧辊的原始辊型及热膨胀等因素，采用零位调整器来调节清刷辊与轧辊之间的间距，对热轧机一般控制在3~5mm范围。

在轧制过程中清刷辊压靠力的设定至关重要，因为工作辊辊面粘铝层过厚、过薄都是有害的，严重时易导致设备安全事故，恶化产品质量，影响生产效率。如何稳定控制辊面粘铝层，根据不同的合金品种、产品规格、质量要求等选择合理的清刷辊压靠力是非常关键的。一般而言，热粗轧机使用的清刷辊压靠力比热精轧机的小，在热粗轧机上生产热轧板时通常可不使用清刷辊，也可以在某些道次使用或出现咬入痕时在轧机空负荷状态下投入清刷辊清除辊面不均匀粘铝。在生产热轧卷材时，热粗轧机和热精轧机各道次均应使用清刷辊，考虑轧辊热膨胀的影响，刚换上的轧辊可适当增大清刷辊压靠力，当正常轧制10块料左右，轧辊热辊型趋于稳定时，操作人员应适时将清刷辊压靠力调低至规定值。表5-11列出了使用钢丝清刷辊在热粗轧机和热精轧机上轧制不同合金时清刷辊压靠力参考值。一般而言，清刷辊压靠力随合金强度的增加是递增的，在生产表面质量要求高且宽度大的板材时，须采用大的压靠力，但为保护轧辊表面，清刷辊不宜长时间在高压力状态下旋转。

表5-11 热轧机生产不同合金的清刷辊压靠力

合 金	压靠力/$N \cdot mm^{-2}$	合 金	压靠力/$N \cdot mm^{-2}$
1×××系	3~4	5×××系、2×××系	>6
3×××系	4~5		

在清刷辊工作时，应对清刷辊喷射一定量的乳液，主要目的是冷却和清洗清刷辊上的钢丝，乳液流量为乳液总流量的3%~5%，喷射压力为0.15~0.3MPa。

G 轧辊的控制

轧辊的原始辊型的设计、硬度、辊面粗糙度以及表面磨削质量的控制等对板材表面质量的影响很大，因而必须对轧辊质量进行严格控制。

a 轧辊的初始凸度

轧辊初始凸度的合理选择是控制板形和板材中凸度的重要手段之一，特别是在生产合金品种多、规格跨度大，仅有乳液分段冷却和液压弯辊等板形控制手段的情况下，轧辊初始凸度的确定显得非常重要。事实证明原始辊型的优化能明显改善板形，原始辊型的分组主要由轧件的宽度和变形抗力决定，每组原始辊型应具有以下特征：(1) 对规定宽度范围内的产品有良好的板形；(2) 辊缝对轧制力的变化具有稳定性；(3) 辊缝对弯辊力的变化具有高的灵敏度；(4) 轧辊具有均匀的磨损性。

因为支撑辊辊凸度的变化对辊缝变化的灵敏度小于工作辊辊凸度变化的影响，同时考虑到产品规格的多样性，所以，一般情况下，热轧机支撑辊均选用平辊，而工作辊设计为凹度辊，热轧机的工作辊凹度为0～-0.20mm。

b　轧辊的粗糙度

轧辊辊面粗糙度值的选择和均匀性的控制直接关系到产品的表面质量。对于热轧而言，辊面粗糙度的选择既要有利于咬入，防止轧制过程中打滑，也要防止因辊面粗糙而影响产品表面质量。因此，热轧机工作辊粗糙度 R_a 为1.25～1.75μm，支撑辊粗糙度 R_a 为1.5～2.0μm。为了避免因辊面粗糙度不均匀造成带材表面色差，工作辊辊面粗糙度分布的均匀性应控制在±0.2μm内。

c　轧辊的硬度

热轧辊大都采用锻钢轧辊。轧辊硬度直接影响到产品的表面质量和轧辊的使用寿命。辊面硬度低，轧制时易产生压坑，导致带材表面出现轧辊印痕，而且降低轧辊的耐磨性与使用寿命；辊面硬度过高，轧辊韧性下降而变脆，热轧过程易龟裂或剥落。因此，选择适宜的轧辊硬度是有益的。对于四辊轧机，为提高工作辊的使用寿命，支撑辊的硬度比工作辊的低。

热轧机轧辊辊面硬度（HS）：支撑辊为50±5；工作辊为70±5。

d　轧辊的保护

热轧过程中轧辊承受高温、高压、急冷急热，辊内出现交变的拉压内应力，致使辊面产生裂纹，随着裂纹的进一步扩展，致使辊面龟裂甚至剥落；热轧过程中还易出现辊面损伤、粘铝缺陷，致使换辊频次增加，研磨量增大，轧辊使用寿命缩短。如何保护轧辊，延长轧辊使用寿命，实际生产中主要采取下列措施：

（1）新换轧辊在开始轧制前须进行预热，防止因轧辊内外温差过大产生热裂纹。预热的方式有两种：蒸汽预热，即换辊前向轧辊中孔通入蒸汽预热8h以上，辊面温度达60～80℃，此方式预热效果最佳；乳液预热，特殊情况下的换辊，未进行蒸汽预热，换辊后低速旋转轧辊，喷射乳液预热20～30min。

（2）定期更换轧辊。建立合理的轧辊周期更换制度，防止轧辊的过度疲劳和热裂纹的进一步扩展。热轧轧辊的周期更换制度如下：热轧机：支撑辊为2次/年；工作辊为1次/周。

（3）轧辊定期热处理，消除或减少内应力。

(4) 合理选择和使用冷却润滑剂，减少轧辊磨损，调整冷却润滑剂喷射角度，避免因辊温过高引起粘辊或缠辊事故。

(5) 合理安排轧制顺序，新换的轧辊应先生产软合金，再生产硬合金，防止对轧辊的剧烈冲击。

(6) 更换下的轧辊研磨时，一定要磨掉辊面缺陷和疲劳层，防止缺陷的进一步扩大。

H 冷却润滑液的喷射

热轧采用分段区域控制和辊身长度方向上对称喷嘴单独控制的方式，来控制冷却润滑液的喷射。它是有效控制板形、保护轧辊、提高产品质量的重要手段之一。

a 喷嘴的配置

热轧机乳液喷嘴的配置如图 5-6 所示。

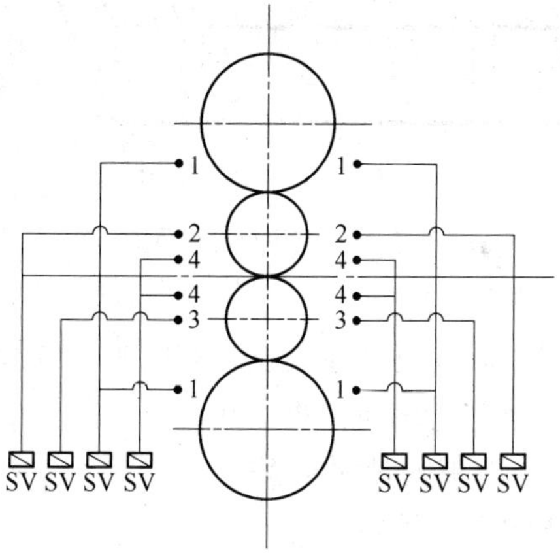

图 5-6 热轧机乳液喷嘴配置图

1—支撑辊喷嘴；2—上工作辊入口侧、出口侧喷嘴；3—下工作辊入口侧、出口侧喷嘴；4—入口侧、出口侧上下辊缝喷嘴

b 冷却润滑液的喷射方式

热轧机乳液的喷射方式有三种：(1) 进口侧辊缝、出口侧支撑辊和出口侧工作辊喷射；(2) 出口侧辊缝、进口侧支撑辊和进口侧工作辊喷射；(3) 双侧全喷射。

c 冷却润滑液的喷射原则

热轧机乳液的喷射方式的选择，应根据所生产的合金特性、板材宽度、轧辊辊型的变化情况等因素综合考虑。一般情况下，热轧机各道次采用两侧喷射，支撑辊辊身全长喷射，工作辊喷射宽度为轧件宽度，在轧制过程中还应合理调节乳液流量。

I 硬合金、高镁合金、高锌合金的包铝轧制

a 包铝板的放置

包铝板的放置如图 5-7 所示。

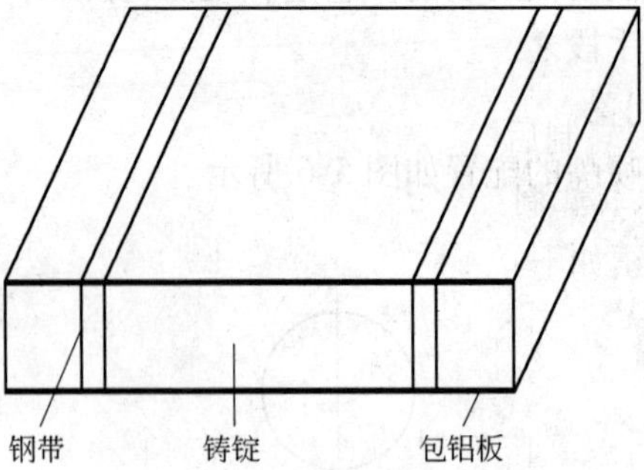

图 5-7 包铝板的放置图

b 包铝板的焊合轧制

包铝板的焊合轧制是在热粗轧机上完成的，包铝铸锭从加热炉出炉后将钢带去掉，通过运输辊道进入热粗轧机。为防止包铝板的错动，采用“静压”轧制方法焊合包铝板。为了保证设备安全，在静压下时必须采用低速压下方式。例如，在轧制铸锭规格为 430mm（基体 + 包铝板）×1320mm × 4000mm 的 2024 合金时，其包铝板焊合轧制如图 5-8 所示，首先将辊缝设置为 450mm 左右，然后将铸锭沿长度方向的中心位置摆放于辊缝，静压 8 ~ 10mm，在该压下量恒定不变的情况下，

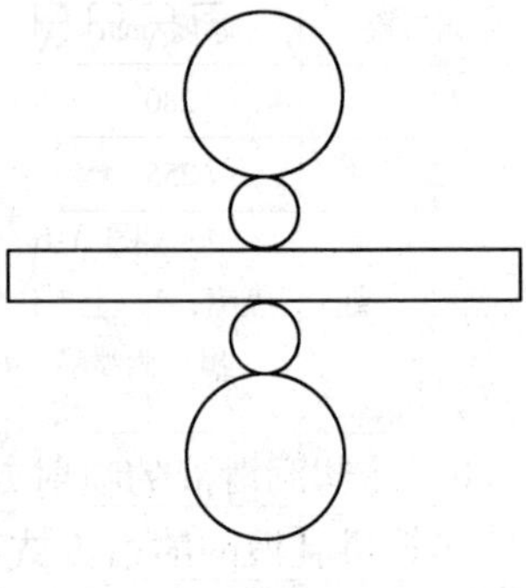

图 5-8 静压法焊合包铝板轧制示意图

可逆轧制 2～3 道次，即可实现包铝板与基体合金的良好焊合，然后再进行正常的咬入、抛出轧制。

J　热轧宽展轧制

横轧宽展将铸锭在回转升降台转动 90°，沿宽度方向进入轧机轧制，宽展至所需宽度后，再将铸锭转向 90°，进行纵向轧制。根据体积不变原理，宽展压下量的设定按式 5-8 计算。

$$h = B \times H/b \tag{5-8}$$

式中　B——铸锭原始宽度；

H——铸锭原始厚度；

b——宽展轧制目标宽度；

h——宽展轧制后厚度。

5.3.2.3　热轧轧制生产规程实例

规程实例介绍如下：

（1）1100 合金在 ϕ700/1250mm × 2000mm 热轧机上的轧制压下规程见表 5-12。

铸锭规格：　300mm × 1260mm × 2500mm

热轧开轧温度：　(480 ± 10)℃

热轧终轧厚度：　7.0mm

热轧终轧温度：　(370 ± 10)℃

表 5-12　1100 合金热轧轧制压下规程

轧制道次	厚度/mm	压下量/mm	变形率/%	备　注
1	280	20	6.7	滚　边
2	255	25	7.1	滚　边
3	230	25	9.8	
4	200	30	13.0	
5	170	30	15.0	
6	140	30	17.6	
7	115	25	17.8	
8	90	25	21.7	
9	65	25	27.8	

续表 5-12

轧制道次	厚度/mm	压下量/mm	变形率/%	备　注
10	45	20	30.8	
11	30	15	33.3	
12	18	12	40.0	
13	7	11	61.1	

（2）3003 合金在 ϕ700/1250mm × 2000mm 热轧轧机上的轧制压下规程见表 5-13。

铸锭规格：　　300mm × 1240mm × 2700mm

热轧开轧温度：　　(500 ± 15)℃

热轧终轧厚度：　　9.0mm

热轧终轧温度：　　(380 ± 10)℃

表 5-13　3003 合金热轧轧制压下规程

轧制道次	厚度/mm	压下量/mm	变形率/%	备　注
1	275	15	5.2	
2	255	20	7.2	
3	230	25	9.8	滚边两道次
4	200	30	13.0	
5	170	30	15.0	滚边两道次
6	140	30	17.6	
7	115	25	17.8	
8	90	25	21.7	
9	65	25	27.8	
10	45	20	30.8	
11	30	15	33.3	
12	18	12	40.0	
13	9	9	50.0	

（3）5083/5182 合金在 ϕ750/1400mm × 2800mm 热轧机上的轧制压下规程见表 5-14。

铸锭规格：　　　465mm×1320mm×2500mm

热轧开轧温度：　　(470±10)℃

热轧终轧厚度：　　7.0mm

热轧终轧温度：　　(370±15)℃

表 5-14　5083/5182 合金热轧轧制压下规程

轧制道次	厚度/mm	压下量/mm	变形率/%	备　注
1	450	15		
2	435	15		
3	415	20		
4	395	20		滚边两道次
5	370	25		
6	345	25		
7	317	28		
8	289	28		滚边两道次
9	261	28		
10	231	30		
11	200	31		
12	170	30		
13	140	30		
14	110	30		
15	80	30		中间切头尾
16	55	25	37.5	
17	35	20	36.3	
18	23	12	34.3	
19	15	8	34.8	
20	10	5	33.3	
21	7	3	30.0	

(4) 2A12 合金在 ϕ700/1250mm×2000mm 热轧机上的轧制压下规程见表 5-15。

铸锭规格：　255mm×1260mm×1500mm

铣面包铝后铸锭尺寸：　263mm×1260mm×1500mm

热粗轧开轧温度：　(410±15)℃

热粗轧终轧厚度：　6.0mm

热轧终轧温度：　不低于360℃

表 5-15　2A12 合金热轧轧制压下规程

轧制道次	厚度/mm	压下量/mm	变形率/%	备　注
1	250	13	4.9	
2	240	10	4.0	
3	228	12	5.0	
4	216	12	5.3	滚边两道次
5	204	15	5.3	
6	189	15	7.3	滚边两道次
7	174	15	7.9	
8	159	15	8.6	滚边两道次
9	144	15	9.4	
10	129	15	10.4	滚边两道次
11	114	15	11.6	
12	99	15	13.2	
13	87	12	12.1	
14	75	12	13.8	
15	65	10	13.4	
16	55	10	15.4	
17	45	10	18.1	
18	35	10	22.0	
19	27	8	23.0	
20	20	7	26.0	
21	14	6	30.0	
22	9	5	35.7	
23	6	3	33.4	

(5) 5A05 合金在 ϕ700/1250mm×2000mm 热轧机上的轧制压下规程见表 5-16。

铸锭规格： 255mm × 1280mm × 1500mm

铣面后铸锭尺寸： 237mm × 1280mm × 1500mm

热粗轧开轧温度： (465 ± 15)℃

热粗轧终轧厚度： 12. 0mm

热轧终轧温度： 不低于350℃

表 5-16 5A05 合金热轧轧制压下规程

轧制道次	厚度/mm	压下量/mm	变形率/%	备 注
1	232	5	2. 1	
2	226	6	2. 6	
3	219	7	3. 1	
4	211	8	3. 6	滚边两道次
5	201	10	4. 7	
6	191	10	5. 0	滚边两道次
7	181	10	5. 2	
8	171	10	5. 8	滚边两道次
9	161	10	5. 8	
10	149	12	7. 4	滚边两道次
11	137	12	8. 0	
12	125	12	8. 7	滚边两道次
13	113	12	9. 6	
14	101	12	10. 6	滚边两道次
15	89	12	11. 9	
16	77	12	13. 5	
17	67	10	13. 0	
18	57	10	14. 9	
19	47	10	17. 5	
20	39	8	17. 0	
21	31	8	20. 5	
22	25	6	19. 3	
23	20	5	20. 0	
24	16	4	20. 0	
25	12	4	25. 0	

（6）7075 合金在 ϕ700/1250mm×2000mm 热轧机上的轧制压下规程见表 5-17。

铸锭规格： 300mm×1260mm×1200mm

铣面包铝后铸锭厚度： 307mm×1260mm×1200mm

热轧开轧温度： (390±15)℃

热轧终轧厚度： 12.0mm

热轧终轧温度： 不低于 350℃

表 5-17 7075 合金热轧轧制压下规程

轧制道次	厚度/mm	压下量/mm	变形率/%	备 注
1	286	21	6.8	
2	279	7	2.4	
3	271	8	2.9	
4	263	8	3.0	
5	255	8	3.0	
6	246	9	3.5	
7	237	9	3.7	
8	228	9	3.8	
9	219	9	3.9	
10	210	9	4.1	滚边两道次
11	200	10	4.8	
12	190	100	5.0	滚边两道次
13	180	10	5.3	
14	170	10	5.6	滚边两道次
15	160	10	5.9	
16	150	10	6.2	滚边两道次
17	140	10	6.7	
18	130	10	7.1	滚边两道次
19	120	10	7.7	
20	110	10	8.3	滚边两道次
21	100	10	10.0	

续表 5-17

轧制道次	厚度/mm	压下量/mm	变形率/%	备　注
22	90	10	10.0	
23	80	10	11.2	
24	70	10	12.5	
25	60	10	14.2	
26	50	10	16.7	
27	40	10	20.0	
28	31	9	22.5	
29	24	7	22.5	
30	18	6	25.0	
31	12	6	33.3	

5.3.2.4 铝合金中厚板热轧生产中出现的异常情况案例

热轧生产中，往往出现非正常生产状态或异常情况，下面介绍经常出现的各种异常情况产生的原因及消除方法。

A 热轧过程中铸块开裂和裂边产生原因及消除办法

a 软合金开裂和裂边

（1）软合金铸块开裂和裂边的特点：

1）软合金铸块开裂多出现在铸块的缩颈处，这种开裂一般是由于铸造质量不好，铸造时发生断流、冷隔，从外表看一般无明显标志，但轧制时易在断流、冷隔处断开。

2）某些高纯铝也常出现铸锭的纵向开裂，并且裂纹较深，其主要原因是合金纯度较高，铸造困难，易出现结晶裂纹。

3）软合金在轧制时，还可产生前后张嘴，张嘴也是开裂的一种。这类合金主要有 5A66、5A02 等，张嘴对设备危害极大。张嘴分层的带板一般温度较低，在轧辊转动力的作用下，常可以撞坏轧机的导卫装置，严重的张嘴分层还可以进入工作辊与支撑辊之间，扭断轧辊。它是由铸造质量不好和热轧工艺及实际操作配合不当造成的。

4）软合金的裂边也较为常见，其产生原因是铸锭加热温度较低，塑性较差。产生这种裂边，超过板材名义宽度为废品，不超过名义宽度也会给继续加工带来困难。

（2）软合金铸块开裂的早期发现：

1）由于冷隔、断流等的影响，开裂通常在铸锭轧到200mm以上时出现，这时在开裂处的空气受到压缩而产生一种强大的气流，有时将乳液吹得很高，同时发出“吃、吃”的声音。

2）高纯铝合金的纵向结晶裂纹一般在200mm以下的板材出现，从轧制力、电流上看均无明显变化，但可以用肉眼看到板带上的前后两端或纵向通常出现白色的条痕。断裂的金属经轧制出现变形不均，使条痕处粘铝印在轧辊上，轧辊又将印痕反印在板材上。

3）软合金不仅有5A66、5A02等合金张嘴，纯铝合金偶尔也出现张嘴。带板轧到厚度10mm左右时，较大的张嘴有时可达到2~3m长，这类张嘴预先发现的途径有：

①铸锭加热温度较低，可能性较大。

②在加工过程中，压入困难，可能性较大。

③加工率过小，可能性较大。

④冷却量过大，也有可能。

4）裂边的产生往往和张嘴同时存在，一般在50mm以上时很难发现，但仔细观察却可发现。此时边部出现断续铝刺、边部不光滑，当轧制到20mm左右时，开始发现边部有被拉裂的痕迹，这就是早期的发现。

（3）软合金铸块开裂、张嘴的防治措施及预防处理方法：

1）凡因冷隔、断流的影响，虽在热轧时开裂无法防止，但在热轧时应早期发现，并且应采取适当的措施，如只在单方向轧制或轧其一部分。

2）纵向裂纹，如轧制铸锭厚度200mm料时，发现开裂深度只有100mm以下，即裂纹深度小于铸锭尺寸厚度一半者，继续轧制厚度为8.0~10.0mm时，一般可以重新压合，此时板带外表只能看到一条较细的白色印痕，这样的产品根据用户使用情况可作为条件品处理。

3）张嘴的防治措施：一是减少带板头尾冷却；二是提高头尾的温度、加大压下量，减少不均匀变形和带板两端的燕尾。如带板在

60mm 左右出现较大张嘴，继续轧制困难时，可用剪刀切掉张嘴部分以后继续轧制。

在操作时应慢速咬入并细心观察确无张嘴的可能倾向，方可升速轧制。

4）裂边产生原因和张嘴几乎同时存在，所以在发现张嘴时，就应对裂边采取措施，增加板材滚边量和滚边次数，以便减少裂边部程度。

b 硬合金铸块的开裂原因与消除措施

(1) 高锌、高镁合金开裂的主要原因：

1）7075、7A09、7A04、5A12、5A06 等合金热轧时塑性低，轧制时易产生铸块开裂。

2）具有较好塑性的加热温度范围窄，控制不当易超出范围，使塑性急剧下降。

3）轧制时带板弯曲趋势很大，发生翘曲时，延长轧制时间，易出现裂边和张嘴。

4）道次压下量过大和轧制速度过快时易造成铸块开裂。

5）高镁合金的钠含量大于 $16 \times 10^{-4}\%$，使带板产生如锯齿状的严重裂纹。

(2) 2A11、2A12、2A14、2A06、2A16 等合金开裂和裂边的主要原因：

1）由于这类合金塑性较好，开裂较少。但超出规定的温度范围，也有开裂的趋势。

2）氧化较严重时，易使边部包铝与基体脱离形成小裂边（暗裂）。

3）铸锭浇注口未切掉时，会使板材靠近浇注口一侧出现裂边。裂边形状呈圆弧形，小的如指甲，大的如手掌形状。

4）道次压下量过大和轧制速度过快都会使铸块开裂。

(3) 开裂的早期发现：

1）5083、5A05 等合金，在铸块出炉时，发现表面呈红色或暗红色时，应认真检查仪表及炉温曲线，经查确实铸锭温度过高，即使经冷却降温，如果继续轧制，铸块开裂、轧碎的可能性也很大。

2）高锌合金，铸块出炉时，表面呈红色或黑色，通常是温度过高的一种标志，温度超过较少，可采取措施继续轧制，如温度超过较多，则不能轧制，严重时甚至铸块在辊道上移动也会开裂。

3）7A04、7A09、7075、5A06 等硬合金带板的早期开裂一般在 200mm 左右，这类裂纹在带板的侧面，呈弧形，其中上部和下部有时还有未裂的金属连接，这时带板的中部已形成通长横向裂纹。

4）在开裂较大时，可以从操纵台的负荷表上看到轧制力突然有较大波动。

5）裂纹初期，用肉眼可见带板变均匀运动为断续运动状态。

6）当带板厚度轧到 150mm 以下时，不会再出现横向通常断裂，板轧制厚度在 75mm 左右时，则到达易张嘴区域，有时张嘴还伴有"嘎巴"一声的响音。

7）铸锭温度过低，当带板轧到 30 ~ 70mm 左右，有时在铸锭两端有一定距离的上、下表面，出现类似"起皮"像刀削一样的裂纹。起皮后呈楔形向板材的中部深入。出现这种情况应停上轧制，将板材吊离辊道。

（4）开裂的消除与处理：

1）控制好铸锭的加热温度，否则将会使金属塑性降低。但由于受各种条件影响和限制，热轧前的加热温度仍有超过标准规定范围。按生产经验，有一些合金品种，虽然超出规定温度范围 ±20℃，如采取相应的措施，细心轧制，多数尚可轧为合格板材。

2）除带包铝板的合金外，超过规定温度 20℃以内，应在出炉后放在辊道上反复移动 10 ~ 20min 以降温，待降到规定温度时，方可进行轧制。

3）带板厚度在 200mm 以上，道次压下量不超过 3 ~ 5mm，轧到 200mm 厚度以下可逐渐加大压下量。

4）控制轧制速度。轧制温度过高的铸锭时，应严格控制轧制速度：

① 降低咬入速度，由于咬入速度过快，把铸锭圆弧咬掉，使张嘴趋势加大。

② 改变前几道次轧辊一转一停的操作方法，否则易使铸锭开裂。

应采用较慢匀速爬行，待轧到150mm后可采用正常轧制速度。

5）乳液的供给。轧制超出规定温度范围的铸锭，在带板厚度150~200mm以上时，一般不喷乳液。

6）避免冲击负荷。轧制超出规定温度范围的铸锭，用辊道向轧辊送料时应采用较低速度，避免冲击负荷。

7）张嘴的消除与处理

①带板轧到40mm以上出现一端张嘴时，可在张嘴相反方向进行单方向轧制，待轧到40mm后用剪刀切掉张嘴部分，再继续双向轧制。

②如两端张嘴且仍需轧制，在轧制咬入时，应提前关闭乳液，并用慢速转动轧辊以便提高张嘴处的温度，使张嘴不再继续扩大，同时还可以用肉眼看得清楚，便于防止张嘴部分损坏设备。

8）裂边的消除与处理：

①在板带厚度轧到60~80mm，发现浇铸口未切净而裂边时，应吊下料把裂边锯切掉。改变生产规格，再重新加热投产。

②带板轧到20mm以上发现裂边时，暂停止轧制，待查到最相近的规格合同后，再按新规格轧制。

③如在带板中间出现开裂或孔洞时，应尽早发现，作为废料处理。

④2A12等合金，加热温度过高时易出现裂边，轧制时应特别注意包铝板与侧边包铝的焊合轧制，并在不影响质量的前提下，增加滚边道次及滚边量。

⑤高镁合金的钠含量高，可以使带板裂边，在轧制同一熔次的铸锭时，如发现裂边，则应改变轧制厚度或出炉，同时查验钠的含量。

B 高塑性软合金热轧时轧辊粘铝和缠辊

高塑性铝合金因其塑性比其他合金塑性好，在轧制时金属的加工率较大，轧制道次少，可以提高生产效率，但也带来一定的问题，如热轧时会产生缠辊。

a 缠辊的危害

缠辊是指板材在轧制时，板材局部和轧辊粘在一起，使轧制被迫停止，如继续强行驱动轧辊，则危害更大。轧辊每旋转一圈，粘铝面积就会更大，粘铝同时被轧入工作辊、支撑辊，轧制力则成倍增加。

由于轧制力突然增大，轧机扭转力矩增大，会把轧辊扭断，也会对万向接轴、联接轴甚至轧辊平衡装置等造成不同程度的损坏。

b 缠辊的形态与特点

缠辊的形态与特点是：

(1) 缠辊多发生在轧制热卷带板。

(2) 出现缠辊的前几道次，板材表面不光亮，多呈白色。

(3) 缠辊道次的压下量一般在10mm左右。

(4) 缠辊的趋势随着板材宽度的减小而增大，较窄的板材最易缠辊。

(5) 缠辊开始时并不是整个板材宽度而是在缠辊的部位前10m有条状粘铝由小到大,由薄到厚,逐渐形成有一定宽度和厚度的缠辊。

(6) 轧辊上缠的铝和轧辊粘着牢固，一般不容易清除。清除缠辊的铝板后，在该处轧辊圆周上常可看到断续纵向深度2~5mm的裂纹，严重时呈橘皮状。

(7) 缠辊多发生在下辊，并多发生在乳液使用期达1~2个月左右。

(8) 缠辊粘铝过多时，往往会使轧辊卫板变弯。

c 产生原因分析

缠辊产生的原因有：

(1) 根据缠辊后轧辊的表面裂纹分析，轧辊产生表面裂纹，并在轧制过程中裂纹不断扩大，轧制时铝不断地填充裂纹，裂纹愈大，粘铝愈多，在达到一定极限后，就会撕裂板材，形成缠辊。

(2) 乳液的润滑性能不能完全适应板材轧制工艺。润滑性不够，正常情况乳液浓度（质量分数）不应超过2%，实际上有时乳液浓度达10%左右也未发生“打滑”现象。轧制热卷4400mm的长铸锭时，轧辊温度更高，在高温条件下乳液润滑性较差，这是形成黏铝和发生缠辊的原因之一。

(3) 最后一道加工率过大。由于受工艺或设备条件限制，最后一道加工率达55%左右。据资料介绍，加工率60%以上时，黏铝的可能性最大。这时氧化物相对基体金属越硬脆，塑性变形过程越易使之破碎，新生金属表面袒露的可能性加大，越有利于金属间的黏着。

d 预防措施

采取以下措施：

(1) 不使用有裂纹的轧辊，轧辊表面裂纹较小时，磨辊时往往不易发现，但在使用中热膨胀，裂纹处粘铝轧在板材上便可发现，轧制时发现轧辊裂纹就应立即换辊，并应定期对轧辊进行探伤。

(2) 提高乳液的润滑性。在生产中使用一段时间的乳液可能混入一些机械油及其他杂质，以及在高温下长时间工作都会造成乳液的老化，使乳液润滑性能降低，尤其是高温下的润滑性更差，即防粘降摩能力降低。为此，应进一步提高乳液润滑性，同时要加强乳液过滤和避免混入机械油等。

(3) 加大乳液喷射量。它不仅可以润滑、冷却、洗涤，还可能使新生的带板表面迅速形成较厚的氧化膜，使粘铝缠辊的可能性减少。为此，应经常检查乳液阀、乳液管路、乳液喷嘴等乳液循环系统是否畅通良好。

(4) 连续轧制高塑性板材时，如果发现带板表面发白或条状发白，应适当加入乳剂，提高乳液浓度，同时使用下轧辊卫板的乳液喷嘴向带板下面及轧辊喷射乳液，这样可使乳液量和润滑性增加，减少缠辊的可能性。

(5) 经常检查调整卫板间隙，避免轧制过程中个别道次压下量过大，造成卫板变形，勒伤轧辊，并使轧辊和轧件的乳液供给量减少。

(6) 控制好道次加工率，使最后道次的轧制率适当减小。

(7) 为了避免无乳液轧制板材造成缠辊，可采用道次轧制时乳液自动控制。

C 高锌铝合金厚板轧制时的翘曲

a 现象

7075、7A04、7A09 合金铸块，在轧制到板材厚度 180mm 左右时，板材的端头部位易产生向上方向的翘曲。

b 翘曲产生的主要原因

主要原因有：

(1) 轧制时上、下工作辊直径差过大或温差过大。

(2) 轧辊轴承箱与工作辊上、下移动滑道间隙过大。

(3) 联接轴节脖叉与万向接轴连接处滑道间隙过大。

(4) 加热和热轧时操作不当。

c 采取的措施

采取以下措施:

(1) 要保证铸块的足够加热时间和温度，在铸锭达到最佳塑性温度后，需保温 1~2h，使铸锭上、下表面和内部温度均匀。

(2) 铸锭轧制厚度在 180~210mm 时为易翘曲厚度，当翘曲高度超过 300mm 以上时，应用升降台横转轧件，用轧辊轧平后再掉转回到原来方向继续轧制。

(3) 当厚度在 150~180mm 时，翘曲仍然继续扩大，轧制时应使轧辊慢速转动，并使带板尾端不离开轧辊，以便继续轧制时的咬入。

(4) 一般情况下，100mm 以下翘曲较少，应大量供给乳液，使轧辊充分冷却，避免继续轧制再产生翘曲。

D 热轧时铸块啃辊

热轧生产中的啃辊，使板材失去了光滑的表面。啃辊较重时，需要换新工作辊。

啃辊是热轧机换辊的主要原因之一，占用工时和磨削轧辊都会影响经济效益，所以应对热轧出现的啃辊进行分析和研究。

a 啃辊的形状

啃辊的大小，一般在指甲大范围以内，有时一点，有时则并排几点，整齐排列。

从远处看，类似板材横向白色粘铝条，从远处看指甲状啃辊每一点均呈蝌蚪状，即头大、圆、重，尾部则尖、小、轻。

从深度看，轻者在工作辊表面上有轻微粘铝，重者则使工作辊表面有一定的深度，一般为 0.01~0.20mm。

b 产生的原因分析

主要原因有:

(1) 轧机传动是以工作辊为主动辊，支撑辊为被动辊。靠平衡油缸顶起的工作辊，应紧紧地在支撑辊的表面上。在正常轧制时，通过工作辊的旋转来带动支持辊的同步转动。但在实际生产中，有时工作辊带动支撑辊转动时，出现了瞬间不同步动作，即“轧辊打滑”，造成了轧辊表面的损伤。

（2）铸锭不能顺利地被轧辊咬入辊缝，在铸锭与轧辊表面接触线上，造成滑动，产生点状啃辊。

铸锭不能正常咬入的原因：

1）在焊合轧制时，包铝板没有将铸锭表面全部包覆。

2）某些刨边铸块，因刨边改变了铸块的铸造圆弧，降低了铸锭被轧辊咬入时的接触面积。

3）轧制压下量过大。

4）轧辊速度由快减慢时，咬入铸锭或板材也易造成啃辊。

5）乳液浓度过高，咬入时摩擦力不够，也是啃辊的原因之一。

c 应采取的措施：

（1）确保支撑辊具有与工作辊相适当的弧度、辊面粗糙度。

（2）尽量减少支撑辊的油缸漏油。

（3）轧制时使用的乳液应保持一定温度和较好的洗涤能力，使支撑辊与工作辊之间的油层不能过厚。

（4）主操纵工在抬压下、上升轧辊时，应停止轧辊转动，待抬起 2min 后再转动轧辊。

（5）合理安排道次加工率，使摩擦角大于咬入角，提高咬入的成功率。

（6）必要时，每一道次咬入前，轧辊应停止转动，在轧件接触轧辊的瞬间，施加压下量，在压下量停止的同时转动轧辊进行咬入。

（7）应使轧辊等与板材接触的设备部件保持一定温度。

5.3.2.5 铝合金中厚板热轧生产工艺控制要点

工艺控制要点是：

（1）工作前要认真检查设备运转情况，检查辊面（包括工作辊、支撑辊、立辊）、导尺、辊道、剪刀等是否正常，轧辊和辊道上如有粘铝等脏物要清除。

(2) 校正压下、导尺、立辊的指示盘指示数与实际之差；检查操纵台上手把和仪表指示是否灵敏，检查乳液喷嘴是否齐全，有无堵塞、松动，角度是否合适。

(3) 工作辊、支撑辊符合轧辊验收规程的要求时，方可投入生产。

(4) 不经预热的工作辊，禁止进行热轧作业。

(5) 上、下工作辊辊线应有良好的水平度，在辊身中央距离内的辊间隙差不超过0.03mm。

(6) 卫板间隙为1~3mm；但轧制花纹板时应不超过1.5mm。

(7) 检查乳液的浓度和温度以及外观质量，有无异味和变质现象，出现问题要及时处理。

(8) 包覆合金的初轧道次要保证包覆板与基体合金铸块全面焊合，防止基体裸露。

第一道次包覆板焊合压下量应根据铸块温度、辊型等因素来确定。压下量不能过大，防止包覆层过薄和产生压折。

(9) 轧制高镁合金铸块前，应详细检查乳液管路，调整辊型，铸块咬入要慢，严防碰坏卫板。

(10) 轧制带有包覆板铸块时，前四道次要紧闭乳液，严防乳液落在包覆板上面，之后要正常给乳液。

(11) 各种宽度铸块在热轧过程中，均需在不超过立辊能力的前提下，加强滚边控制宽度，防止裂边，对包铝合金，特别是淬火板材，滚边量不宜过大，以不裂边为准，防止出现黄边废品。

(12) 滚边时铸块应平稳，对中后送向立辊。第一道次滚边量应以铸块宽度并参照导尺夹紧后指示开度来选择，不应过大，但往返滚边时应夹紧焊牢，以后滚边量依次减小。

(13) 滚边后，压2~4道次再进行下次滚边时，考虑宽展，立辊开度应比前一次滚边开度扩大10mm左右。

(14) 夹边焊合时要放正，位置适当，要焊牢。

(15) 辊道运送铸块要及时、平稳；咬入时无冲击；送料要正，横展料头不出辊。要注意观察咬入后张嘴，防止撞坏卫板和进入支撑辊之间。

(16) 清辊时，操纵手不准离开操纵台，使工作辊反转，辊道停止转动。清理后要用乳液冲洗2～5min。

(17) 粘铝或啃辊严重影响厚板或带板质量时，应立即换辊。

(18) 用乳液准确地控制辊型，根据轧制带板的平直度，分段控制乳液量，乳液的温度应为55～65℃。

5.4 热轧时的冷却与润滑

5.4.1 热轧乳化液的基本功能

5.4.1.1 热轧冷却润滑的目的

主要目的是：

(1) 使用有效的润滑剂，可大大降低轧辊与变形金属间的摩擦力，以及由摩擦阻力引起的金属附加变形抗力，从而减少轧制过程中的能量消耗。

(2) 采用有效的防粘降摩润滑剂，有利于提高轧制产品的表面质量。

(3) 减少轧辊磨损，延长轧辊使用寿命。

(4) 利用乳化液的冷却性能，并通过控制乳化液的温度、流量、喷射压力，有效控制轧辊温度和辊型。

5.4.1.2 热轧乳化液的基本功能

基本功能是：

(1) 减少轧制时铝及铝合金板材与轧辊间的摩擦。

(2) 避免轧辊和铝合金板带的直接接触，防止轧辊与铝材黏结。

(3) 控制轧辊的温度和辊型。

简单来说，乳化液的基本功能就是满足铝在热轧过程的冷却与润滑，其中水起冷却作用，油起润滑作用。

5.4.2 热轧乳化液的基本组成

两种互不相溶的液相中，一种液相以细小液滴的形式均匀分布于另一种液相中形成的两相平衡体系，称为乳化液。其中，含量少的称为分散相，含量多的称为连续相。若分散相是油，连续相是水，则形成O/W（水包油）型乳化液；反之则形成W/O（油包水）型乳化液。

热轧用乳化液主要由基础油、乳化剂、添加剂和水组成。除了乳化剂外，其他各组分的性能、含量也会对乳化液的润滑性能、使用效果及使用寿命产生重要影响。

基础油可以是矿物油或动植物油，通常铝合金多用矿物油。另外，基础油的黏度也是影响乳化液润滑性能的关键因素之一，同时还要考虑基础油的黏度要与乳化剂和添加剂的黏度相近，否则可能会对乳化油的稳定性产生影响。

添加剂就是能够改善油品某种性能的有极性的化合物或聚合物，它是提高矿物油润滑性能的最经济、最有效的途径之一。为了保证轧制润滑剂的各种功能，添加剂也是必不可少的。乳化液中的添加剂主要有乳化剂、抗氧剂、油性剂、极压剂、黏度调节剂、防锈剂、防腐杀菌剂、消泡剂等。其中油性剂和极压剂主要用于提高乳化液的润滑性能，尤其是极压剂。由于乳化液中80%~90%是水，油相只占10%~20%，故基础油中必须加入极压剂。

水对乳化液的稳定性和使用效果有较大影响。尤其是水的硬度，由于水中的钙、镁离子会对离子型的乳化剂作用效果产生影响，进而影响乳化液的稳定性。另外，水中氯化物、硫酸盐和其他无机物虽然对乳化液的稳定性影响不大，但是能导致腐蚀的产生和促进细菌生长变质作用。因此制备乳化液时最好使用软化水，水的硬度控制在$100\times10^{-4}\%$以下。可以通过化学吸附、离子交换或蒸馏等方式降低水的硬度。

目前国内大多采用前苏联早期研制开发的59μ乳化液，其基本组成如表5-18中编号1所示。目前国内各铝加工厂自己调配的热轧乳化液只能生产普通的对表面质量要求不高的板带材，不能生产如PS版基材、双零铝箔毛料、制罐料等高表面质量、高性能要求的产品。生产这些产品所用热轧乳化液全部依赖进口，斯图尔特、好富顿、德润宝、奎克均是生产铝及铝合金热轧用乳化液的专业厂家。

表 5-18 几种热轧铝及铝合金乳化液的成分与性能

编号	乳化液类型	乳剂成分(质量分数)/%		主要使用性能
1	水包油	矿物油（$V_{20℃}=30\times10^{-6}m^2/s$）	85	润滑性能较差，冷却性能、洗涤性能较好，生物稳定性较好，能乳化外来杂油
		油酸	10	
		三乙醇胺	5	
2	水包油	矿物油（$V_{20℃}=25\sim10^{-6}m^2/s$）	80	具有较好的润滑性能、冷却性能、稳定性能和洗涤性能，不乳化外来油
		不饱和醚（脂）	10	
		聚氧乙苯产品	10	
		聚氧烯烃化合物	2～20	
		碱金属或碱土金属脂肪、油酸钠	0.05～1	
		水		
3	水包油	甲醚（脂）混合物	3	有较好的冷却润滑性能
		山梨（糖）醇单油酸酯	0.8	
		聚氧乙基山梨（糖）醇单油酸酯		
		硬脂酸铝	0.3	
		矿物油（$V_{20℃}=5\times10^{-6}m^2/s$）	35.1	
		水	60	
4	水包油	矿物油（脱芳香的柴油馏分）	1.5	冷却性能、润滑性能、稳定性与洗涤性均较好，起泡少，不腐蚀金属
		烷基酯类①	4.5	
		木聚醣-0	1.28	
		合成酰胺-5	0.31	
		硬脂酸铝	0.11	
5	水包油	司班(Span)-60	4.0～4.5	性能稳定，使用周期长，洗涤性好
		洗涤剂	15～17	
		机油	余量	

①以 $C_{17}\sim C_{20}$ 级合成脂肪酸和 $C_7\sim C_{12}$ 级合成脂肪醇为基的酯类。

5.4.3 热轧乳化液的润滑机理

热轧乳化液润滑轧制过程如图 5-9 所示，根据摩擦和润滑理论，在变形区入口处，轧辊与轧件表面形成楔形缝隙，当向轧辊与轧件喷

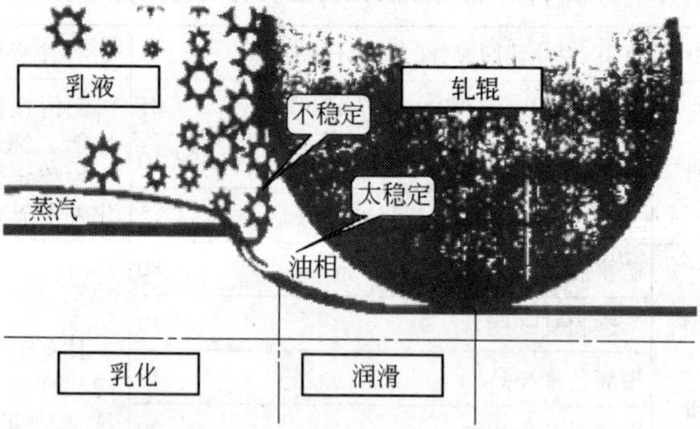

图 5-9 铝合金热轧润滑示意图

入充足而均匀的乳化液时，由流体动力学基本原理可知，旋转的轧辊和轧件表面将使润滑剂增压进入楔形“前区”，越接近楔顶，润滑楔内产生的压力越大。轧辊与轧件间的摩擦也逐渐从干摩擦、边界摩擦过渡到液体摩擦。在工作辊的入口处喷射的乳化液在高温高压作用下，轧辊的表面上乳化被破坏，逐渐热分离为油相和水相（这种现象称热分离），分离出来的油相吸附在金属表面上，油相和添加剂与金属表面和金属屑反应，形成一层细密的辊面涂层。涂层虽不太厚，但足以避免轧辊与轧件之间的直接接触，并附着在轧辊表面上，进入轧辊和轧板相接触的弧内，减小摩擦，形成润滑油层，起防粘减摩作用，而水则起冷却作用。乳化液正是通过这种热分离来达到润滑-冷却的目的。

5.4.4 影响热轧乳化液润滑性能的因素

5.4.4.1 乳化液的热分离性

热分离是指乳化液和温度较高的轧辊接触时所分离出的纯油量。当乳化液喷射到工模具或变形金属表面上时，由于受热，乳化液的稳定状态被破坏，分离出来的油吸附在金属表面上，形成润滑油膜，起防粘减摩作用。而水则起冷却作用。乳化液正是通过这种热分离性来达到润滑冷却的目的。

热分离是乳化液非常重要的性能指标，它决定着乳化液的润滑性能。乳化液的热分离性取决于乳化剂，与乳粒的大小有关。乳化液的热分离随着乳粒平均尺寸的增大而增大。乳化液的热分离性除了乳化液本身性质外，基础油的黏度、添加剂、乳化液中油滴的尺寸及分布，乳化液的使用温度和时间等都会影响乳化液的热分离性，进而影响乳化液的使用效果。

5.4.4.2 边界润滑性

边界润滑剂由乳化剂和自由脂肪酸构成。边界润滑性是影响轧制性能和轧件表面质量的重要因素。由于脂肪酸或油酸具有化学活性，很容易吸附在金属的表面。轧制过程中，悬浮在乳化液中的大量铝粉，是脂肪酸或油酸的最大消耗剂。另一方面，脂肪酸或油酸与金属离子反应生成金属皂，也使其不断消耗。自由脂肪酸的含量大幅度减少，使边界润滑剂的作用降低，导致乳化液的润滑性能变差，致使轧件表面质量变坏。因此，对自由脂肪酸的含量必须进行控制，定期检测。

5.4.4.3 乳化液的黏度

乳化液动力润滑靠黏度，黏度高的流动性不好，但物理吸附性能好，能提高润滑膜的强度，轧辊的凸处与板片的凸处接触易出现磨损、粘铝。乳化液在使用过程中，难免有各种机械润滑油漏入。这些杂油的进入，必然会改变乳化液的黏度，从而影响到乳化液的润滑性能。所以，实际生产中要采用撇油装置，将杂油含量降至最低。

5.4.4.4 乳粒尺寸

铝热轧实践表明，乳粒尺寸偏大时，轧制性能较好，而乳化液的稳定性却较差；乳粒尺寸偏小时，乳化液的稳定性较好，而轧制性能却较差。因此，针对不同的轧机和不同的乳化液，要在生产实际中找出乳粒大小与轧制性能和乳化液稳定性之间的最佳结合点。

乳粒大小的控制要点是：

（1）乳化液箱中的乳粒大小取决于乳化剂的作用。当乳化液的化学成分一定时，对于配制好的乳化液而言，乳粒大小是由乳化剂来决定的。调整乳化剂的含量，可以改变乳粒的大小。

（2）喷射到轧机上的乳粒大小几乎完全取决于喷嘴的压力和喷嘴的孔径尺寸。乳化液在使用过程中，泵和喷嘴的机械剪切力的分离作用大大超过任何乳化剂的作用。所以，泵和喷嘴的压力导致乳粒尺寸变小。

（3）乳化液中的金属离子（钙、镁、铁、铝等）导致乳粒增大。由于多价的金属阳离子降低了乳化剂的作用效果，相当于在同等条件下减少了乳化剂的数量，因而使乳粒尺寸增大。

（4）在乳化液中加入碱或胺类物质会使乳粒变小。碱性物质与游离的脂肪酸结合，会生成更多的皂类物质，相当于在同等条件下增加了乳化剂的数量，因而使乳粒尺寸变小。

（5）在乳化液中添加矿物油或漏进乳化液中的矿物油都会使乳粒增大。不论是人为加入的矿物油还是在使用中漏进的矿物油，这些多余的油都会冲淡乳化剂，导致乳粒尺寸变大。

5.4.5 热轧乳化液中添加剂的作用

乳化液中的添加剂种类较多，有乳化剂、油性剂、极压剂、黏度调节剂、防锈剂、防腐杀菌剂、抗氧化剂、消泡剂等，乳化液中的添加剂的主要作用如下：

（1）乳化剂：由于两种互不相溶的液相，如油和水混合时不能形成稳定的平衡体系，故需加入表面活性剂，也即乳化剂。乳化剂具有独特的分子结构，其分子一端由一个较长的烃链组成，能溶于油中，称为亲油基（疏/憎水基），而分子的另一端是较短的极性基团，它能溶于水中，称为亲水基（憎油基）。乳化剂集结在油水两相的分界面上，使油的微粒牢固地处于细小的分散状态，使制成的乳化液成为稳定油水平衡体系。乳化剂是由脂肪酸或油酸和三乙醇胺之类的胺皂物组成。乳化剂控制乳粒尺寸的大小，从而影响乳化液热分离性和乳化液本身的自净化功能，同时增加边界润滑。

乳化剂的性质取决于亲水基和亲油基的相对强度。如亲水基强则乳化剂易溶于水，难溶于油；相反，亲油基强则易溶于油，难溶于水。为了定量表示乳化剂分子这种相对强度，目前广泛采用了亲水亲油平衡值 HLB 的观点，即乳化剂的 HLB 值越大，则表示亲水性越强；而 HLB 值越小，则表示亲油性越强。一般 HLB 值在 1 ~ 40 之间。

（2）油性剂：乳化液的油性是指在流体润滑或混合润滑状态下，与金属表面形成吸附的能力以及吸附膜的强度，统称为油性。在混合润滑和缓和的边界润滑条件下，油性剂起主要作用。

油性剂分子的极性基团依靠油性剂分子与金属表面的吸附以物理吸附为主，有时还发生化学吸附，而烃链则指向润滑油内部。吸附在金属表面的油性剂分子垂直于金属表面，相互平行密集排列，相邻分子互相吸引，有促使分子密集排列的作用。油性剂分子的定向排列特性，使它能够形成层叠分子吸附膜，其厚度决定于定向基团的强度。这样的多分子层能够承受较大的压力。但又很容易滑移，起到抗磨、防粘和减摩作用。

（3）极压剂：极压剂的主要作用是在边界润滑状态下减少磨损，防止轧件表面大面积擦伤和乳化液在轧件表面烧结。极压剂通过摩擦化学反应生成反应膜来保护轧辊与轧件的接触表面。

油性剂分子在金属表面吸附所形成的吸附膜对温度很敏感，受热会引起解析、消向或膜熔化，因此油性剂的作用仅局限于工作温度低和产生摩擦热较少的润滑状态，也仅局限于轻负荷和相对滑动速度低的工作条件。与此相反，极压剂在高温条件下与金属表面化合并在凸处生成化合膜，然后化合膜扩展至凹处，并在金属表面形成一层极压膜，该膜具有较低的剪断强度，适用于边界润滑条件。因此，为了使乳化液既能用于在高、中、低温度下轧制铝材，又能用于在高、中、低负荷下轧制铝材，乳化液中必须同时添加油性剂和极压剂。

（4）黏度调节剂：矿物油的黏度对温度很敏感，其黏-温性能视原油中烃的类型而定，一般为由溶剂精制的润滑油。其黏度指数最多为 90 ~ 100 左右，如要得到黏度指数比这更高的油品，则须在油中掺入黏度调节剂。黏度调节剂在不同温度下在油中呈不同的形态。低温时，长链高分子呈收缩状态，线团卷曲较紧，对油的内摩擦影响不大，但在较高温度时，高分子线团因溶胀而逐步伸展，体积和表面积不断增大，对油的流动形成阻力，使内摩擦力增大，从而对矿物油由于温度升高而造成的黏度下降进行一定的补偿。

（5）防锈剂：防止乳化液和轧件表面反应，影响表面质量。防锈剂能有效地抑制轧件表面发生的化学反应，其特征为分子具有亲油基团的油溶性表面活性剂。防锈剂的作用机理基本上同油性剂，作用是在金属表面形成一层吸附膜，把金属与水及空气隔开。另外，防锈剂在油中溶解时常形成胶束，使引起生锈的水、酸、无机盐等物质被增溶在其中，从而间接防锈。

(6) 防腐杀菌剂：杀死乳化液中的细菌，提高乳化液使用性能和使用寿命。由于乳化液都为循环使用，而且乳化液具有一定的温度，这样很容易滋生细菌，引起乳化液变质失效，导致使用周期缩短。为此乳化液中要加入防腐剂或杀菌剂，如有机酚、醛、水杨酸和硼酸盐等。然而，防腐剂或杀菌剂往往具有毒性，对皮肤有刺激性，使用寿命短，需要经常补充。

(7) 抗氧化剂：防止乳化剂老化，延长乳化液使用寿命。氧化是使油品质量变坏和消耗增大的原因之一，同时产生的酸性物质、水及油泥等会给金属带来严重的腐蚀。另外，轧制过程常处于高温、高压条件下，这客观上加速了油品的氧化过程。能提高油品在存储和使用条件下的抗氧化稳定性的添加剂，称为抗氧剂。

(8) 消泡剂：消除乳化液中的泡沫，稳定乳化液质量。

其他添加剂，可根据使用要求选择，发挥其应有的作用；选择添加剂时，首先要弄清楚乳化液的物化性能和使用性能，其次要掌握好添加剂的使用方法和使用量。

5.4.6 配制热轧乳化液用水

铝合金热轧过程用乳化液，通常情况下水的质量分数在95%以上，油只占2%~5%。配制乳化液用水一般有三种类型：硬水、软水、去离子水（纯水）。硬水（硬度大于1）及软水（硬度小于1）的pH值为7.5~8.2，电导为300~400μs（25℃）。去离子水pH值为6.5~7.5，电导为0~20μs（25℃）。硬水富含Ca^{2+}、Mg^{2+}离子，经软化处理后软水中Ca^{2+}、Mg^{2+}等离子较少，但Na^{+}却急剧增加，而去离子水中Ca^{2+}、Mg^{2+}、Na^{+}等金属离子含量均很低。配制乳化液选用何种类型的水，应根据生产厂所选用乳化油、设备配置状况等具体条件来决定。由于受生产硬水、软水水源的水质状况和季节变化等因素的影响，波动较大，水质难以控制。硬水或软水中富含的金属阳离子也易与乳化油中的润滑剂、乳化剂等成分发生反应，改变乳化油的有机成分。而随着乳化液中因补充水带入金属离子浓度的逐步提高，乳化液内在的物理化学平衡将很容易被打破，最终导致乳化液润滑性能、稳定性降低，使用寿命缩短，成本增加。所以，为了获得良好的、稳定的热轧乳化液，配制乳化液用水的最佳选择是使用去离子水。

5.4.7 热轧乳化液的配制、使用维护与管理

5.4.7.1 热轧乳化液的配制

A 59μ 乳化液的配制

乳化液的制备通常是先将乳化剂、基础油、添加剂等配制乳化油，使用时再按比例兑水制成乳化液。制备的基本工艺流程如下：

基础油→加乳化剂→加添加剂→加热、搅拌→加乳化油→兑水→乳化液

具体做法为将80% ~85%的机油或变压器油加入制乳罐，加热至50 ~60℃，然后加入10% ~15%的动物油酸（植物油酸可与基础油在室温下同时加入），加热并不停搅拌至60 ~70℃，再加3% ~5%的三乙醇胺，继续搅拌30min，当温度降至40 ~50℃时，按比例加入50 ~60℃水（软化水或去离子水），制备成50%的乳膏备用。

在清洗干净的轧机乳化液箱中加水（液位能满足轧机循环即可）。加热至30 ~40℃，然后将制备好的乳膏排放于乳化液箱中，轧机应不停地循环直到生产。

B 进口油的调配

由于进口油生产厂商已经将各类添加剂调配入基础油中，所以使用厂家可以直接向轧机油箱添加。首先，轧机乳化液循环系统要保持清洁，必要时可加入清洗剂和杀菌剂进行清理，清洗完毕向油箱内加水（保持够循环液位即可），并加热至30 ~40℃备用，向轧机循环系统添加乳化油，添加乳化油的方式有两种：

（1）采用预混合的方式。即先在预混合箱中将乳化油和水经高速搅拌配制成高浓度的乳化液，然后用泵排放至轧机循环系统中。

（2）采用将乳化油通过乳化液系统主泵或过滤泵经高速剪切后

进入乳化液系统中的方式。

5.4.7.2 热轧乳化液的使用参数

乳化液的使用参数主要包括浓度、温度、pH值、黏度、电导、灰分等，不同的乳化液具有不同的使用参数。表5-19列出59μ乳化液的使用参数。

表5-19 59μ乳化液热轧使用参数

参　数	热粗轧机	热精轧机
浓度(质量分数)/%	3~6	5~8
温度/℃	40~60	50~60
pH值	7.5~8.5	7.5~8.5
黏度(40℃)/$mm^2 \cdot s^{-1}$	10~15	10~15
电导(25℃)/μs	150~400	200~600
灰分/%	$<6\times10^{-4}$	$<10\times10^{-4}$
细菌含量/个·mL^{-1}	$<10^6$	$<10^6$

5.4.7.3 热轧乳化液轧制时出现的问题及解决对策

轧制生产过程是一个复杂的系统，它不仅有轧辊的运动，如机械传动、液压压下和相关辅助设备运转等，而且还包括轧件的变形。轧件的变形除了受轧制工艺影响外，还与自身特性（如成分、组织）密切相关。在轧辊与轧件之间还有工艺润滑剂等等。上述各因素出现问题都会造成轧制生产故障。因此一旦轧制过程出现故障就必须仔细分析产生事故的原因，包括设备、轧制工艺、轧件等，以制定出合理的措施加以解决。一般在轧制过程中轧制乳化液本身性能变化对润滑效果的影响规律见表5-20。

表5-20 轧制乳化液本身性能变化与润滑效果的影响规律

轧制液参数	润滑不足的原因	润滑过度的原因
轧制液浓度	太　低	太　高
pH值	太高，大于6.5时	偏低，小于4.8时
轧制液温度	太低，低于60℃时	太高，高于700℃时
轧制液使用程度	新鲜液	旧　液
制备轧制液用水的性质	软水/偏碱性	硬　水
轧制液污染程度	液压油、分散剂、清洗剂、水、皂、轴承润滑剂及轴承材料等污染	轴承润滑剂及轴承材料，齿轮油，酸洗线带过来酸、盐类等污染

而乳化液效果的优劣直接影响到轧制过程力能参数、工艺条件、轧件尺寸及轧后表面质量等。通过观察上述轧制工艺性能变化，能够推断此时润滑剂润滑性能是否合适，或者进一步做出调整。轧制生产中一些与乳化液润滑效果密切相关的工艺参数变化与润滑条件的关系见表5-21。

表 5-21 影响轧制工艺参数的润滑条件识别

轧制工艺参数	润滑不足的表现	润滑过度的表现
乳化液浓度	低	高
添加剂含量	低	高
轧制力	高	低
轧制道次	多	少
轧制厚度	厚	薄
板 形	中浪	边浪
轧后表面	光亮	暗淡
退火表面	光亮	油斑
表面缺陷部位	板带底面	板带顶面
表面缺陷形式	粘着（啄印）	打滑（犁削）
卷 温	高	低
油 耗	低	高
轧机清洁度	干净	脏

轧制表面缺陷实际上是与轧制有关的众多参数的综合反映，乳化液只是众多因素之一，热轧乳化液出现问题的原因及解决对策见表5-22。

表 5-22 热轧乳化液出现问题的原因及解决对策

问 题	产 生 原 因	解 决 对 策
粘 铝	乳化液润滑能力不足；金属与金属接触；乳化液酸含量太低	提高润滑能力；提高浓度；提高酸含量；提高黏度
轧板表面铝粉较多	润滑能力不足；酸值太低；铝粉太多	提高润滑能力；提高浓度；提高酸值含量；提高润滑脂含量；提高黏度；使乳化液油相颗粒尺寸变大

续表 5-22

问 题	产生原因	解决对策
打 滑	乳化液润滑过剩；黏度太高；乳化液油相颗粒尺寸过大；外来杂油	降低润滑能力；降低浓度；使乳化液油相颗粒变小；增加辊面粗糙度；降低黏度；撇除杂油
金属之间黏结	轧辊温度太高；润滑不足；冷却能力不足；乳化液油相颗粒尺寸太小	提高润滑能力或冷却能力；提高浓度；降低乳化液稳定性；增加有机皂含量；增加润滑脂的含量
条 纹	润滑层不均匀；润湿能力不足；酸值太高；乳化液油相颗粒尺寸太小	改善润湿能力；降低酸值含量；使乳化液油相颗粒尺寸变大；增加有机皂含量
轧制力高	乳化液润滑不足	提高润滑能力；提高浓度；增加润滑脂含量；降低乳化液稳定性；增加黏度
咬入困难	黏度太高；乳化液油相颗粒尺寸太大；咬入速度太低；金属温度低；辊面粗糙度太低	降低润滑能力；降低浓度；使乳化液油相颗粒尺寸变小；降低黏度；增加辊面粗糙度
蛋壳或橘斑	乳化液润滑能力不足；润滑膜不均匀	提高润滑能力；提高浓度；增加润滑脂含量；增加黏度；使乳化液油相颗粒尺寸变大
白色斑渍	轧板温度太低；乳化液吹扫系统不能有效工作；冷却能力太强	提高咬入温度；提高乳化液温度；降低乳化液流量；使乳化液油相颗粒尺寸变小；增加乳化液黏度
白色条纹	泡沫严重；冷却不足	添加消泡剂；检查供液泵

5.4.7.4 热轧乳化液的日常维护与管理

A 化学管理

a 浓度

浓度是乳化液最基本的指标之一，浓度太小，说明乳化剂含量太少，热分离出来的润滑油量必然不足，形成干摩擦状态，对轧辊寿命和轧件表面造成恶劣影响；浓度太大，说明乳化剂含量过高，乳化液的冷却和流动性变差，轧制的稳定性变差，容易造成轧辊过热、轧件咬入困难和表面不均。

生产中确定一种乳化液的最佳使用浓度的具体做法是：在使用新乳化液时，应以高于产品说明书中建议的使用浓度几个百分点为初始浓度进行轧制试验，待生产正常后观察其使用效果，再决定增减浓度。若此时生产正常，可按0.5个百分点逐步降低其使用浓度，也即在满足正常轧制生产条件，保证产品质量的前提下，采用最低的使用浓度。

根据不同的轧制产品和轧制工艺，乳化液的使用浓度有所不同。一般在2%~10%之间。在轧制纯铝时，乳化液使用浓度可略高一些，而轧制较硬的铝合金时，乳化液的使用浓度相对较低一些。

检测乳化液中的含油量，每隔4~6h应检测一次，做到及时、准确地添加新油和水。

b 黏度

疏水黏度代表了乳化液热分离后油相的黏度。乳化液是通过黏度和润滑添加剂来完成轧制润滑任务的。对于一定的轧制过程、轧机状态（如轧辊的表面粗糙度）来说，润滑剂的黏度应该是一定的。但由于外来泄油如液压油、齿轮油、润滑脂等的干扰，润滑剂的黏度会发生较大的改变，影响轧制的稳定进行。因此，应通过日常检测及早发现黏度的改变，提前采取措施，以避免事故的发生。

主要检测疏水物黏度，每周至少测试一次，观察变化趋势，及时采取措施调整。

c 颗粒度的大小及其分布

乳粒大小和热分离之间的关系是金属离子含量增加，乳粒尺寸增大；乳粒尺寸增大，热分离率增大。

采用颗粒度分析仪，分析油粒平均尺寸及其分布，有条件的企业应每天检查一次。

d 红外光谱分析

采用红外光谱仪（FT-IR）分析计算油相中主要成分的百分比（脂、酸、皂、乳化剂），并观察变化趋势，适时添加。

e 灰分

灰分值增大，电阻率下降，说明乳化液中所含的金属离子含量增加。金属离子会削弱乳化剂的作用效果，使乳化液油相颗粒变大，非离子表面活性剂的溶解度变小。它还会大量消耗有机酸，使在较低温度、压力下的轧制条件恶化。

检测乳化液中金属皂及金属微粒，每周检测一次，并结合每天一次的电导率检测。

f　pH 值

采用酸度计能准确检测乳化液的 pH 值，每天至少检测一次。

g　生物活性

利用细菌培养基片检测乳化液中细菌含量，正常状况下，每周检测一次，异常状况下应加大频次。一般细菌含量小于 10^6 个/mL 属于正常，不用采取措施，当细菌含量大于 10^6 个/mL 时，应积极采取措施加以控制，如加杀菌剂或提高乳化液温度。

B　物理管理

a　乳化液的温度

乳化液箱内乳化液温度一般应控制在 (60 ± 5)℃，在该温度下有很好的物理杀菌效果；另外，降低乳化液温度，会增加乳化液稳定性；提高乳化液温度，会增加乳化液的润滑性；根据乳化液使用温度实现可调，将有利于不同产品对冷却及润滑的不同要求。

b　过滤

过滤精度决定乳化液中杂质颗粒的大小及含量的多少。为去除乳化液中的金属及非金属残渣物，减少金属皂及机械油对乳化液使用品质的影响，乳化液必须经过过滤器过滤。目前过滤效果比较好的霍夫曼过滤器，可实现 24h 不间断自动过滤。所使用的无纺滤布过滤精度一般要求 2 ~ 6μm。

c　撇油

用撇油装置可将乳化液中漏入的杂油以及自身的析油撇掉，采用的方式有转筒、绳刷、带状布、刮油机等，一般要求这些装置长期不间断运转，以保持乳化液清洁度。

d　设备的清刷、乳化液置换与乳化液使用周期

定期对轧机本体以及乳化液沉淀池等进行清刷，同时用新油对乳化液进行部分置换，保持乳化液稳定的清洁度，维持乳化液组分的平衡。

乳化液使用周期的长短是反映乳化液维护与管理水平高低的综合指标，延长其使用寿命也是加强乳化液维护与管理的主要目的。乳化

液腐败变质到什么程度才要更换，目前还没有一个统一的标准，但是，如果乳化液发生腐败变质常伴随下列现象发生：乳化液析油、析皂严重；表面有一层发黑的霉变物质，并散发着腐烂的气味；乳化液pH值急剧降低，对金属的腐蚀增强；轧后表面质量下降等，就可以认为此时乳化液已腐败变质，必须更换。

6 铝合金板形控制技术

6.1 板形分类及其表示方法

6.1.1 板形的分类

板形通常是指板材的平直度，即板材各部位是否产生波浪、翘曲、侧弯及瓢曲等。板形的好坏取决于轧制时板材宽度方向上沿纵向的延伸是否相等、轧前坯料横截面厚度的均一性、轧辊辊型以及轧制时轧辊的弯曲变形所构成的实际辊缝形状等。可见板形与横向厚度精度二者是密切相关的。

波浪是由轧制时板带材宽向各部位纵向的延伸不一致所引起的。如图 6-1 所示，当板带材两边延伸大于中部时，则产生对称的双边波浪；反之，如果中部延伸大于两边，则产生中间波浪；若两边压下量不等时，压下量大的一边延伸大，则产生单边波浪或侧弯（镰刀弯）。轧件离开轧辊出口后向上或向下，或者沿宽向出现弧形弯曲，称为翘曲。

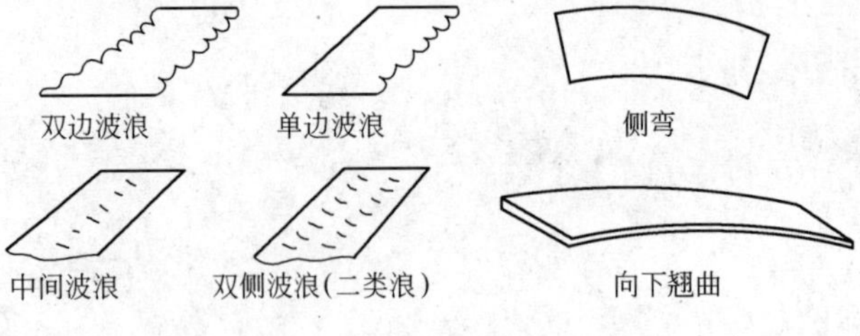

图 6-1　板形缺陷示意图

6.1.2 板形的表示方法

6.1.2.1　*波形表示法*

将带材切取一段置于平台上，如将最短纵条视为一直线，最长纵条视为一正弦波（见图6-2），则定义板带材的不平度（λ）为：

$$\lambda = (h/L) \times 100\% \tag{6-1}$$

式中 h——波高；

L——波长。

当 λ 值大于1%时，波浪或翘曲便比较明显，一般生产中要求矫平后，板材的 λ 值应小于1%。

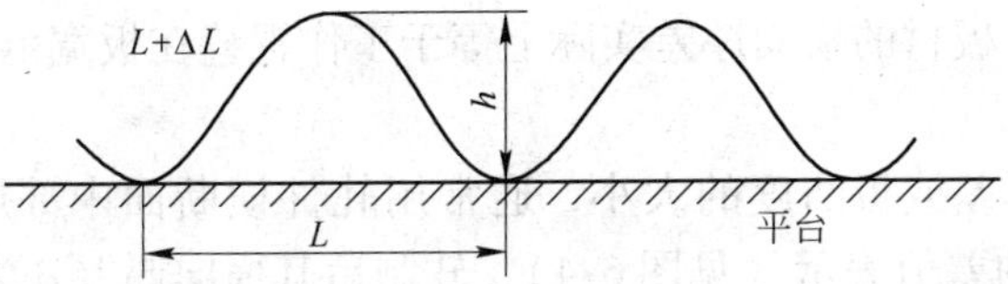

图6-2 板材的波浪度

6.1.2.2 相对长度差表示法

设板材波浪曲线部分长度为 $L+\Delta L$，若将其视为正弦曲线，则曲线部分与直线部分的相对长度差，可由线积分求曲线长度后，得出：

$$\Delta L/L = (\pi/2)^2(h/L)^2 = \pi^2\lambda^2/4 \tag{6-2}$$

式6-2表示不平度 λ 与最长、最短纵线条相对长度差之间的关系，它表明板材波形可以作为相对长度差量代替。只要测出板材的波形，就可以求出相对长度差。美国标准就是用这种相对长度差的百分数来表示的。加拿大铝业公司也是用相对长度差作为板形单位的，称为I单位。相对长度差等于10^{-6}称为一个I单位。板形的不平度或称板形偏差，可用下式求得

$$\Sigma S_t = 10^6(\Delta L/L) \tag{6-3}$$

冷轧铝板材典型板形偏差是：轧制产品为50I，拉伸直矫产品为10I。目前国外的板形自动控制系统，冷轧板不平度已从30I提高到10I。

6.1.3 横向厚差

板材横断面厚度偏差，称为横向厚差（板凸度）。可忽略板材边

部减薄的影响，通常横向厚差是指板材横断面中部与边部的厚度差。横向厚差决定于板材横断面的形状，如图 6-3 所示。矩形断面的横向厚差为零，属于用户希望的理想情况。楔形断面是一边厚另一边薄，其横向差主要是两边压下调整不当，或轧件跑偏（不对中）引起的。而对称的凸形或凹形断面，分别表现出中部厚两边薄，或中部薄两边厚。多数情况是中部厚两边薄，其横向厚差主要是轧制时辊缝形状造成的，即金属的纵向延伸沿横向分布不均。如不考虑轧件的弹性恢复，可认为板材的横向厚差实际上等于工作辊缝在板宽范围内的开口度差。

横向厚差或板凸度的大小，通常用轧件横断面中部厚度 h_z 与边部厚度 h_b 的差值表示（见图 6-4），轧制后其横向厚差 δ 为：

$$\delta = h_z - h_b \tag{6-4}$$

对于凸形断面，δ 为正；对于凹形断面，δ 为负，生产中要使 δ 为零，但获得理想的矩形断面很困难，一般根据不同产品、规格等要求，控制在允许的偏差范围内。为了有利于轧件的稳定和对中，有时希望板材断面有点凸度，但会降低横向厚度精度，尤其对薄板影响更大。

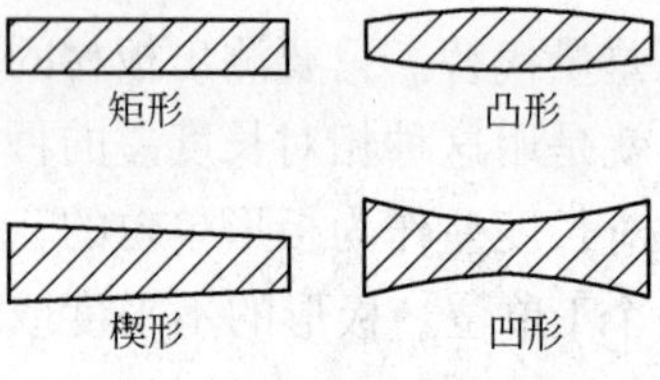

图 6-3 板材的横截面形状

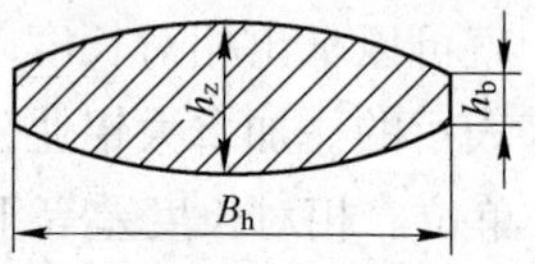

图 6-4 板材横向厚度差图示

6.1.4 板形与横向厚差的关系

为保证良好的板形，必须使板材宽向上沿纵向的延伸相等，如图 6-5 所示。现设轧前板坯边部的厚度为 H，而中部厚度为（$H+\Delta$），轧后其边部厚度为 h，中部厚度为（$h+\delta$）。根据板形良好的要求，若忽略宽展，那么中部的延伸应该等于边部的延伸，即板形良好的条

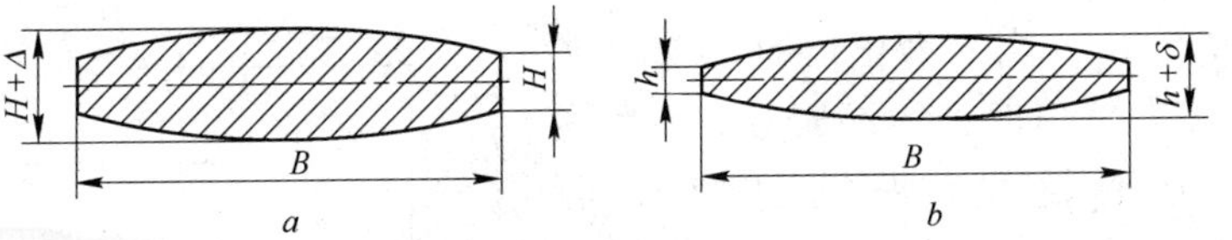

图 6-5 板材轧前轧后厚度变化

a—轧前；b—轧后

件是：

$$(H+\Delta)/(h+\delta) = H/h = \lambda \tag{6-5}$$

经比例变换，得

$$\lambda = H/h = \Delta/\delta \tag{6-6}$$

式中 Δ——轧前板坯横向厚差；

δ——轧后板材横向厚差；

λ——轧制延伸系数。

横向厚差（δ）或凸度的大小，通常用轧件横断面中部厚度 h_z 与边部厚度 h_b 的差值表示。

$$\delta = h_z - h_b \tag{6-7}$$

对于凸形断面，δ 为正；对于凹形断面，δ 为负。实际生产中板材多少有点凸度，这有利于轧制时轧件的对中与稳定。

6.1.5 辊型及辊缝形状

板形与横向厚度精度控制的目的是保证所轧制的板材具有良好的板形和横向厚度精度。在轧制过程中，由轧制压力引起轧辊的弹性弯曲和压扁，以及轧辊的不均匀热膨胀，实际辊缝形状发生了变化，使之沿板材宽向上的压缩不均匀，于是纵向延伸也不均匀，导致出现波浪、翘曲、侧弯及瓢曲等各种板形不良的现象。所以板形与横向厚度精度控制，实际上是辊缝形状的控制。

辊型是指轧辊辊身表面的轮廓形状，原始辊型指刚磨削的辊型，如图 6-6 所示。轧辊辊型通常以辊型凸度 c 表示，它以轧辊辊身中部

半径 R_c 与边缘半径 R_b 的差表示，即 $c = R_c - R_b$。当 c 为正值时，为凸辊型；c 为负值时，为凹辊型；c 为零时，为平辊型，即圆柱形辊面形状。

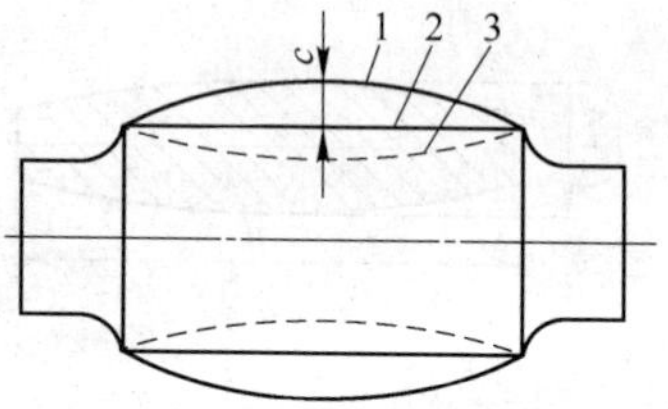

图 6-6　原始辊型表示法
1—凸辊型；2—平辊型；3—凹辊型

轧制时辊型称为工作辊型或称承载辊型，它是指轧辊在轧制压力和受热状态下的辊型。因此，原始辊型很难保持为理想的平辊型状态，所以实际轧制时的工作辊型有时为凸辊型，有时为凹辊型。

如果上下两个工作辊型为凸辊型，对应的辊缝形状呈凹形，轧后金属横断面呈凹形；反之，工作辊型为凹辊型，其辊缝呈凸形，轧后金属横断面呈凸形；若工作辊型为理想的平辊型，平直的辊缝形状，轧后金属横断面呈矩形。因此，除来料横断面形状之外，板形与横向厚差主要决定于工作辊缝形状。

除了板坯横断面形状之外，横向厚差及板形主要取决于工作辊缝的形状、轧辊的弹性弯曲、热膨胀、弹性压扁和磨损等因素。因此轧辊的原始凸度、来料凸度、板宽和张力等也有一定的影响。

6.2　影响辊缝形状的主要因素

凡是影响辊缝形状的因素，都要影响板形与横向厚差。轧制过程影响辊缝形状的因素很复杂。

6.2.1　轧辊的弹性弯曲

在轧制压力作用下，轧辊产生弹性弯曲变形，使辊缝的中部尺寸比边部大，形成凸辊缝形状。凡是影响轧制压力的因素（金属变形抗力、轧辊直径、摩擦条件、压下量、轧制速度、张力等），均影响轧辊的弹性弯曲，改变辊缝形状。当其他条件一定时，轧制压力变化越大，其影响越大。

6.2.2 轧辊的热膨胀

轧制时轧件变形功转化的热量，摩擦和高温轧件传递的热量，使轧辊温度升高。冷却润滑液、空气和与轧辊接触的部件，又会使轧辊温度降低。由于轧辊受热和冷却条件沿辊身长度是不均匀的，通常靠近辊颈部分冷却好，受热轻，所以辊身中部比边部热膨胀大，形成热凸度，呈凹形辊缝形状。热凸度值近似按下式计算：

$$\Delta R_t = mR\alpha(t_z - t_b) \tag{6-8}$$

式中 t_z、t_b——辊身中部和边部温度,℃；

R——轧辊半径，mm；

m——考虑轧辊心部与表面温度不均匀的系数，可取 $m=0.9$；

α——轧辊线膨胀系数，钢辊 $\alpha=1.3\times10^{-5}$/℃，铸铁辊 $\alpha=1.1\times10^{-5}$/℃。

6.2.3 轧辊的弹性压扁

轧件与工作辊之间，工作辊与支撑辊之间均产生弹性压扁。决定辊缝形状不是弹性压扁的绝对值，而是压扁量沿辊身长度方向的分布情况。实践表明，轧件宽度和辊身长度的比值 B/L，以及工作辊、支撑辊直径的比 D/D_0 愈小，则两辊间压力分布的不均匀性愈大，沿辊身压扁值的分布不均匀性也愈大。因为辊身中部压扁量大，使工作辊型凸度减小。若沿辊身长度方向为均匀压扁，则只改变辊缝大小，不影响板形。

6.2.4 轧辊的磨损

工作辊与轧件、工作辊与支撑辊之间的摩擦使轧辊产生磨损。影响轧辊磨损的因素很多，例如轧辊与轧件的材质，辊面硬度和粗糙度，轧制压力与轧制速度，润滑与冷却条件，前滑与后滑，工作辊、支撑辊之间的滑动速度等，均影响轧辊的磨损速度。其磨损量沿辊身长度方向的分布不均，通常是辊身中部大于边部。轧辊磨损量不仅影响因素复杂，而且是时间的函数，理论上计算很困难，只能靠实测值找出磨损规律。通常采取改变工艺进行补偿。

6.2.5 其他方面

轧辊的原始辊凸度，来料板凸度，板宽和张力等，对辊缝形状和板形都会产生一定影响。来料断面形状和工作辊缝形状相匹配，是获得良好板形的重要条件。板宽的变化，实质上是通过影响轧机横向刚度来改变辊缝形状的。张力的波动引起轧制压力变化，并影响轧辊的热凸度，导致辊缝变化。

6.3 辊型控制方法

辊型控制实质上就是板形控制，其方法有调温控制与变弯矩控制。轧制时只有随时调整和正确控制辊型，才能有效地补偿辊型变化，获得高精度产品。

6.3.1 调温控制法

合理控制辊温的辊型调整方法称为调温控制法，又称热凸度控制法。这种方法通常沿辊身设有分段的调温装置，给轧辊冷却或加热，改变并控制辊身的温度分布，以达到控制辊型的目的。

调温控制辊型的方法有：冷却液分段控制，辊内通水冷却，分段加热或预热轧辊，轧辊感应加热等。

冷却液分段控制的方法，常用乳液、水或油作冷却润滑剂，冷却液的作用是带走轧辊的热量，防止辊身过热，同时也起润滑作用。只要改变沿辊身长度方向冷却液的流量与压力分布，就可以改变各部分的冷却条件，从而控制轧辊的热凸度。

铝合金热轧通常采用乳液冷却润滑。生产中，如轧件出现中间波浪，说明凸度太大，此时应增大辊身中部的冷却液流量，或减小辊身边部的冷却液流量，使辊身中部热凸度减小；出现双边波浪，则与此相反；对其他板形缺陷，视具体情况控制相应的喷嘴流量，达到控制辊型（板形）的目的。

辊内通水冷却的方法，在辊中心孔内插入一根四周带孔的铁管，向管内通水冷却轧辊。因冷却强度低，不适用于高速轧机。

用冷却液控制辊型，反应较慢，现代高速轧机上用它难以进行有效而及时的控制。因此，出现局部感应加热或预热轧辊控制辊型的实验方法。

应指出，控制热凸度是辊型控制不可缺少的手段，特别是对较复杂的局部波浪等，效果更好；但轧辊本身热容量较大，升、降温过渡时间长，反应慢，而且急冷急热易损坏轧辊。因此，对现代高速轧机，单靠这种缓慢的调温控制法是不能满足要求的。

6.3.2 变弯矩控制法

以控制轧辊弹性变形为手段的辊型调整方法，称为变弯矩控制法。这种方法反应比较迅速，通常是通过改变道次压下量、轧制速度与张力，从而改变轧制压力，以此改变轧辊弯曲挠度，及时补偿辊型的变化。变弯矩控制中的液压弯辊，是目前现代化轧机上应用最广泛的辊型调整方法。

如果辊型凸度较小以致出现边部波浪时，则适当减小压下量，或增大张力特别是后张力。这样轧制压力降低，使轧辊挠度减小，以补偿辊型凸度的不足。此外，提高轧制速度，增加变形热，升高辊温，以增大辊型凸度，低速下影响较明显。改变速度，控制辊型，只有变速轧机才能采用。如果出现中间波浪，与上述调整方法相反。

但是，张力的调整范围小，纠偏能力弱，有时增加张力看来板带平直，一旦取消张力，潜在的板形不良就暴露出来。减少压下量是工艺制度迁就辊型的不合理做法，对热轧来说，因轧制温度限制，有时不允许这样做，既使允许道次增加也影响轧机产量。调整压下量、轧制速度及张力控制辊型，不仅反应慢，而且还影响纵向厚度精度。因此，从20世纪60年代中期开始采用新的辊型控制方法，即液压弯辊，实现辊型快速调整。

6.3.3 液压弯辊

液压弯辊是利用安装在轧辊轴承座内或其他处液压缸的压力，使工作辊或支撑辊产生附加弯曲，实现辊型调整的方法。液压弯辊的原理是通过液压缸给轧辊施加液压弯辊力（附加弯曲力），使轧辊产生附加挠度，以便快速地改变轧辊的工作凸度，从而补偿轧制时的辊型变化。

6.3.3.1 弯曲工作辊

采用弯曲工作辊时，液压弯辊力通过工作辊轴承座传递到工作辊辊颈上，使工作辊发生附加弯曲。

A 正弯

弯辊力 F_1 与轧制压力 P 的方向相同，称为正弯工作辊（图 6-7*a*）。在弯辊力的作用下，使工作辊挠度减小，即增大了轧辊的工作凸度，防止双边波浪。这种结构的缺点为：只能向一个方向弯曲工作辊；单纯用正弯显得调整能力不足；在更换工作辊时拆开高压管路接头不方便。因此，一般采用负弯工作辊装置。

B 负弯

在工作辊轴承座与支撑辊轴承座之间安装液压缸，对工作辊轴承座施加一个与轧制压力方向相反的弯辊力 F_1，称为负弯工作辊（图 6-7*b*）。在弯辊力的作用下，使工作辊挠度增大，即减小了轧辊的工作凸度，防止中间波浪。将液压缸安装在支撑辊轴承座内，换辊方便，并可改善液压缸的工作环境。

为了使用方便，简化轴承座结构，增大弯辊能力，排除对板厚控制干扰等，已采用多种弯辊结构。例如，将液压缸安装在轧机牌坊凸

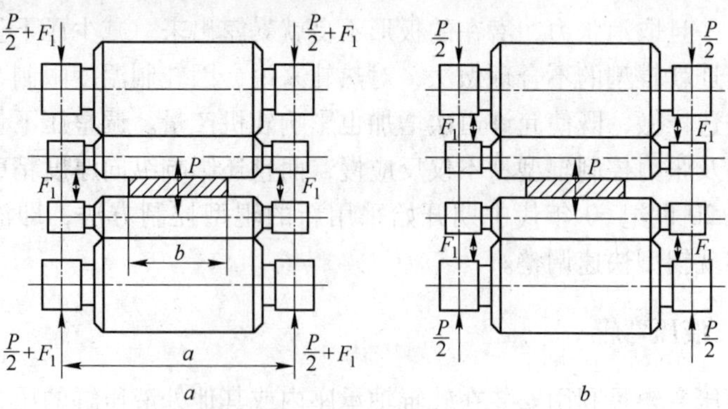

图 6-7 弯曲工作辊的方法

a—减小工作辊的挠度；*b*—增加工作辊的挠度

缘内的三个不同位置，分别作用在工作辊轴承座的压板下，可以实现上辊正弯和下辊正、负弯；将工作辊正、负弯液压缸安装在支承辊轴承座上，其优点是正弯时的弯辊力不经过压下装置，使压下和弯辊互不干扰，这对板厚、板形控制都有利。

6.3.3.2 弯曲支撑辊

弯曲支撑辊的弯辊力不是施加在轧辊轴承座上，而是施加在支撑辊轴承座之外的轧辊延长部分（图 6-8）。这种结构主要的优点是可以同时调整纵向和横向的厚度差。弯辊力 F_2 与轧制压力的方向相同，以减小支撑辊的挠度，称正弯支撑辊；反之称负弯支撑辊。

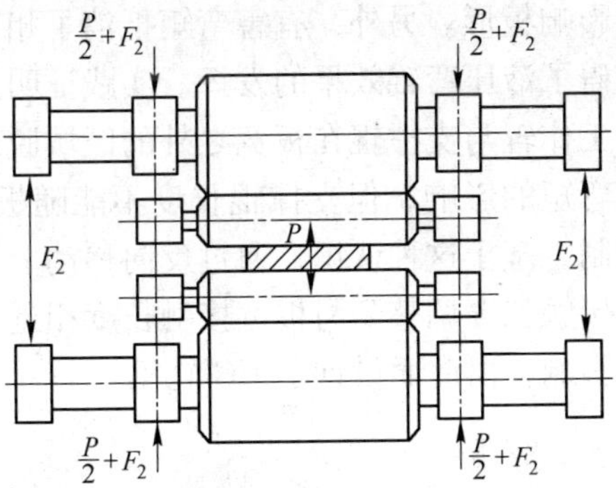

图 6-8 弯曲支撑辊

弯曲支撑辊方法，轧机结构复杂而庞大。因为支撑辊比工作辊的刚度大得多，前者弯辊力较大，大的正弯辊力会增加压下装置和机架的负荷与变形，引起纵向厚度变化。但是，支撑辊的弯曲能得到较好吻合轧辊挠度（抛物线形）的辊型。

由于支撑辊的弯曲刚度大，所以弯曲支撑辊主要适用于辊身长度 L 和支撑辊直径 D_0 比值较大的轧机。当 $L/D_0>2$ 时，最好用弯曲支撑辊，当 $L/D_0<2$ 时，一般用弯曲工作辊。弯辊力可用计算方法或参考经验数据选取，一般弯曲工作辊的最大弯辊力（两端之和）约为最大轧制压力的 15% ~20%，支撑辊的最大弯辊力约为最大轧制压力的 20% ~30%。

6.4 板形控制新技术

6.4.1 HC 轧机

所谓 HC（high crown）轧机，即高性能辊型凸度控制轧机。该轧机是在普通 4 辊轧机的基础上，在支撑辊与工作辊之间安装一对可轴向移动的中间辊，而成为 6 辊轧机（图 6-9*b*），两中间辊的轴向移动方向相反。

如图 6-9*a* 所示，一般 4 辊轧机工作辊和支撑辊之间的接触部分在板宽之外，形成一个有害的弯矩，使工作辊弯曲，其大小随轧制压力而变化，最终影响板形。另外，有害弯矩抵消了相当一部分弯辊力的作用，结果阻碍了液压弯辊效果的发挥。实践证明，采用双阶梯或双锥度支撑辊，工作辊与支撑辊在板宽之外的区域脱离接触，从而减少或消除了有害弯矩的影响；但支撑辊长度不能随板宽改变而变化，实际应用受到限制。基于这种认识，通过反向移动上下中间辊，将工作辊与支撑辊的接触长度调整到与板宽接触长度相近，可以消除这个有害弯矩的不良影响，由此而设计了 HC 轧机。

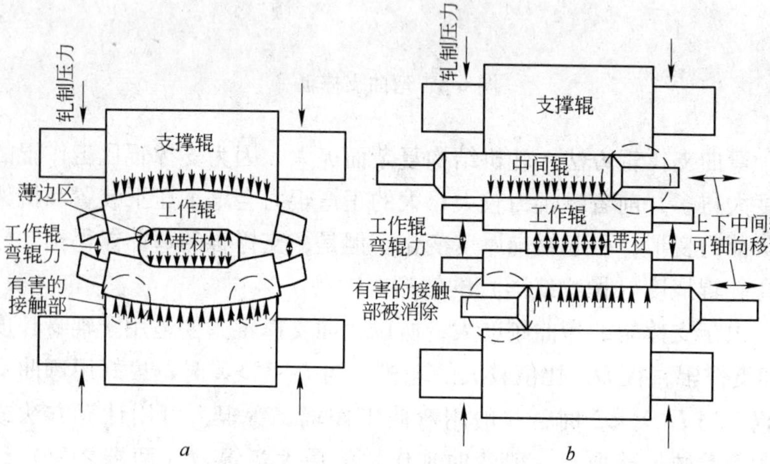

图 6-9 轧辊变形情况比较

a— 一般 4 辊轧机；*b*—HC 轧机

6.4.2 PC 轧机

PC（pair cross）轧机，上下工作辊（包括支撑辊）轴线有一个交叉角，上下轧辊（平辊）当轴线有交叉角时将形成一个相当于有辊型的辊缝形状，此时边部厚度变大，中点厚度不变，形成了负凸度的辊缝形状（相当于轧辊具有正凸度）。

因此 PC 辊为了得到正凸度辊缝形状就必须采用带有负凸度的轧辊。轧辊交叉调节出口断面形状的能力相对较大（见图 6-10），但是由于轧辊交叉将产生较大的轴向力，因此交叉角不能太大，否则将影响轴承寿命，目前一般交叉角不超过 1°。

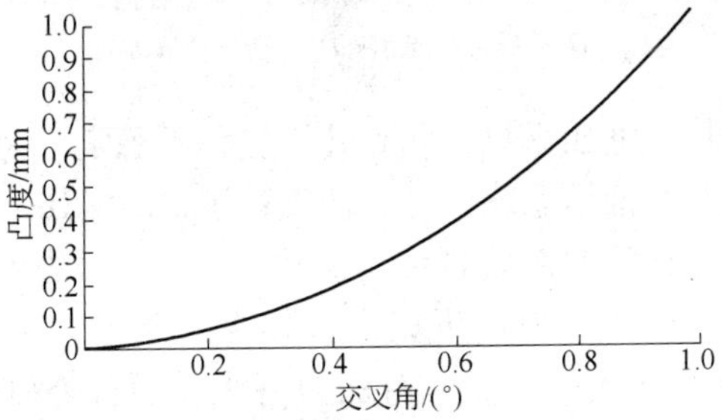

图 6-10 PC 轧机的凸度调节能力

PC 辊在应用中的另一个问题是轧辊的磨损，为此目前 PC 轧机都带有在线磨辊装置，以保持辊缝形状的稳定。

6.4.3 双轴承座工作辊弯曲装置（DC-WRB）

双轴承座工作辊弯曲装置，是一项改善液压弯辊控制能力的新技术，近些年先后在热轧和冷轧生产中得到应用。如图 6-11 所示，DC-WRB 与单轴承座工作辊弯曲装置（WRB）相比，其主要区别是每侧使用两个独立的轴承座，内轴承座主要承受平衡力，外侧轴承座承受弯辊力，且分别进行单独控制。

单轴承座工作辊弯曲装置有以下缺点：（1）平衡与弯辊共一个液压缸，使弯辊控制能力受限。（2）轴承座的应力与变形分布不均，大大降低轴承寿命。（3）负弯和低于平衡压力的正弯，在咬入、抛

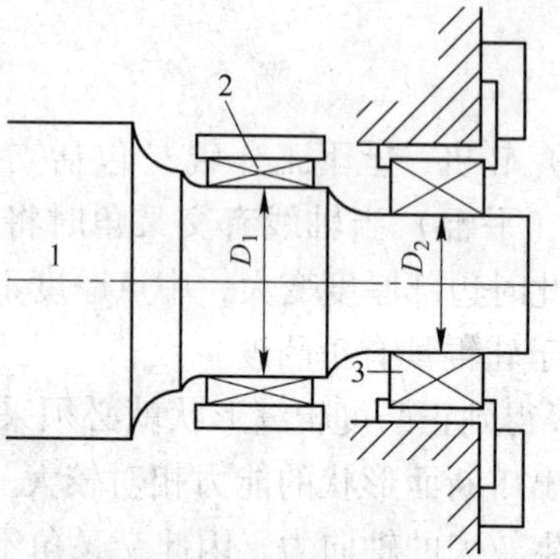

图 6-11　DC-WRB 辊颈部分安装情况

1—工作辊；2—主要承受径向负荷的轴承；3—承受径向、侧向负荷的轴承；D_1—粗直径辊颈；D_2—细直径辊颈

出或断带时要切换液压系统，导致轧制过程不稳定。为此，将平衡与弯辊两种功能及其液压系统分开，便设计了 DC-WRB。

双轴承座工作辊弯曲装置结构的优点：（1）因为内外轴承座分开，弯辊力独立调整，所以可提高板形控制能力，延长轴承使用寿命。（2）外轴承座用于弯辊，弯曲力臂大，而且外侧辊颈小，能采用厚套轴承，承载能力大，可以增大弯辊效果。（3）内轴承座主要承受平衡力，以保证轧辊平衡，而且操作方便，使用正负弯，能保证轧制过程稳定。（4）与 WRB 相比较，一般板凸度控制能力扩大 2.5 倍，板形控制范围为 3.5 倍，容易实现现有轧机的改造。

6.4.4　VC 轧辊

VC（variable crown mill）轧机，即轧辊凸度可瞬时改变的轧机。如图 6-12 所示，可变凸度轧辊是一种组合式轧辊。轧辊由芯轴和轴

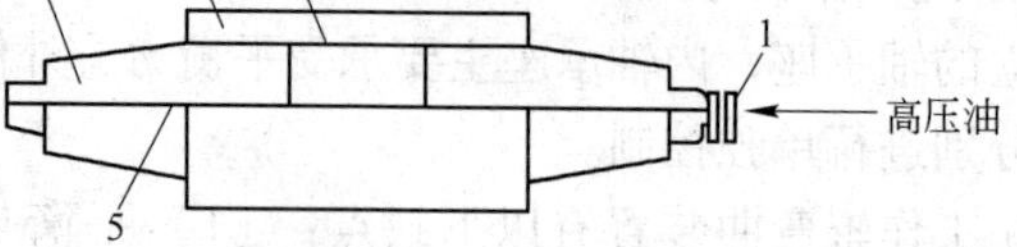

图 6-12　VC 轧辊结构示意图

1—旋转接手；2—液压腔；3 辊套；4—芯轴；5—油孔

套装配而成，芯轴和辊套之间有一液压腔，腔内充以压力可变的高压油。随轧制过程工艺条件的变化，调整高压油的压力，改变轧辊的膨胀量（轧辊凸度），以获得良好的板形。

6.4.5 FFC轧机

FFC（flexible flatness control mill）轧机，即平直度易控制轧机。它具有垂直、水平方向控制板形功能。如图6-13所示，如果产生中部波浪或双边波浪，由上工作辊2和中间支撑辊之间的液压弯辊装置控制；其他板形缺陷，通过侧弯系统控制。侧弯系统是用分段支撑辊6，通过侧向弯曲辊5在水平面内弯曲下工作辊3来完成的。分段支撑辊由装在同一轴上的6个惰辊组成，其轴上安装液压缸7，侧弯力通过分段支撑辊，经侧向弯曲辊传递到下工作辊任意位置上，以克服由于上下工作辊之间的偏移而引起的水平力，实现水平控制。

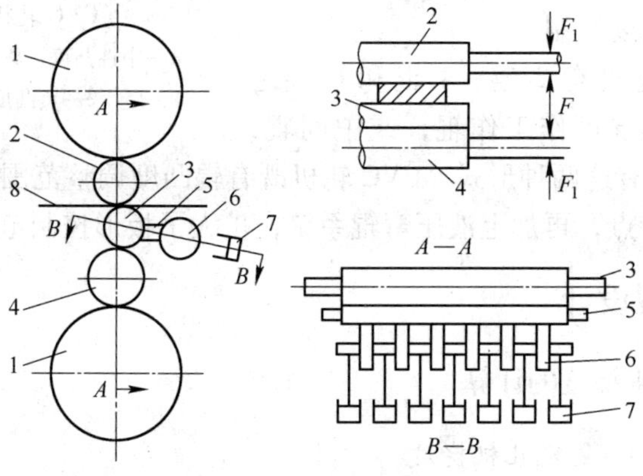

图6-13 FEC轧机控制结构简图

1—支撑辊；2—上工作辊；3—下工作辊；4—中间支撑辊；
5—侧向弯曲辊；6—分段支撑辊；7—液压缸；8—轧件

这种轧机还有4辊和6辊之分，其板形控制能力较强，甚至可采用平辊型轧制。

6.4.6　CVC 轧机

CVC（continuously variable crown）轧机，即连续可变凸度轧机。轧辊辊型由抛物线曲线变成全波正弦曲线，近似瓶形，上下辊相同，而且装置呈一正一反，互为180°。通过轴向反向移动上下轧辊，实现轧辊凸度连续控制（图6-14）。当上下轧辊位置如图6-14*a*所示时，辊缝略呈S形，轧辊工作凸度等于零（中性凸度）；当上辊向右下辊向左移动量相同（图6-14*b*），中间辊缝变小，轧辊工作凸度大于零，称正凸度控制；相反，如果上辊向左下辊向右移动量相同（图6-14*c*），轧辊工作凸度小于零，称负凸度控制。

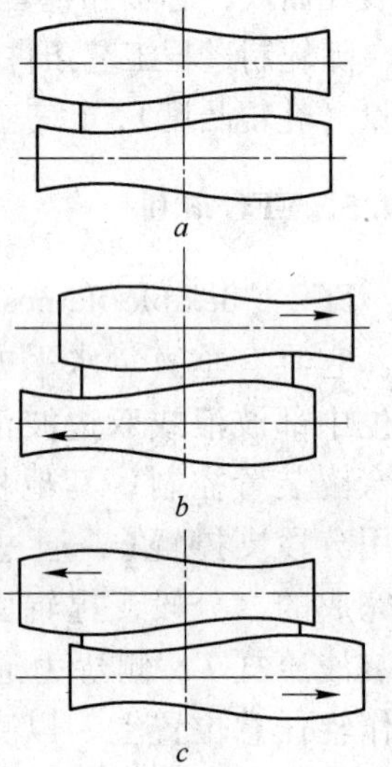

图 6-14　连续变化的辊凸度（CVC 轧机）

a—中性凸度；*b*—正凸度；*c*—负凸度

CVC 轧机有 2 辊、4 辊和 6 辊之分；S 形轧辊可作工作辊，或中间辊，6 辊轧机就有这两种形式。CVC 轧机既有辊凸度调整范围大，又有连续调节的特点，再加上液压弯辊系统，扩大了板形控制范围。

6.5　辊型设计

6.5.1　轧辊挠度的计算

6.5.1.1　2 辊轧机挠度

假设轧件位于轧制中心线而且单位压力沿板宽均匀分布，则两轴承反力相等，受力弯曲呈抛物线规律。轧辊直径与支点间的距离比较相差不大，可把轧辊视为短而粗的简支梁，在计算轧辊挠度时，应考虑切力所引起的挠度，轧辊的挠度 f_p 应由两部分组成：

$$f_p = f'_p + f''_p \tag{6-9}$$

式中　f'_p——弯矩所引起的挠度，mm；

f''_p——切力所引起的挠度，mm。

如图6-15所示，如果忽略辊颈的影响，根据卡氏定理求解，辊身中部与辊身边缘的挠度差按下式计算：

$$f'_p = \frac{P}{6\pi ED^4}(12aL^2 - 4L^3 - 4B^2L + B^3) \tag{6-10}$$

$$f''_p = \frac{P}{\pi GD^2}\left(L - \frac{B}{2}\right) \tag{6-11}$$

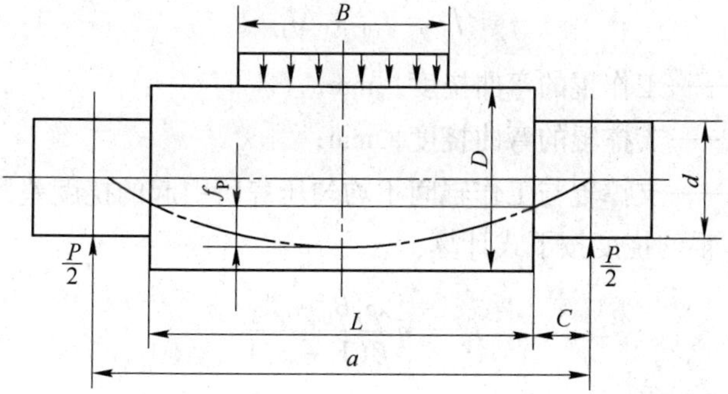

图6-15 轧辊弯曲挠度计算

将 $G = \frac{2}{3}E$ 代入式6-11，将式6-10和式6-11相加，得出辊身中部与辊身边缘的挠度差：

$$f_p = \frac{P}{6\pi ED^4}\left[12aL^2 - 4L^3 - 4B^2L + B^3 + 15D^2\left(L - \frac{B}{2}\right)\right] \tag{6-12}$$

式中 P——轧制压力，N；

D——辊身直径，m；

L——辊身长度，m；

a——轧辊两边轴承受力点之间的距离，m；

E，G——分别为轧辊材料的弹性模量及剪切模量，MPa；

B——轧件宽度，m。

对上下两个轧辊，因对称其总挠度为 $2f_p$。挠度差 f_p 实际上表示辊缝形状的改变量。

6.5.1.2　4 辊轧机挠度

工作辊与支撑辊间相互弹性压扁沿辊身长度分布不均，这种不均匀压扁所引起的工作辊的附加挠度 $\Delta f_{L'}$（即辊身中部与边缘压扁量的差值）是不能忽略不计的。因此，4 辊轧机工作辊的弯曲挠度 f_p，不仅取决于支撑辊的弯曲挠度，而且还取决于工作辊与支撑辊之间不均匀弹性压扁所引起的附加挠度。假设，轧制时支撑辊和工作辊的实际辊型凸度为零，则工作辊和支撑辊的挠度关系由下式确定：

$$f_p = f_{p0} + \Delta f_{L'} \tag{6-13}$$

式中　f_p——工作辊的弯曲挠度，mm；

f_{p0}——支撑辊的弯曲挠度，mm；

$\Delta f_{L'}$——支撑辊与工作辊间不均匀压扁所引起的挠度差，mm。

工作辊的挠度按下式计算：

$$f_p = \bar{q}\,\frac{\varphi_1 B_0 + A_0}{\beta(1 + \varphi_1)} \tag{6-14}$$

支撑辊挠度按下式计算：

$$f_{p0} = \bar{q}\,\frac{\varphi_2 A_0 + B_0}{\beta(1 + \varphi_2)} \tag{6-15}$$

式中　$\bar{q}$——工作辊与支撑辊间单位长度上的压力，$\bar{q} = P/L$；

φ_1，φ_2——系数，可按下式计算：

$$\varphi_1 = \frac{1.1n_1 + 3n_2\xi + 18\beta k}{1.1 + 3\xi},\quad \varphi_2 = \frac{1.1n_1 + 3\xi + 18\beta k}{1.1n_1 + 3n_2\xi}$$

设 $A_0 = n_1\left(\dfrac{a}{L} - \dfrac{7}{12}\right) + n_2\xi$，

$$B_0 = \frac{3 - 4u^2 + u^3}{12} + \xi(1 - u),\ \left(u = \frac{B}{L}\right)$$

式中　a——两轴承受力点间的距离；

L——辊身长度；

B——轧件宽度。

工作辊与支撑辊之间不均匀弹性压扁所引起的挠度差为：

$$\Delta f_{L'} = \frac{18(B_0 - A_0)\bar{q}k}{1.1(1+n_1) + 3\xi(1+n_2) + 18\beta k} \qquad (6\text{-}16)$$

式中 $k = \theta \ln 0.97\left(\frac{D+D_0}{\bar{q}q}\right)$，$\theta = \frac{1-v^2}{\pi E} + \frac{1-v_0^2}{\pi E_0}$

式中 D，D_0——分别为工作辊、支撑辊直径。

上述各式中符号 n_1、n_2、ξ 和 β 所代表的参数列于表 6-1 中。

表 6-1 n_1、n_2、θ 和 β 参数计算

轧辊材料	全部为钢辊	工作辊为铸铁辊、支撑辊为钢辊
E、G、γ 值 / 符号代表的参数	$E = E_0 = 215600\text{MPa}$ $G = G_0 = 79380\text{MPa}$ $\gamma = \gamma_0 = 0.30$	$E = 16660\text{MPa}$，$E_0 = 215600\text{MPa}$ $G = 6860\text{MPa}$，$G_0 = 79380\text{MPa}$ $\gamma = 0.35$，$\gamma_0 = 0.30$
$n_1 = \frac{E}{E_0}\left(\frac{D}{D_0}\right)^4$	$n_1 = \left(\frac{D}{D_0}\right)^4$	$n_1 = 0.733\left(\frac{D}{D_0}\right)^4$
$n_2 = \frac{G}{G_0}\left(\frac{D}{D_0}\right)^4$	$n_2 = \left(\frac{D}{D_0}\right)^4$	$n_2 = 0.864\left(\frac{D}{D_0}\right)^4$
$\xi = \frac{kE}{4G}\left(\frac{D}{L}\right)^2$	$\xi = 0.753\left(\frac{D}{L}\right)^2$	$\xi = 0.674\left(\frac{D}{L}\right)^2$
$\beta = \frac{\pi E}{2}\left(\frac{D}{L}\right)^4$	$\beta = 34600\left(\frac{D}{L}\right)^4$	$\beta = 26700\left(\frac{D}{L}\right)^4$
$\theta = \frac{1-\gamma^2}{\pi E} + \frac{1-\gamma_0^2}{\pi E_0}$	$\theta = 2.63 \times 10^{-6}[\text{MPa}]^{-1}$	$\theta = 2.96 \times 10^{-6}[\text{MPa}]^{-1}$

6.5.1.3 辊身的热凸度值

轧辊不均匀热膨胀产生的热凸度可近似地按抛物线规律计算，即

$$f_{tx} = \Delta R_t\left[\left(\frac{2x}{L}\right)^2 - 1\right] = -\Delta R_t\left[1 - \left(\frac{2x}{L}\right)^2\right] \qquad (6\text{-}17)$$

式中 f_{tx}——距辊身中部为 x 的任意断面上的热凸度；

L——辊身长度；

ΔR_t——辊身中部的热凸度值，按式 6-8 计算；

x——从辊身中部起到任意断面的距离，当 $x=0$ 时，表示辊身中部；当 $x=L/2$ 时，表示辊身边缘。

6.5.2 辊型设计

6.5.2.1 轧辊原始辊形组成

板材轧制时，由于轧辊的弹性弯曲与弹性压扁、轧辊不均匀热膨胀及轧辊磨损等的影响，空载时的平直辊缝在轧制时变得不平直(凸或凹)，致使板带的横向厚度不均和板形不良。为了补偿上述因素所造成的影响，可以事先将轧辊设计并磨削成一定的原始凹凸度，使轧辊在工作状态仍能保持平直的辊缝。

轧辊磨损，只能根据不同产品安排不同轧制顺序，合理控制辊型，更换新辊或支撑辊磨损靠增加工作辊凸度等方法补偿。

工作辊的原始辊型主要由轧辊的弹性变形（挠度）和热凸度决定。辊型设计是预先计算一定条件下轧辊的弯曲挠度，不均匀热膨胀和不均匀压扁值，然后取其代数和，得原始辊型应磨削的最大凸度值，用下式表示：

$$c = f_p - \Delta R_t + \Delta f_{L'} \tag{6-18}$$

式中 c——磨削的原始辊型凸度值；

f_p——轧辊在轧制压力作用下的弯曲挠度；

ΔR_t——辊身中部的热凸度值；

$\Delta f_{L'}$——轧辊不均匀压扁的挠度差。

6.5.2.2 辊型设计方法

辊型设计一般有两种做法：一是按式6-18计算辊身中部的最大凹凸度值，然后按抛物线规律在轧辊磨床上磨削出凹凸度辊型。另一种是根据热凸度与挠度合成的结果，确定磨辊的凹凸度曲线，即可得出沿辊身长度任意断面上的凹凸度值。

轧制压力引起的轧辊挠度曲线，也可以近似地按抛物线规律计算，即

$$f_{px} = f_p\left[1 - \left(\frac{2x}{L}\right)^2\right] \tag{6-19}$$

式中 f_{px}——距辊身中部为 x 的任意断面上的挠度；

f_p——辊身中部与边缘的挠度差，对 2 辊轧机按式 6-12 计算，4 辊轧机的工作辊按式 6-14 计算。

将轧辊的挠度曲线与热凸度曲线叠加，得出考虑在轧制压力和不均匀热膨胀的综合作用下，轧辊原始辊型的凹凸度曲线，即

$$C_x = f_{px} + f_{tx} \tag{6-20}$$

由式 6-18 及式 6-19 得：

$$C_x = (f_p - mRa\Delta t)\left[1 - \left(\frac{2x}{L}\right)^2\right] \tag{6-21}$$

式中 Δt——辊身中部与计算断面的温度差。

如果 C_x 为正值，说明轧制压力引起的挠度大于不均匀热膨胀产生的热凸度，原始辊型应磨削成凸度曲线；若 C_x 为负值，则相反，原始辊型应磨削成凹度曲线。

6.5.3 辊型的选择与配置

理论计算是辊型的初步设计的依据。理论计算值准确程度决定于公式的正确性与原始参数的可靠性，它常作为参考。实际生产条件复杂且不断发生变化，必须根据生产情况进行辊型的合理选择与配置，才能合理的选择辊型。

6.5.3.1 辊型的合理选择

合理选择辊型，可以提高板形与横向厚度精度，有利于设备操作稳定，有效地减轻辊型控制的工作量，强化轧制过程，提高生产率。

如在同一套轧机上需要轧制多种规格的产品，可把宽度与变形抗力相近的组合在一起，共用一套辊型比较合理。这样，只要为数不多的几组辊型，可基本满足多品种轧制的要求。轧辊的磨损，如前所述，随磨损量增加，可增加工作辊的凸度以补偿支撑辊磨损的影响，因为支撑辊的换辊周期比工作辊长得多。

一套行之有效的辊型制度一般都要经过一段时间的试生产，反复比较实际效果之后才能最后确定，并随生产条件的变化作适当改变。确定合理辊型，要重视收集和研究国内外相同或相近的轧机及轧制条件下行之有效的辊型制度。

一般来说，热轧辊磨削成一定凹度。凹辊型不仅有利于轧件

咬入，减少轧件边部拉应力造成裂边的倾向，而且防止轧件跑偏，增加轧制过程的稳定性。铝合金板材生产常采用的轧辊辊型实例见表6-2。

表6-2 热轧铝合金采用的轧辊辊型

顺 序	设备型号	轧件尺寸范围/mm	辊型/mm
1	4ϕ700/1250×2000	(6～8)×(1000～1500)	工作辊 +(0.05～0.06) 支撑辊 -(0.23～0.25)
2	4ϕ750/14000×2800	(6～8)×(1060～2560)	工作辊 +(0.08～0.12) 支撑辊 -(0.24～0.28)
3	2ϕ550×1300	(6～8)×(440～1050)	工作辊 ±0.00

6.5.3.2 辊型配制

辊型配置正确，有利于生产操作、工艺控制、提高产品质量和产量。

热轧铝合金，轧制温度高，轧辊辊身温差较大，因而热凸度影响占主导地位，二辊轧机一般上下辊均有凹度。

6.6 轧辊的磨削

轧辊是轧机上承受轧制力，并把轧制材料厚度均匀减小的圆柱形的大型工具。轧辊在使用过程中，出现辊面被压花、粘伤或改料等情况，一般都要进行更换，按要求重新磨削后方能再次使用。显而易见，轧辊磨削的加工质量直接影响到轧制材料的表面质量和板形。

6.6.1 轧辊

6.6.1.1 几个常用的术语

A 辊型

辊型是指辊身中间和两端有着不同的直径，以及这个直径差从辊身中间向两端延伸的分布规律。通常分布是对称的。一般为72°的正弦曲线。辊型在标注时要注明是直径值还是半径值。圆柱形辊型又称为“平辊”。

B 轧辊的硬度

铝轧机轧辊的硬度常用肖氏硬度来表示，肖氏硬度有 HSC 和 HSD 之分，轧辊的硬度大多采用 HSD 表示。

HSC 是 2.36g 的重锤从约 25.4cm 高处下落所打出的数值。

HSD 是 36g 的重锤从约 1.9cm 高处下落所打出的数值。

C 表面粗糙度

表面粗糙度按国家标准（GB 1031—83）评定，即轮廓算术平均偏差 R_a；微观不平度 10 点高度 R_z；轮廓最大高度 R_y。通常采用轮廓算术平均偏差 R_a。

D 径向跳动

径向跳动是对轧机和磨床都更有实际意义的测量数值。

6.6.1.2 轧辊的基本结构

轧辊由辊身、辊颈、接头和顶尖孔四个部分组成，见图 6-16。

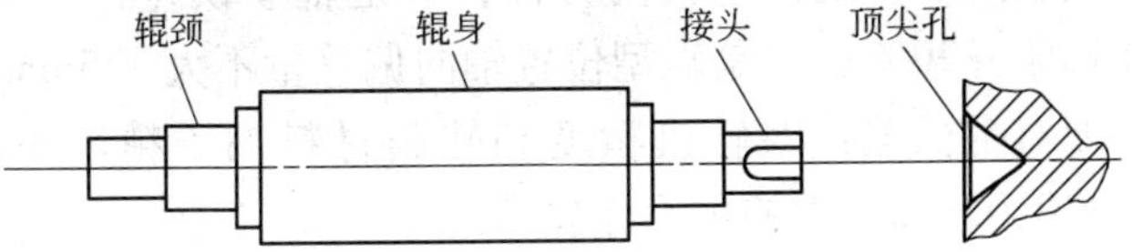

图 6-16 轧辊的结构

A 辊身

辊身是轧辊的主要部分，直接与轧制材料接触，一般所说的轧辊磨削就是指对辊身的磨削。为弥补轧制过程中的变形，辊身通常都磨成凸形或凹形。

铝轧机对工作辊辊身硬度要求比较高，一般为 HSD95 ~ 102。支撑辊通常为平辊，其硬度比工作辊软，一般为 HSD75 左右。

B 辊颈

辊颈用来安装轴承并通常作为轧辊磨削的支撑面，因此，对其正圆度和同心度有严格的要求，一般要求不大于 0.003mm。辊颈的硬度一般为 HSD45 ~ 50。

C 接头

接头用来和主传动接手相连接，一般也是磨削时安装夹具的地方。若轧辊端部有螺孔，也可以使用比较简单轻便的板式夹具，将其固定在辊端即可。

D 顶尖孔

顶尖孔是找正的基准，应保证其正圆和准确的锥角。根据轧辊的轻重不同，顶尖孔有60°、75°和90°等不同角度。轧辊一般较重，大多采用托架支撑方式，顶尖孔只起初步定位作用，因此要求不高。

6.6.1.3 轧辊的加工技术要求

A 轧辊加工的尺寸精度

对铝加工企业的轧辊磨床，轧辊磨削的尺寸精度要求为：

（1）辊身的径向跳动：一般不大于0.003mm；

（2）辊身两端直径差（俗称“锥度”）：一般不大于0.015mm（非CVC轧辊）

（3）辊型的准确度：包括两方面，一是辊型误差，一般不大于给定值的10%～20%；二是辊型位置轴向偏移量不大于5mm；

（4）配对辊径差：因轧机精度和轧制材料加工精度不同而异，小的要小于0.02mm，大的可不作要求。

B 表面状况

a 表面粗糙度

轧辊的表面粗糙度与一般加工件表面粗糙度含义不太一样，它包含着一种用特定的磨削工艺所磨削出来的表面状态。比如，同样磨削一个R_a0.25的工件，用80号砂轮和用150号砂轮磨出的效果就大不相同，其他如采用不同的磨削液、不同的磨削工艺加工出来的效果也不一样。

b 表面感官质量

轧辊磨削后表面不允许有螺旋纹（或称“砂轮印”、“刀花”）、振纹、小划道等影响板材表面质量的缺陷。在满足粗糙度要求的前提下，表面不要发亮，越“发白、发乌”越好。

6.6.2 轧辊磨床

轧辊磨床用于对轧辊进行成形磨削。它是外圆磨床的一个分支，是一种专用磨床。

根据轧辊质量大小的不同，轧辊磨床可分为两大类：一类是轧辊移动式；一类是砂轮架移动式。其基本结构大致相同，主要由床身、头架、尾座、托架、砂轮架、冷却液系统和电控设备等组成。

6.6.2.1 床身

床身是保证磨削精度的基础。轧辊移动式轧辊磨床，床身用来支撑轧辊，砂轮架是固定的。砂轮架移动式轧辊磨床，为便于加工、安装、运输，保持高精度，床身一般分为独立的两部分：工件床身用来支撑轧辊，是固定不动的；操作台床身用来支撑砂轮架。

6.6.2.2 头架

头架用来驱动轧辊，为保证驱动的平稳性和减振，一般采用多级皮带传动。在重型轧辊磨床上大都安装有辅助启动电机，以克服重轧辊启动时较大的惯性。为使轧辊转动平稳，床头拨盘上应有两个拨销且要均匀受力。

6.6.2.3 尾座

尾座由上下两部分组成，下部沿床身移动，上部可横向移动，以使两顶尖联机与砂轮轴线平行。顶尖可伸缩。金刚石砂轮修正装置一般设在尾座。

6.6.2.4 托架

托架用来支撑轧辊，一般有上、下（侧）两个支撑点——托瓦，托瓦上部与轧辊接触处为较柔软的“巴氏合金”。一般下托瓦的调节采用的是斜铁，调节的范围为 20 ~ 50mm，因此，若希望磨削不同规格的轧辊，就应配齐相适应的不同的托瓦。

6.6.2.5 砂轮架

砂轮架是轧辊磨床的核心，通常由架体、主轴、砂轮动平衡装置、横向进给机构、微进给机构等组成。砂轮架有两层式和三层式之分。

6.6.2.6 主轴

主轴是轧辊磨床核心的核心，其关键在于主轴支撑。大多数主轴为动压式，动压润滑条件直接受主轴转速影响；动静压联合主轴承，在动压没有形成之前靠静压支撑主轴；纯静压轴承则完全靠单独的油压系统来支撑主轴。

6.6.2.7 冷却液系统

轧辊磨床对冷却液的要求很高。磨削时冷却液中含有磨屑和砂粒一般是造成辊面“零星划痕”的主要原因，因此轧辊磨床一般采用过滤效果较好的磁力和纸带联合过滤器。另外，冷却液中混入杂油过多（尤其是抗磨液压油），会影响砂轮的切削能力和效果，使磨削表面发亮，易出现振纹，因此，应解决好冷却液中的杂油问题。

6.6.3 轧辊磨削工艺

轧辊磨削工艺，与普通外圆磨床磨削一般工件的磨削工艺相比较，虽有其特殊的地方，但大致还是相同的。轧辊磨床加工的工件种类比较少，磨削要求的变化也不大，容易实现规范化操作。

6.6.3.1 磨削的准备

A 磨工劳保用品穿戴确认

工作前，磨工必须穿戴好以下劳保用品：工作服、工作裤、工作鞋、手套（进行屏幕及按钮、按键操作时不允许戴手套）。

B 开机设备条件的确认

应对以下几点加以确认：

（1）有足够的照明和通风，尤其是检查轧辊表面质量的光线应充足。

（2）环境温度的变化在一小时之内不能超过2℃，一天之内不能超过6℃。

（3）各电机运转正常，无振动和异常声响，温度适当。

（4）砂轮安装牢靠，无损伤，转动平稳，防护罩确认锁紧。

（5）各个功能键和手柄操作灵活，动作准确。

（6）各油箱（孔、池）的油，应清洁、量足；油泵工作正常，油路畅通。

（7）磨削液充足、清洁，且浓度和pH值符合要求。

（8）各导轨面清洁、有油，无损伤。

6.6.3.2 砂轮的准备

A 砂轮的选择

砂轮的特性主要包括磨料、粒度、硬度、结合剂、组织、形状和尺寸等。轧辊磨床所用砂轮都是平形，特定磨床的砂轮尺寸基本不变，因此选择砂轮主要是根据轧辊的材质、硬度及表面粗糙度的要求，对砂轮的磨料、粒度、硬度、结合剂及组织进行选择。

选择砂轮的原则是粗磨时切削性能好，金属切除率高；精磨时砂轮的等高性、微刃性好，磨削发热小。

a 磨料的选择

磨料是砂轮的主要成分，是其能起磨削作用的最根本的因素。磨料分为普通磨料和超硬磨料两大类，普通磨料又主要有刚玉系（主要成分是氧化铝）、碳化物系等种类。对于钢质轧辊宜选用刚玉磨钢；用碳化硅磨料磨钢时，会产生强烈的化学磨损，故不适合于磨钢辊，而适合磨削冷硬铸铁辊、胶辊等。

b 粒度的选择

粒度对工件表面的粗糙度和磨削效率有很大影响。它是表示磨粒尺寸大小的参数，根据磨料标准，粒度共有41个粒度号，见表6-3。

表6-3 常用砂轮粒度与加工表面粗糙度（R_a）的一般关系

粒 度	46	60	80	120	150	180	220	W60
R_a	1.5~2	0.8	0.5	0.4	0.25~0.3	0.2	0.1	0.05

c 硬度的选择

砂轮硬度是指其表面上的磨粒在外力作用下从结合剂中脱落的难易程度。它与金属硬度的概念不同。砂轮的硬度分为七大级，分别用不同的字母表示。轧辊磨削常用的是J（软3）和K（中软1）两种。

d 结合剂的选择

结合剂是将磨粒粘成各种砂轮的材料，应用最多的是陶瓷结合剂（V）、树脂结合剂（B）和橡胶结合剂（R）。陶瓷结合剂（V）砂轮耐腐蚀，存贮时间长，保持砂轮的外形轮廓好，应优先选用；树脂结合剂（B）砂轮不耐碱，存放期一年，自锐性好，适合于大切削量的粗磨；橡胶结合剂（R）砂轮不耐油，存放期两年，一般用于抛光砂轮。

e　组织的选择

组织是表示砂轮内部结构松紧程度的参数，一般以磨粒占砂轮体积的百分比（即磨粒率）来划分的，共分为15个组织号，数字越大越疏松。轧辊磨床除磨胶辊等软材料要用大气孔砂轮外，一般都采用中等组织的砂轮，即5～8。表6-4列出了轧辊磨削砂轮选择的参考数据。

表6-4　轧辊磨削砂轮选择的参考数据

轧辊材质	磨削要求（表面粗糙度）	砂轮的选择				
		磨料	粒度	硬度	结合剂	组织
钢质轧辊	粗磨 R_a1.0以上	A、WA	36～60	H、J	V	8、9
	精磨 R_a0.8～0.4	WA、SA	60～80	H、J	V	7、8
	精密 R_a0.3～0.1	WA、SA	150	J、K	V	7
	超精密 R_a0.05～0.02	WA、SA	W63～W40	K	B	6、7
	镜面 R_a0.01	WA、C	W6～W14	F	B、R	6、7
冷硬铸铁轧辊	粗磨 R_a1.0以上	C	24～36	J、K	V	7
	精磨 R_a0.8～0.4	C	60～80	H、J	V	7
	精密 R_a0.2	C	120	H、J	V	7
	超精密 R_a0.05	C	W63～W40	F、G	V	7
	镜面 R_a0.01	C	W20～W14	E、G	B、R	7
胶辊	粗　磨	C	24～36	H、K	V	9、10
	精　磨	C	60～80	J、K	V	9、10

B　砂轮的安装

a　装新砂轮

仔细检查砂轮外观有无破损，轻敲时应发出清脆的金属般的响声，边部有缺口及敲击时音哑的严禁使用。砂轮与法兰盘间应垫0.5～1mm厚的纸板（或其他软质物），拧紧固螺丝时采用对称紧固法且用力要均匀。

b　轮的平衡

引起砂轮不平衡的主要原因有两方面：一是由砂轮制造误差造

成，如组织不均、外形尺寸误差等；二是安装在法兰盘上产生的。砂轮不平衡会使砂轮产生振动，是磨削表面出现振纹的主要原因之一，甚至会损坏主轴及轴承，引起砂轮爆裂，因此必须将其平衡好。砂轮的平衡方法主要有静平衡法和动平衡法。

(1) 砂轮的静平衡：将装好法兰盘的砂轮小心安装在静平衡架上，待砂轮自由转动停止后，再反复调整法兰盘上的平衡块，若砂轮旋转任意角度而稳住不动，则说明已平衡好。

(2) 砂轮的动平衡：现代轧辊磨床上通常都安装自动动平衡装置，该装置的形式和结构有多种。正确的使用自动动平衡装置，可使砂轮在磨削过程中所产生的振幅小于0.001mm，从而不影响磨削的质量。但自动动平衡装置的平衡能力有限，砂轮必须经过静平衡才能使用。

c 砂轮的修整

新砂轮或砂轮表面出现磨粒钝化、表面堵塞、外形失真等现象时(其直接结果便是轧辊磨削表面出现振纹)，必须及时修整。用砂轮修整工具将砂轮工作面已磨钝的表层修去，以恢复砂轮的切削性能和正确几何形状的方法，称作砂轮的修整。轧辊磨床常用的是金刚石砂轮刀车削法，见图6-17和图6-18。

(1) 金刚石砂轮刀金刚石颗粒大小的选择：砂轮直径在ϕ400mm左右，选1克拉的；砂轮直径在ϕ600mm左右，选1.5克拉的；砂轮直径在ϕ750mm以上，选2克拉的。

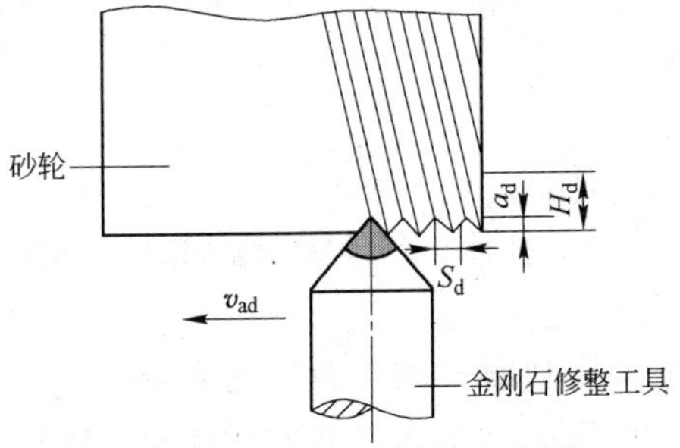

图6-17 车削法修整砂轮示意图

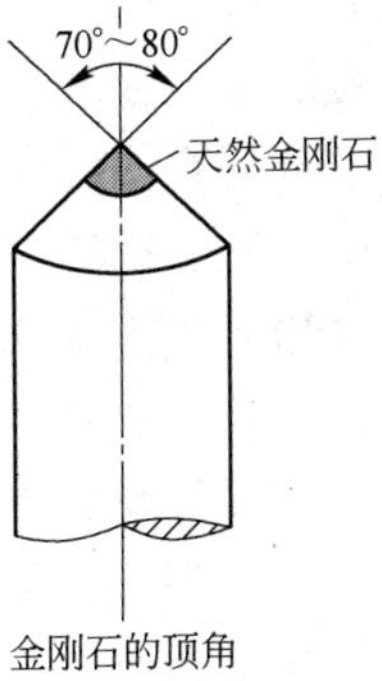

图6-18 金刚石的顶角

（2）修整用量的选择值见表 6-5。

表 6-5　金刚石砂轮修整用量的选择值

修整用量	磨削工序				
	粗　磨	半精磨	精密磨	超精磨	镜面磨
修整导程 S_d /mm · r^{-1}	与砂轮磨粒平均粒径相近	0.03 ~ 0.08	0.02 ~ 0.04	0.01 ~ 0.02	0.006 ~ 0.01
修整吃刀深度 t /mm · 单程$^{-1}$	0.05 ~ 0.1	0.02 ~ 0.05	0.01 ~ 0.02	0.005 ~ 0.01	0.002 ~ 0.005
修整层厚度 H_d /mm	0.3 ~ 0.5	0.15 ~ 0.2	0.1 ~ 0.15	0.05 ~ 0.1	0.05
光修次数	0	1	1 ~ 2	1 ~ 2	1 ~ 2

（3）砂轮修整的注意事项：安装金刚石砂轮刀时，刀杆不应伸出太长，安装要牢固。修整前砂轮要进行动平衡一次；修整前先要检查金刚石砂轮刀是否有尖角。若无尖角，则应将紧固砂轮刀的螺丝松开，转动砂轮刀至有尖角对着砂轮，然后拧紧螺丝固定。若砂轮刀已找不出尖角，则应更换新的；修整时，砂轮趋近并接触金刚石后，要先开冷却液再开始走刀。修整过程中冷却液要充足，以免金刚石碎裂；修整后要用废砂轮块和油石将砂轮两边精心倒圆，其倒圆弧的半径为 3 ~ 5mm。

6.6.3.3　*冷却液的选择*

磨削过程中，砂轮和工件表面接触处温度可达 1000℃左右。为降低磨削温度，减小磨削力，提高砂轮的耐用度和改善工件表面质量，一般都要使用冷却液。

A　*冷却液的作用*

冷却液主要有以下几个方面的作用：

（1）冷却作用。冷却液的热传导作用，能有效地改善散热条件，带走绝大部分磨削热，降低磨削温度。

（2）润滑作用。冷却液能渗入到磨粒与工件的接触表面之间，粘附在金属表面上，形成润滑膜，减少磨粒和工件间的摩擦，从而提高砂轮的耐用度，减小工件表面粗糙度。

(3) 冲洗作用。冷却液可以将磨屑和脱落的磨粒冲洗掉，防止工件表面划伤。

(4) 防锈作用。要求冷却液有防锈作用，以免工件和磨床发生锈蚀。

B 冷却液的选用

冷却液有油型、水型和乳化液型：

(1) 油型冷却液润滑好而散热性差，易堵塞砂轮，一般不适用于轧辊磨床。

(2) 乳液型冷却液，冷却和散热性较好，但清洗性能差，易变质，使用寿命短。

(3) 水型冷却液散热性能和清洗性能好，不易变质，透明，磨削中便于观察，轧辊磨削大都使用这类磨削液。

6.6.3.4 轧辊的磨削

A 轧辊磨削种类

a 粗磨

粗磨的目的一般是去掉轧辊表面的疲劳层，去掉“砂眼、啃伤”等缺陷，轧辊配对。粗磨是轧辊磨削的初加工，它要求以最短的时间切除大部分的磨削量，一般选较粗的（即粒度大的）砂轮，且作粗修整，并采用较大的磨削用量。粗磨时，砂轮的损耗较大，在数控轧辊磨床上，为保证恒压力磨削，弥补砂轮的损耗，采用设定每分钟进给若干微米的方式进行，一般为 3 ~ 10μm/min。

磨削时，砂轮和轧辊速度的匹配要合适，当砂轮速度/轧辊速度 = 30 时，磨除量最大。

粗磨时，进给量不可过大，以免轧辊发生“磨烧伤”，甚至损伤砂轮主轴及轴承；砂轮钝了要及时修整，否则，即使磨削电流（压力）很大，磨削效率也很低。

b 精磨和抛光（超精磨）

精磨主要用来去掉粗磨的痕迹，磨好辊型和要求的尺寸。抛光（超精磨）主要是磨出要求的粗糙度和表面，磨削量很小。在数控轧辊磨床上，精磨的方式是砂轮（拖板）换向时每次自动进给若干微米，一般为 2 ~ 5μm；抛光的方式是无自动进给量的磨削，主要靠手轮来手动控制。

轧辊磨削的关键于在控制表面粗糙度。粗糙度要均匀,而且表面不能有振纹、螺旋纹、划痕等缺陷。为此,必须从粗磨到抛光的全过程都要平衡有效地控制吃刀深度和走刀量,合理地选择砂轮和轧辊的速度。

B　轧辊磨削参数

轧辊磨削参数主要有砂轮速度、轧辊速度、轴向进给速度（量）和径向进给速度（量）。

a　砂轮速度

砂轮速度有两种表示形式，一是转速（r/min），二是圆周速度（线速度，m/s），即砂轮外圆表面上任意一点在单位时间内所经过的路程。二者的关系为：

$$v_{砂} = \frac{\pi D_{砂} n}{1000 \times 60} \tag{6-22}$$

式中　$v_{砂}$——砂轮圆周速度，m/s；

$D_{砂}$——砂轮直径，mm；

n——砂轮转速，r/min。

b　轧辊速度

轧辊速度一般用转速（r/min）表示。

c　轴向进给速度（量）

轴向进给速度（量）又称纵向进给速度（量）、走刀速度（量），是指轧辊每转一转相对砂轮在纵向移动的距离。一般用“（0.1~0.6）砂轮宽度/轧辊每转”来表示。

d　径向进给速度（量）

径向进给速度（量）又称横向进给量、磨削深度。

C　磨屑厚度和长度的计算公式

该公式按逗点形的磨屑来计算，从中可了解确定磨削参数的基本途径。

a　磨屑厚度的计算公式

$$h = \frac{2v_{\mathrm{w}}}{1000v_{\mathrm{s}}} \times \frac{1}{e}\sqrt{a}\sqrt{\frac{D_{\mathrm{s}} + d_{\mathrm{w}}}{\mathrm{d}_{w} \cdot D_{\mathrm{s}}}} \tag{6-23}$$

式中　h——磨屑厚度；

v_w——轧辊转速；

v_s——砂轮转速；

a——径向进给量；

D_s——砂轮直径；

d_w——轧辊直径；

e——砂轮表面单位长度上的磨粒数。

b 磨屑长度的计算公式

$$L = \sqrt{\frac{D_s \cdot d_w \cdot a}{D_s + d_w}} \tag{6-24}$$

式中 L——磨屑长度。

从磨屑厚度和长度的计算公式中可以看出：

（1）粗磨时，需增加磨屑的厚度和长度，则要提高轧辊的转速，降低砂轮速度，选用粒度号大（粗）的砂轮，增加径向进给量。

（2）精磨时，需减小磨屑的厚度和长度，则要降低轧辊的转速，提高砂轮速度，选用粒度号小（细）的砂轮，减小径向进给量。

D 磨削参数的选择

（1）砂轮速度的选择见表6-6。轧辊磨削砂轮速度参考值：粗、精磨钢质轧辊为25m/s；抛光（超精磨）为16～20m/s。

表6-6 砂轮速度高、低的效果对比

慢速（15～20m/s）	高速（25～30m/s）	慢速（15～20m/s）	高速（25～30m/s）
金属可除速率降低	金属可除速率提高	振动较小	振动较大
砂轮磨耗提高	砂轮磨耗降低	砂轮显得较软	砂轮显得较硬
电流强度较低	电流强度较高		

（2）轧辊速度的选择见表6-7。轧辊磨削砂轮速度参考值：粗磨为20～30m/min；精磨为30～40m/min；抛光为40～50m/min。

表6-7 轧辊速度高、低的效果对比

低速（20m/min左右）	高速（50m/min）	低速（20m/min左右）	高速（50m/min）
磨削较高	磨削较低	振动小	振动较大
砂轮磨耗降低	砂轮磨耗增加	表面粗糙度较大	表面粗糙度较小
金属可除速率提高	金属可除速率降低		

（3）轴向进给速度（量）的选择见表6-8。粗磨：1000～1200mm/min，或取轧辊每转轴向进给量约为砂轮宽度的2/3～3/4；精磨：400～600mm/min，或取轧辊每转轴向进给量约为砂轮宽度的1/3～1/4；抛光：100～300mm/min，或取轧辊每转轴向进给量约为砂轮宽度的1/8～1/10。

表6-8 轴向进给速度（量）高、低的效果对比

低速（100～200 mm/min）	高速（1000～1500 mm/min）	低速（100～200 mm/min）	高速（1000～1500 mm/min）
磨削较高	磨削较高	金属可除速率提高	金属可除速率提高
砂轮磨耗降低	砂轮磨耗降低	表面粗糙度较大	表面粗糙度较大

（4）径向进给速度（量）的选择见表6-9。粗磨：应根据轧辊的材质和硬度而定，一般为0.01～0.03mm/行程（道次）；精磨：一般为0.003～0.005mm/行程（道次）；抛光：一般为0.001～0.002mm/行程（道次）。

表6-9 径向进给速度（量）高、低的效果对比

低速（0.001～0.002 mm/行程）	高速（0.02～0.03 mm/行程）	低速（0.001～0.002 mm/行程）	高速（0.02～0.03 mm/行程）
磨削较高	磨削较低	金属可除速率降低	金属可除速率提高
砂轮磨耗降低	砂轮磨耗提高	表面粗糙度较小	表面粗糙度较大

E 轧辊磨削后的几项工作

轧辊磨削后的主要工作有：

（1）轧辊涂防锈油。防锈油的种类很多，宜选黏度小的，以免污染轧制油；涂油时注意尽量少滴落，以免混入冷却液。

（2）裹纸（防尘）。一般用新闻纸，最好是浸过油的，若轧辊使用频繁，更换周期短，也可不浸油。

（3）填写轧辊磨削质量检测记录。记录要准确，为使轧机对辊方便，一般还需贴一份在轧辊上。

（4）轧辊吊下磨床。由于轧辊较重，吊下轧辊时要仔细，不要碰坏设备和伤人。

（5）当班工作结束后，要正确停机。先停止冷却液，使砂轮空转5~10min，以甩干其中的冷却液；停止机床所有的运动后再按总开关，但要保持微机电源供电。

（6）保持磨床各部位及周围地面清洁，收拾好工量具，清理杂物。

F 轧辊磨削工艺控制要点

工艺控制要点是：

（1）新装砂轮必须经过静平衡检验，开动砂轮时，应空转2~3min，确认正常后方可使用。

（2）研磨时进给应是微量的，以免砂轮突然受热破裂。

（3）研磨中液压系统油温不得超过50℃。

（4）研磨轧辊时，砂轮应从辊身一端进刀，不允许从辊身中间进刀。

（5）研磨时不得测量工件。

（6）研磨后的轧辊表面必须光洁，不准有网状线条和花纹。轧辊不准有裂纹，支撑辊不准有掉皮现象。

（7）磨辊工在每次磨完轧辊后，在磨床上检查轧辊表面质量、表面硬度、轧辊直径、两端直径差、辊身弧度（要以辊身长度中心为最大直径，按辊型要求，以中心为准，向两侧圆滑过渡，每隔200mm为检测点，辊身中心的两侧的对应点的直径应一致），测量结果要如实地记录在轧辊验收簿上。

（8）每个轧辊均需设立原始记录卡，由研磨工区负责填写研磨和工作情况。

（9）磨削后的轧辊，其表面必须均匀地涂上防锈油，并包一层牛皮纸或油纸。

（10）轧辊必须存放在专用场地，并采取相应的保护措施。

（11）吊运、拆卸、组装辊时，动作必须轻缓、准确，不得损伤轧辊。

G 常见轧辊磨削缺陷产生的原因及对策措施

常见轧辊磨削缺陷产生的原因及对策措施见表6-10。

表 6-10 常见轧辊磨削缺陷产生的原因及对策措施

项 目	产 生 原 因	对 策 措 施
振纹	1. 砂轮钝化，不平衡； 2. 外界振动； 3. 砂轮主轴间隙过大； 4. 磨削液浓度大；混杂油多； 5. 磨削参数不当； 6. 辊颈润滑不良； 7. 卡具头架拨盘接触不好	1. 及时修整砂轮，金刚石有尖角，进行动、静平衡； 2. 消除或隔离振源，重点检查砂轮及头架电机； 3. 根据设备要求调整好主轴间隙； 4. 调整浓度，及时除油或更换磨削液； 5. 砂轮和头架转速不可过快，进给量不宜过大； 6. 油的黏度要合适，量要够； 7. 调整其接触，使用“柔性拨盘”
辊面划伤	1. 砂轮质量不好，夹有杂质，组织不均； 2. 砂轮选得太软，自锐过快； 3. 冷却液过滤系统状况不好； 4. 冷却液脏，磨削时液量不足； 5. 冷却液泵进水口距池底太近	1. 更换好的砂轮； 2. 重新选硬点的； 3. 磁性分离器运行要好，及时走纸，宽度够； 4. 及时更换，磨削时流量开大点； 5. 冷却液泵进水口距池底 500mm 以上
螺旋纹	1. 砂轮选择过硬过细，修得过细； 2. 砂轮修整后未倒两边角； 3. 轧辊未校正（轴心线与砂轮轴线不平行），砂轮单面接触轧辊； 4. 轧辊一侧被支撑（轴承位）部位发热，或两侧发热不均； 5. 砂轮床身纵向导轨在水平平面内直线度误差超差； 6. 磨削参数不当	1. 选择合适的砂轮，正确修整； 2. 砂轮修整后两边角倒成半径约 5mm 的圆角； 3. 精心校正轧辊； 4. 选好润滑油的黏度，量要足，使之不发热； 5. 调整床身精度； 6. 适当减少纵向进给量和径向进给量，每道次径向、纵向进给量递减的幅度不宜过大

续表 6-10

项 目	产 生 原 因	对 策 措 施
辊型不准	1. 热辊磨削； 2. 辊型参数设定有误； 3. 精磨时手动干预过多； 4. 机构磨损（此情况一般发生在老旧磨床）； 5. 点或成形机构调整有误不宜过大	1. 温降至与环境温度相近时再磨； 2. 真核实参数，注意是指半径值还是直径值； 3. 精磨时尽量不手动干预； 4. 数时考虑补偿量，或调整、修理该机构； 5. 调整
圆度差	1. 磨削时支撑轴颈不圆； 2. 轧辊未校正，轧辊轴心线与头尾两顶尖联机不重合，偏差大； 3. 砂轮主轴轴承间隙过大； 4. 卡具与头架拨盘的拨销接触不好	1. 在允许范围内进行修磨； 2. 认真校正（包括上母线和侧母线、顶尖与顶尖孔的接触情况）； 3. 调整好间隙； 4. 调整，使两拨销与卡具接触受力相当
锥度大	1. 轧辊未校正（轴心线与砂轮轴线不平行）； 2. 轧辊一侧被支撑（轴承位）部位发热，或两侧发热不均； 3. 砂轮床身纵向导轨在水平平面内直线度误差超差； 4. 拖板导轨润滑浮力过大，运行中产生摆动	1. 精心校正轧辊； 2. 选好润滑油的黏度，量要足，使之不发热； 3. 调整床身精度使之符合要求； 4. 调整导轨润滑油压力
粗糙度不均不准	1. 砂轮选择不当； 2. 砂轮修整不当； 3. 金刚石无尖角，安装在修整器中不牢固，修出砂轮等高性差； 4. 冷却液不适当，润滑性太好或太差；冷却液浓度不当，冷却液混入杂油过多（尤其是抗磨液压油）； 5. 磨削参数不当	1. 根据要求合理选择砂轮要素； 2. 正确修整，粗、细适当； 3. 金刚石要经常变换角度以保持尖角，确无尖角应及时更换；安装要牢固； 4. 选择合适的磨削液，调整浓度，及时处理杂油，或更换； 5. 摸索适应特定磨床及其当时的状况、特定轧辊、特定要求、特定砂轮和冷却液的磨削工艺参数

7 铝合金中厚板热处理

铝合金进行热处理的目的是在固态下，通过适当的加热、保温和冷却处理，借以改变金属材料的组织和性能，使它具有所要求的力学性能和物理性能。这种将铝合金材料在一定介质或空气中加热到一定温度并在此温度下保持一定时间，然后以某种冷却速度冷却到室温，从而改变金属材料的组织和性能的方法，称为热处理。

7.1 概述

7.1.1 热处理的分类

热处理的分类方法有两种：一种是按热处理过程中组织和相变的变化特点分类；另一种是按热处理目的或工序特点来分类。热处理在实际生产中是按生产过程、热处理目的和操作特点来分类的，没有统一的规定，不同的企业可能有不同的分类方法，铝合金加工企业最常用的几种热处理方法见图 7-1。

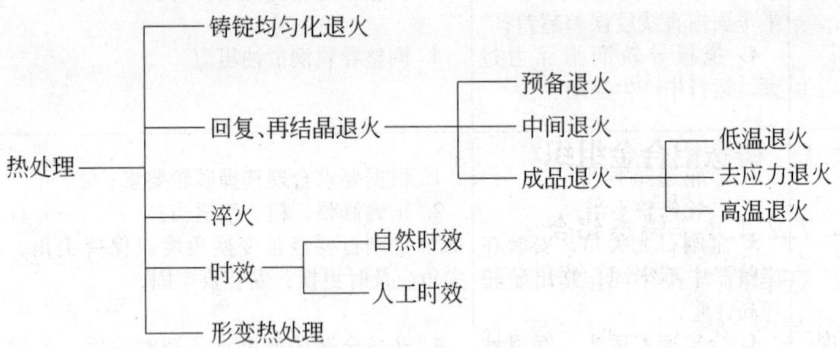

图 7-1 热处理分类

7.1.2 热处理的加热、保温和冷却

任何热处理过程都由加热、保温和冷却三个阶段组成。

7.1.2.1 加热

加热包括升温速度和加热温度两个参数。

由于铝合金的导热性和塑性都较好，可以采用较快的速度升温，这不仅可提高生产效率，而且有利于提高产品质量。热处理加热温度要严格控制，必须遵守工艺规程的规定，尤其是淬火和时效时的加热温度，要求更为严格。

7.1.2.2 保温

保温是指铝合金在加热温度下停留的时间，停留的时间应使金属表面和中心部位的温度相一致，合金的组织发生变化。保温时间的长短与很多因素有关，如制品的厚、薄、堆放方式及紧密程度、加热方式和热处理以前金属的变形程度等都有直接影响。在生产中往往是根据实验来确定保温时间的。

7.1.2.3 冷却

冷却是指加热保温后铝合金材料的冷却，不同热处理的冷却速度是不相同的。如淬火要求快的冷却速度，而具有相变的铝合金的退火，则要求慢的冷却速度。

7.2 铸造组织与均匀化

均匀化退火的对象是铸锭，其目的是在高温下通过扩散来消除或减小实际结晶条件下晶内成分不均匀性和偏离于平衡的组织状态，以改善合金材料的工艺性能和使用性能。

7.2.1 铸态铝合金组织和性能特征

7.2.1.1 铸态铝合金组织特征

在直接水冷半连续铸造条件下生产的铝合金铸锭，强烈的冷却作用引起的浓度过冷和温度过冷，使凝固后的铸态组织偏离平衡状态，主要有以下特点。

A 晶界和枝晶界存在不平衡结晶

以含 Cu4.2%的 Al-Cu 二元合金为例（参见图 7-2）。在平衡结晶时，合金到 b 点完全凝固，在 a-d 组织为均匀的 α 固溶体，温度降至 d 点以下时，α 固溶体分解，在 α 固溶体上析出 $CuAl_2$ 质点。若在非平衡条件下（图中虚线部分），晶体的实际成分也不能按平衡固相线变化，而是按非平衡固相线变化，含 Cu4.2% 的合金必须冷却到 *c* 点才能完全凝固。这时合金受溶质再分配的影响，在晶界和枝晶上有一定数量的不平衡共晶组织。冷却速度越大，不平衡结晶程度越严重，在晶界和枝晶界上这种不平衡结晶组织的数量越多。

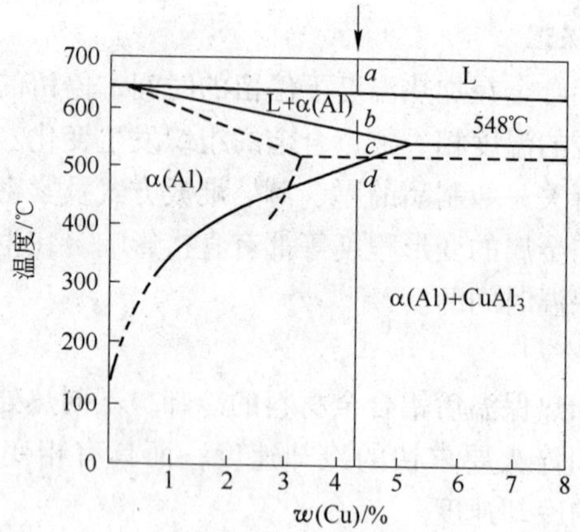

图 7-2　Al-Cu 二元共晶平衡与非平衡结晶示意图

B　存在着枝晶偏析

枝晶偏析的形成和不平衡共晶的形成相似。由于溶质元素来不及析出，在晶粒内部造成成分不均匀现象，即枝晶偏析。枝晶内合金元素偏析的方向与合金的平衡图类型有关。在共晶型的合金中，枝晶中心的元素含量低，从中心至边缘逐渐增多。

C　枝晶内存在着过饱和的难溶元素

合金元素在铝中的溶解度随温度的升高而增加。在液态下和固态下溶解度相差很大。在铸造过程中，当合金由液态向固态转变时，由于冷却速度很大，在熔体中处于溶解状态的难溶合金元素，如 Mn、Ti、Cr、Zr 等，由于来不及析出而形成该元素的过饱和固溶体。冷却速度越大，合金元素含量越高，固溶体过饱和程度越严重。

7.2.1.2　铸态铝合金的性能特征

铸态铝合金性能的主要特征是：

(1) 若枝晶偏析使组织中出现非平衡脆性相，则合金塑性降低，特别在枝晶网胞边缘生成连续的粗大脆性化合物网状壳层时，合金的塑性将急剧下降。

(2) 枝晶网胞心部与边部化学成分不同，可形成浓差微电池。因此降低材料的电化学腐蚀抗力。固溶体中出现的非平衡过剩相一般也降低耐蚀性。

(3) 铸造坯料（铸锭）进行轧制及挤压时，具有不同化学成分的各显微区域拉长并形成带状组织。这种组织可促使成品工件产生各向异性和增加晶间断裂（如所谓“层状断口”）倾向。

(4) 固相线温度下移，使工艺过程的一些参数难以掌握。例如，在压力加工前的加热及热处理时，局部区域会过早地发生熔化。也就是说，加热稍有不慎，就会发生过烧现象。

(5) 铸态合金的组织是亚稳定的。具有铸态组织的制件在高温工作时，可能逐渐发生固溶体成分均匀化和非平衡相的溶解，这将促进蠕变过程，并使性能发生不断变化，有时性能的变化可超过容许的范围。

7.2.2 铸态铝合金均匀化退火时组织和性能的变化

由于产生非平衡状态的原因是结晶过程中扩散受阻，因此这种状态在热力学上是亚稳定的，有自动向平衡状态转化的趋势。

7.2.2.1 均匀化退火时合金组织变化

A 枝晶偏析的消除和非平衡相的溶解

均匀化退火过程，实际上就是相的溶解和原子的扩散过程。空位迁移是原子在金属和合金中的主要扩散方式。均匀化退火时，原子的扩散主要是在晶内进行的，使晶内化学成分均匀。它只能消除晶内偏析，对区域偏析影响很小。由于均匀化退火是在不平衡固相线或共晶线以下温度中进行的，分布在铸锭各晶粒间的不溶物和非金属夹杂缺陷，不能通过溶解和扩散过程消除，所以，均匀化退火不能使合金中基体晶粒的形状发生明显的改变。

均匀化退火时，主要的组织变化是枝晶偏析消除和非平衡相溶解，因而溶质浓度逐渐均匀化。对于非平衡状态下仍为单相的合金，均匀化退火所发生的主要过程为固溶体晶粒内成分均匀化；当合金中含有非平衡过剩相时，则上述两个主要过程均会发生。

B 过饱和固溶体的分解

多组元合金中，不同组元所形成的相在固溶体中的固溶度与温度的关系具有不同的变化规律。在通常所选择的均匀化退火温度下，主要的过剩相在固溶体中有很高的固溶度，因此它们将发生溶解。但若在结晶时的快冷条件下，某些元素所形成的相来不及从固溶体中析出而呈过饱和状态，并且在均匀化退火温度下，其固溶度仍然较小时，则这些相在均匀化退火的加热和保温阶段就会从固溶体中析出。

过饱和固溶体分解不仅在加热保温阶段发生，在冷却阶段也常有发现。因为多数情况下固溶体的平衡浓度随温度降低而减小，所以生产条件下炉料随炉冷却或空气冷却时将伴随二次相的析出。冷却速度不同，析出相的尺寸及分布情况也将有所区别。

C 聚集与球化

若合金在平衡状态不呈单相，则均匀化退火时过剩相不能完全溶解。这些未溶的相在退火过程中就可能发生聚集和球化，以减小界面能，达到热力学更稳定的状态。

所谓聚集就是过剩相质点粗化过程，其特征是小尺寸质点溶解而大尺寸质点长大。球化是聚集的一种特殊形式，即非等轴的过剩相质点（如片状、针状、树枝状及其他无规则形状）转变为接近于等轴的形状。

D 相转变

均匀化退火时，也可能发生相转变，研究表明，3003 合金在均匀化退火时 Al_6（Mn，Fe）质点将逐渐转变成 α-Al（Mn，Fe）Si，且随均匀化温度的升高和时间的延长，α-Al（Mn，Fe）Si 相逐渐增加。

E 淬火效应

铸态合金经均匀化退火后，过快的冷却可能产生淬火效应。

7.2.2.2 均匀化退火对铝合金铸锭工艺性能、半成品及成品性能的影响

A 改善铝合金加工性能

均匀化退火后的组织变化，使室温下塑性提高并使冷、热变形工艺性能改善，降低铸锭热轧开裂的危险，改善热轧带板的边缘品质，提高挤压制品的挤压速度。同时，均匀化退火可降低变形抗力，减少变形功消耗，提高设备生产效率。均匀化退火还可消除铸锭残余应力，改善铸锭的机械加工性能。

B 提高合金在各冷变形工序中的塑性

合金塑性提高可提高总的冷加工率，减少中间退火次数或退火时间。还可改善冷轧板、带材边缘状态及它们的深冲性能。

C 使某些合金成品塑性增高，但强度降低

例如，均匀化退火可使热处理强化铝合金的挤压效应消失，从而使挤压制品淬火时效后的强度降低约100MPa，塑性相应提高。也可使同样合金板材淬火时效后强度降低10～15MPa，伸长率提高百分之几。这一影响与均匀化退火消除了显微不均匀性及锰、铬等元素由固溶体中析出有关。

D 使成品的各向异性减小

这是因为均匀化退火减少了过剩相，因而减弱了过剩相在变形时拉长呈纤维状分布所造成的影响，有利于提高垂直纤维方向的塑性、冲击韧性和疲劳强度。这一点对于有三向性能要求的材料非常重要。

E 消除化学成分的显微不均匀性

由于消除了化学成分的显微不均匀性，也可适当地提高合金制成品的耐蚀性能。

F 使固溶体内成分均匀，能防止某些合金再结晶退火时晶粒粗大的倾向

例如，3A21合金半连续铸锭，塑性很好，但半成品（如板材）在再结晶退火后易出现粗大晶粒。若铸锭进行均匀化退火，则可防止粗晶，改善半成品的性质。

7.2.3 均匀化退火工艺

均匀化退火工艺的主要参数是加热温度及保温时间，其次为加热速度和冷却速度。

7.2.3.1 加热温度

均匀化退火基于原子的扩散运动。根据扩散第一定律，单位时间通过单位面积的扩散物质量（J）正比于垂直该截面 x 方向上该物质的浓度梯度，即

$$J = -D\frac{\partial c}{\partial x} \tag{7-1}$$

扩散系数 D 与温度关系可用阿累尼乌斯方程表示

$$D = D_0\exp(-Q/RT) \tag{7-2}$$

此式表明，温度稍有升高将使扩散过程大大加速。因此，为了加速均匀化过程，应尽可能提高均匀化退火温度。通常采用的均匀化退火温度为（0.9~0.95）T_m。T_m表示铸锭实际开始熔化温度，它低于平衡相图上的固相线（见图 7-3 Ⅰ）。

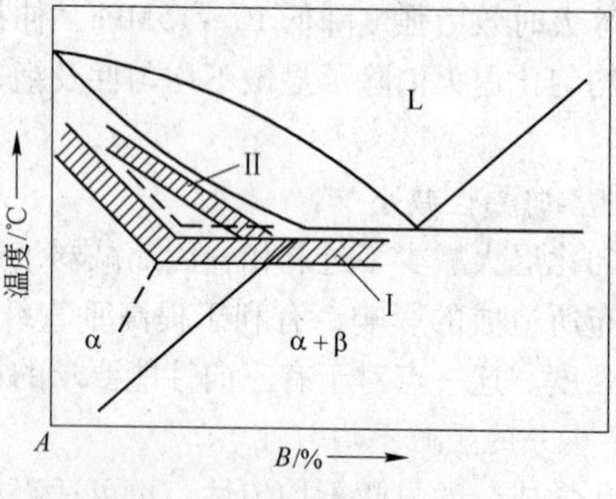

图 7-3 均匀化退火温度范围（阴影区）
Ⅰ—普通均匀化；Ⅱ—高温均匀化

有时，在低于非平衡固相线温度进行均匀化退火难以达到组织均匀化的目的，即使能达到，也往往需要极长的保温时间。因此，探讨了在非平衡固相线温度以上进行均匀化退火的可能性（见图 7-3 Ⅱ）。这种在非平衡固相线温度以上但在平衡固相线温度以下的退火工艺，称为高温均匀化退火。铝合金铸锭在高温均匀化退火时，非平衡共晶在开始阶段熔化，但保温相当长时间后，液相消失，溶质元素进入固溶体中，在原来生成液相的部位（晶间及枝晶网胞间）留下显微孔穴。若铸锭氢含量不超过一定值或不产生晶间氧化，则这些显微缺陷

可以修复，不会影响成品品质。2A12 及 7A04 等合金在实验室条件下进行过高温均匀化试验，证明了此种工艺的可行性。

合理的退火温度区间往往需要通过实验确定。可以先根据状态图和实际经验大致选择一温度范围，在此范围内先取不同温度（相同时间）退火后观察显微组织（是否过烧）及性能的变化，最后确定合理的温度区间。

7.2.3.2　保温时间

保温时间基本上取决于非平衡相溶解及晶内偏析消除所需的时间。由于这两个过程同时发生，故保温时间并非此两过程所需时间的代数和。实验证明，铝合金固溶体成分充分均匀化的时间仅稍长于非平衡相完全溶解的时间。多数情况下，均匀化完成时间可按非平衡相完全溶解的时间来估计。

非平衡相在固溶体中溶解的时间（τ_s）与这些相的平均厚度（m）之间有以下经验关系：

$$\tau_s = am^b \tag{7-3}$$

式中，a 及 b 为系数，依均匀化温度及合金成分而改变。对铝合金，指数 b 为 1.5 ~2.5。

随着均匀化过程的进行，晶内浓度梯度不断减小，扩散的物质量也会不断减少，从而使均匀化过程有自动减缓的倾向。图 7-4 例子证

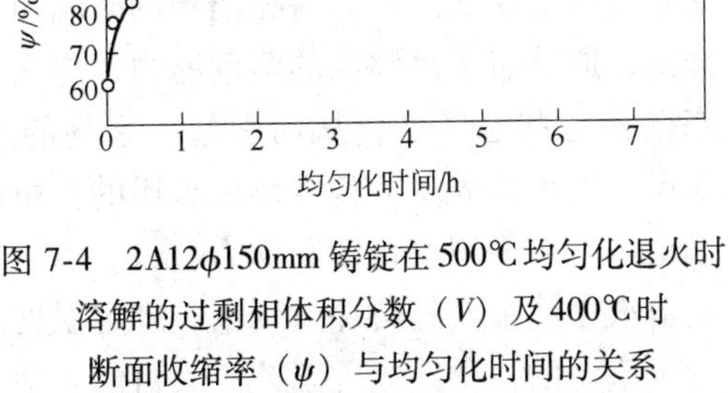

图 7-4　2A12ϕ150mm 铸锭在 500℃均匀化退火时，溶解的过剩相体积分数（V）及 400℃时断面收缩率（ψ）与均匀化时间的关系

明，2A12 铸锭均匀化退火时，前 30min 非平衡相减少的总量较后 7h 的多得多。这说明过分延长均匀化退火时间不但效果不大，反而会降低炉子生产能力，增加热能消耗。

生产中，保温时间一般是从铸锭表面各部温度都达到加热温度的下限时算起。因此，它还与加热设备特性、铸锭尺寸、装料量及装料方式有关。最合适的保温时间应依据具体条件由实验确定。一般在数小时至数十小时范围内。

7.2.3.3 加热速度及冷却速度

加热速度的大小以铸锭不产生裂纹和不发生大的变形为原则。冷却速度值得注意。有些合金冷却太快会产生淬火效应；而冷却过慢又会析出较粗大第二相，使加工时易形成带状组织，固溶处理时难以完全溶解，因此会降低时效强化效应。

铝合金均匀化退火制度见 5.2.2 节表 5-2。

7.3 回复、再结晶

7.3.1 冷变形金属在加热中组织及性能的变化

金属冷变形所消耗的变形功除大部分以热的形式散发外，只有小部分（占总变形功的 2% ~10%）以储能的形式留在金属内部。储能的结构形式是晶格畸变和各种晶格缺陷，如点缺陷、位错、亚晶界、堆垛层错等。变形温度越低，变形量越大，则储存能越高。总的来看，储存能的总值还是比较小的。但是，由于储存能的存在，使冷变形后的金属材料的自由能升高，在热力学上处于不稳定的亚稳状态，它具有向形变前的稳定状态转化的趋势，但在常温下，原子的活动能力很小，使形变金属的亚稳状态可维持相当长的时间而不发生明显变化。如果温度升高，原子有了足够高的活动能力，那么，冷变形金属就能由亚稳状态向稳定状态转变，从而引起一系列的组织和性能变化。可见，冷变形储能可以表示为冷变形后金属的自由能增量，冷变形储能是冷变形金属发生组织变化的驱动力。

冷变形金属退火是将金属材料加热到某一规定温度，保温一定时间，而后缓慢冷至室温的一种热处理工艺。其目的是使金属材料内部的组织结构发生变化，使热力学的稳定性得以提高，从而获得所要求的各种性能。经完全再结晶的金属，其组织和性能将回复到平衡状态。冷变形金属退火过程是由回复、再结晶及晶粒长大三个阶段综合组成的，这三者又往往重叠交织在一起。

在第一个阶段，从显微组织上几乎看不出任何变化，晶粒仍保持伸长的纤维状，称为回复阶段；第二阶段，在变形的晶粒内部开始出现新的小晶粒，随着时间的延长，新晶粒不断出现并长大，这个过程一直进行到塑性变形后的纤维状晶粒完全改组为新的等轴晶粒为止，称为再结晶阶段；第三阶段，新的晶粒逐步相互吞并而长大，直到晶粒长大到一个较为稳定的尺寸，称为晶粒长大阶段。若保温时间不变，而使加热温度由低逐步升高时，也可以得到相似的三个阶段。我们将第一个阶段称为回复阶段，第二个阶段称为再结晶阶段，第三个阶段称为晶粒长大阶段。

在回复阶段，硬度值略有下降，但数值变化很小，而塑性有所提高。强度一般是和硬度成正比例的一个性能指标，所以由此可以推知，回复过程中强度的变化也应该与硬度的变化相似。在再结晶阶段，硬度与强度均显著下降，塑性大大提高。如前所述，金属与合金因塑性变形所引起的硬度和强度的增加与位错密度的增加有关，由此可以推知，在回复阶段，位错密度的减小有限，只有在再结晶阶段，位错密度才会显著下降。

冷变形金属加热退火时会发生回复及再结晶过程，经完全再结晶的金属，其组织和性能将回复到平衡状态。冷变形金属加热时发生的基本过程如图 7-5 所示。

根据加热退火时，冷变形金属所发生过程的实质，可将这类退火分为再结晶退火、回复退火和消除内应力退火等基本形式。

7.3.2 回复

7.3.2.1 回复机理

回复过程的本质是点缺陷运动和位错运动的重新组合。低温回复以点缺陷运动为主，胞状亚结构等细微结构基本不变。在较高温度下，回复过程的主要变化是位错运动及位错重新组合。它包括异号位

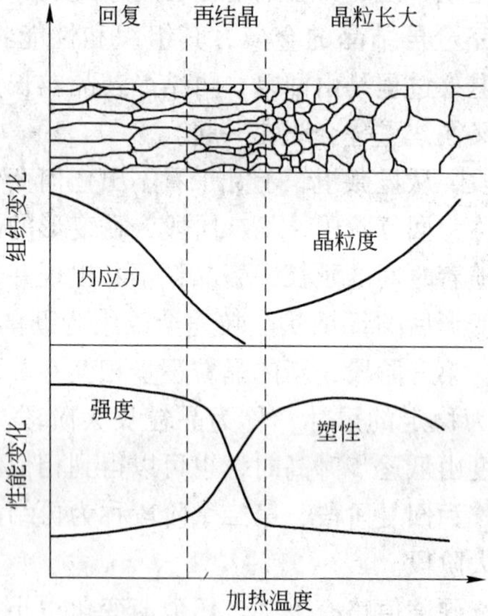

图 7-5 冷变形金属加热退火时组织性能的变化

错的对消，多边化亚晶及变形胞状组织转变为典型的亚晶组织。上述过程将使金属的微观结构发生明显的变化。

在低温回复时，主要涉及点缺陷的运动，它们可以移至晶界或位错处消失，也可以聚合起来形成空位对、空位群，还可以与间隙原子相互作用而消失。总之，点缺陷运动的结果，使其密度大大减少，由于电阻率对点缺陷比较敏感，所以它的数值有较显著的下降，而力学性能对点缺陷的变化不敏感，所以这时力学性能不发生变化。

在中等温度和较高温度回复时，主要涉及位错的运动。由于此时的加热温度较高，不仅原子有很大的活动能力，而且位错也开始运动起来：异号位错可以互相吸引而抵消，缠结中的位错进行重新组合，亚晶粒也会长大，当温度更高时，位错不但可以滑移，而且可以攀移，产生多边形化。

7.3.2.2 回复退火温度及时间对回复过程的影响

回复的程度是温度和时间的函数。温度越高，回复的程度越大。当温度一定时，回复的程度随时间的延长而逐渐增加。但在回复初期，变化较大，随后就相当慢，当达到了一个极限值后，回复也就停止了。在每一温度，回复程度大都有一个相应的极限值，温度越高，这个极限值越大，同时达到这个极限值所需的时间越短。进行回复退火时，没有必要过分延长保温时间。

应当指出的是，回复与再结晶退火是相互竞争的过程，它们的驱动力都是变形状态下的储能，一旦再结晶开始，形变亚结构消失，回复就不会进行。因此，回复的程度取决于再结晶的难易程度。相反，因为回复会降低再结晶的驱动力，所以回复也会影响到再结晶。回复不能使冷变形储能完全释放，只有再结晶过程才能使加工硬化效应完全消除。

回复退火也称为去应力退火，使冷加工的金属在基本保持加工硬化状态的前提下降低其内应力（主要是第一类内应力），减轻工件的翘曲和变形，降低电阻率，提高材料的耐腐性并改善塑性和韧性，提高材料使用时的安全性。

7.3.3 再结晶

冷变形后的金属加热到一定温度之后，在原来的变形组织中产生新的无畸变的等轴晶粒，而性能也发生了明显的变化，并恢复到完全软化状态，这个过程称为再结晶。再结晶的驱动力是变形时与位错有关的储能，再结晶将使这部分储能基本释放。随着储能的释放，应变能也逐渐降低，新的无畸变的等轴晶粒的形成及长大，使之在热力学上变得更为稳定。再结晶晶粒与基体间的界面一般为大角度界面，这是再结晶与多边化过程所产生亚晶间的主要区别。

7.3.3.1 再结晶形核与晶核长大

再结晶过程的第一步是在变形基体中形成一些晶核，这些晶核由大角度界面包围且具有高度结构完整性。然后，这些晶核就以“吞食”周围变形基体的方式而长大，直至整个基体为新晶粒占满为止。

再结晶晶核的必备条件是它们能以界面移动方式吞并周围基体，进而形成一定尺寸的新生晶粒，故只有与周围变形基体有大角度界面的亚晶才能成为潜在的再结晶晶核。因此，再结晶晶核一般优先在原始晶界、夹杂物界面附近、变形带、切变带等处生成。

A 再结晶晶粒的形核机制

a 晶界弓出形核机制

当金属材料的变形程度较小时，再结晶晶核常以这种方式形成。由于变形度小，金属的变形很不均匀，有的晶粒变形大，位错密度也大，有的晶粒变形小，位错密度也小。回复退火后，它们的亚晶粒大小也不同。当再结晶退火时，在显微镜下可以直接观察到，晶界中的某一段就会向亚晶粒细小位错密度高的一侧弓出，弓出的部分即作为再结晶晶核，它吞食周围基体而长大（图 7-7*c*）。此过程的驱动力来自因变形不均匀而导致的晶界两侧的位错密度差。

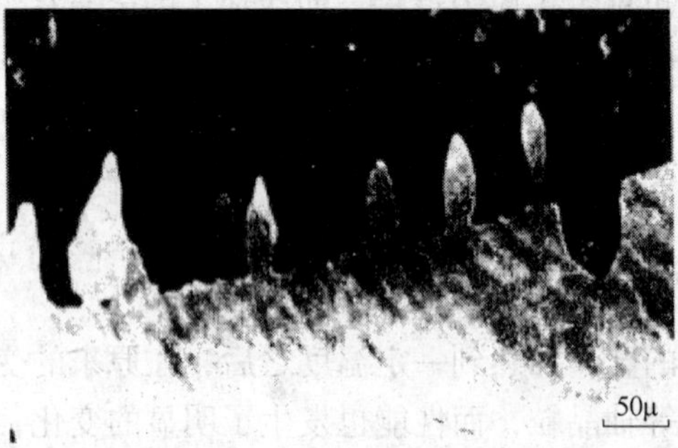

图 7-6 压缩 40% 并在 328℃退火 1h 的铝晶界弓出形核

b 亚晶长大形核机制

亚晶长大形核一般在大的变形度下发生。在回复阶段，亚晶长大时，原分属各亚晶界的同号位错都集中在长大后的亚晶界上，使其与周围基体位向差角增大，逐渐演变成大角度界面。此时，界面迁移速率突增，开始真正的再结晶过程。亚晶长大的可能方式有两种，即亚晶的合并形核（图 7-7*a*）以及亚晶晶界移动形核（图 7-7*b*）。

上述两种主要形核机制起主要作用的是扩散过程，包括位错攀移、亚晶转动所必需的体扩散等。因此，再结晶形核随温度升高而加速。

B 晶核长大

再结晶晶核形成之后，它就可以自发、稳定地生长。再结晶晶核

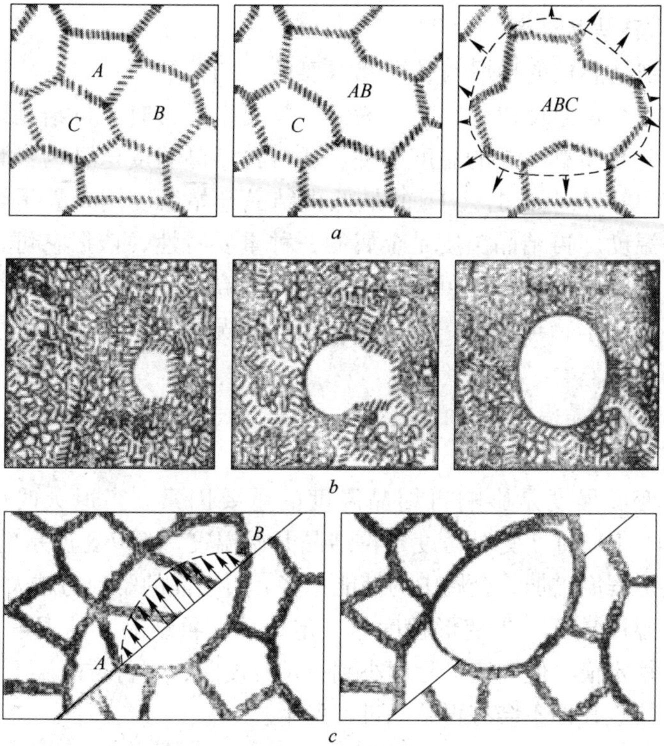

图 7-7　再结晶形核机制示意图

a—亚晶粒合并形核；*b*—亚晶界移动形核；*c*—弓出形核

是消除了加工硬化、结构上较为完整的新晶粒，但晶核外的基体仍处于变形状态，它们间的储能差就成为晶界迁移的驱动力，晶核将以晶界向周围变形基体中推进的方式进行，界面移动的方向总是背向其曲率中心的方向。

通过晶核长大，变形基体将全部转变为再结晶组织状态。当旧的晶粒完全消失，全部被新的、无畸变的再结晶晶粒所取代时，再结晶过程即告终结，此时的晶粒尺寸即为再结晶的起始尺寸。与形核过程一样，晶粒的长大也是热激活过程，温度的升高会使长大加速。

7.3.3.2 再结晶温度及其影响因素

A 再结晶温度

再结晶晶核的形成与长大都需要原子的扩散，只有把冷变形金属加热到一定温度以上，足以激活原子发生迁移时，再结晶才能进行，因此必须有一定的温度条件。通常再结晶温度定义为：将变形程度在70%以上，退火1h的最低再结晶开始温度用来表示金属的再结晶温度。再结晶温度是金属的一种重要特性，依据它可选择合理的退火温度范围，也可用来衡量材料的高温使用性能。再结晶温度并不是一个物理常数，在成分一定的情况下，它与变形程度及退火时间有关。

B 再结晶温度影响因素

a 冷变形程度

冷变形程度是影响再结晶温度的重要因素。当退火时间一定（一般取1h）时，变形程度与再结晶开始温度呈图7-8所示的关系。随冷变形程度增加，金属中的储能越多，再结晶的驱动力越大，再结晶开始温度越低。当变形程度达一定值后，再结晶开始温度（$T_{开}^{再}$）趋于一稳定值。但当变形程度小到一定程度时，则再结晶温度趋向于金属的熔点，即不会有再结晶过程发生。

b 退火时间

退火时间是另一重要因素。延长退火时间，再结晶温度降低，两者关系的一般形式如图7-9所示。

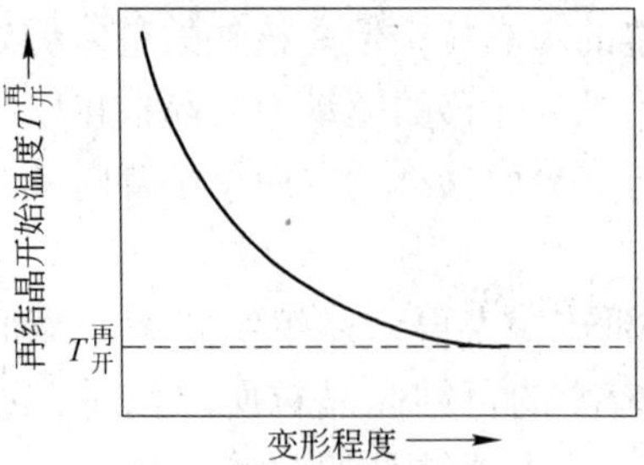

图7-8 变形程度与再结晶开始温度的关系

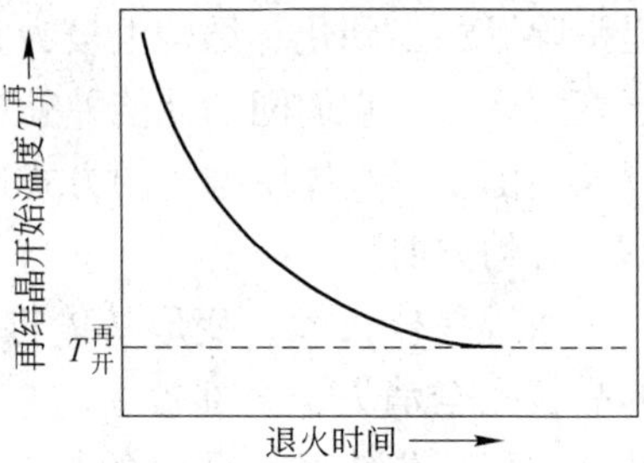

图7-9 退火时间与再结晶开始温度的关系

c 加热速度

加热速度过慢或过快均有升高再结晶温度的趋势。当加热速度十分缓慢时，则变形金属在加热过程中有足够的时间进行回复，使储能减少，从而减少再结晶的驱动力，再结晶温度升高。加热速度过快，也会提高金属再结晶温度，其原因在于再结晶形核和长大都需要时间，若加热速度过快，则在不同温度下的停留时间短，使之来不及形核及长大，所以再结晶温度推迟。

d 合金成分

在固溶体范围内，加入少量元素通常能急剧提高再结晶温度。金属愈纯，少量元素的作用愈明显。这是因为杂质及合金元素溶入基体后，趋向于位错、晶界处偏聚，阻碍位错的运动和晶界的迁移，同时杂质及合金元素还阻碍原子的扩散，因此显著提高再结晶温度。

e 变形温度

变形温度高，则金属变形过程中就可能产生回复，使储能减小，再结晶的形核速率和长大速率降低，再结晶温度升高。

f 原始晶粒

原始晶粒小，变形储能高，再结晶温度就低。

7.3.3.3 再结晶晶粒尺寸

晶粒大小及其均匀性是再结晶后的主要组织特征，直接影响到材料的使用性能和工艺性能（如冲压性能）以及表面质量等。

A 影响晶粒大小的主要因素

a 合金成分的影响

一般来说，随合金元素及杂质含量增加，晶粒尺寸减小。因为不论合金元素溶入固溶体中，还是生成弥散相，均阻碍界面迁移，有利于得到细晶粒组织。但某些合金，若固溶体成分不均匀，则反而可能出现粗大晶粒组织，如3A21加工材的局部粗大晶粒现象。

3A21加工材退火后晶粒粗大的原因是：Al-Mn合金半连续铸锭由于冷却速度大，加上锰本身具有晶界吸附现象，不可避免地出现晶内偏析，即晶界附近区域含锰量较晶粒内部的高。锰强烈提高铝的再结晶温度，锰含量不同的区域再结晶温度也不同。含锰量高的区域再结晶温度较含锰量低的区域高。合金变形后退火时，若加热速度不太快，则温度达到低锰区再结晶温度后，该区就会形核生成再结晶晶粒。但高锰区此时不仅不发生再结晶，而且可能因回复而降低储能水平，使再结晶温度更高。继续升高至高锰区能发生再结晶时，低锰区晶粒早已长大，高锰区可能自身形核，也可能以低锰区再结晶晶核为核心而长大，最后形成局部粗大的晶粒组织。

为防止这种原因造成的粗晶组织，第一个措施是对铸锭进行均匀化退火，使固溶体成分均匀。3A21（LF21）半连续铸锭于600～640℃均匀化退火8h就是为此目的。第二个措施是再结晶退火时快速加热，使退火温度迅速达到高温，防止在不同浓度区域再结晶先后发生。第三个措施是控制化学成分，例如铁可减小3A21合金晶内锰偏析，钛可细化晶粒，故3A21中含有较高铁以及钛时，不用均匀化退火就能得到细晶粒。

b 原始晶粒尺寸的影响

在合金成分一定时，变形前的原始晶粒对再结晶后晶粒尺寸也有影响。一般情况下，原始晶粒愈细，原有大角度界面愈多，因而增加了形核率，使再结晶后晶粒尺寸小一些。但变形程度增加，原始晶粒的影响会减弱。

c 变形程度的影响

变形程度与晶粒尺寸的关系如图7-10及图7-11所示。

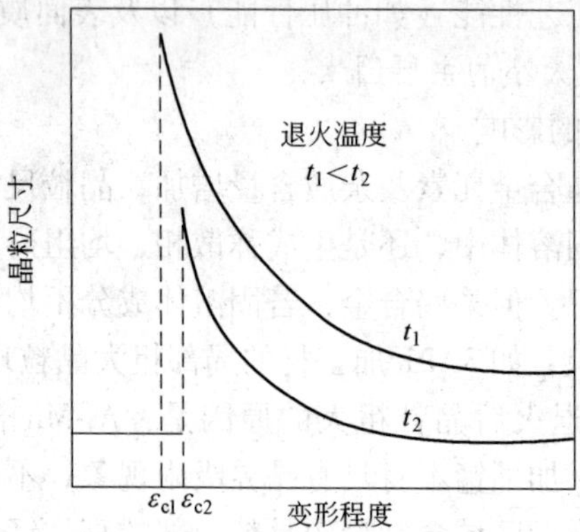

图7-10 变形程度对退火后晶粒尺寸的影响

（ε_c为临界变形程度）

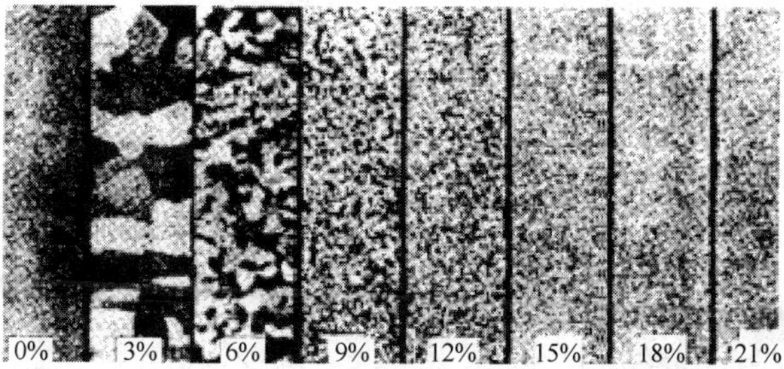

图 7-11 纯铝薄片在拉伸变形不同程度后于
500℃退火的晶粒大小

由某一变形程度开始发生再结晶并且得到极粗大晶粒，这一变形程度称为临界变形程度或临界应变，用 ε_c 表示。在一般条件下，ε_c 为 1%～15%。

实验证明，变形程度小于 ε_c，退火时只发生多边化过程，原始晶界只需做短距离迁移（约为晶粒尺寸的数百万分之一至数十分之一）就足以消除应变的不均匀性。当变形程度达 ε_c 时，个别部位变形不均匀性很大，其驱动力足以引起晶界大规模移动而发生再结晶。但由于此时形核率 N 小，形核率与晶核长大速度之比值 N/G 值也小（图 7-12），因而得到粗大晶粒。此后，在变形程度增大时，N/G 值不断增高，再结晶晶粒不断细化。

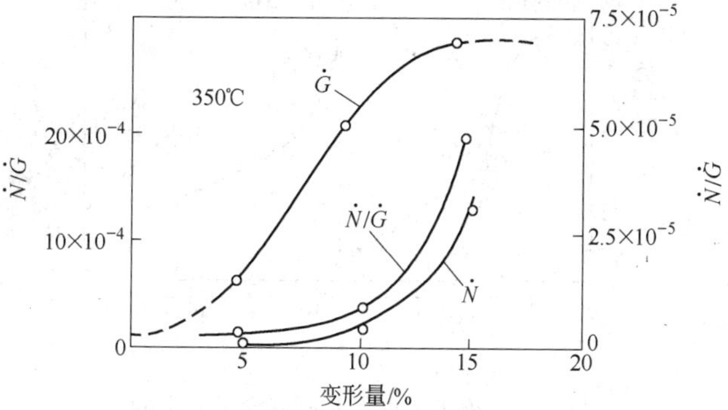

图 7-12 变形量对纯铝再结晶形核率 $\dot{N}$ 及长大速率 $\dot{G}$ 的影响

变形温度升高，变形后退火时所呈现的临界变形程度亦增加（图7-13）。这是因为高温变形的同时会发生动态回复，使变形储能降低。这一现象说明，为得到较细晶粒，高温变形可能需要更大的变形量。

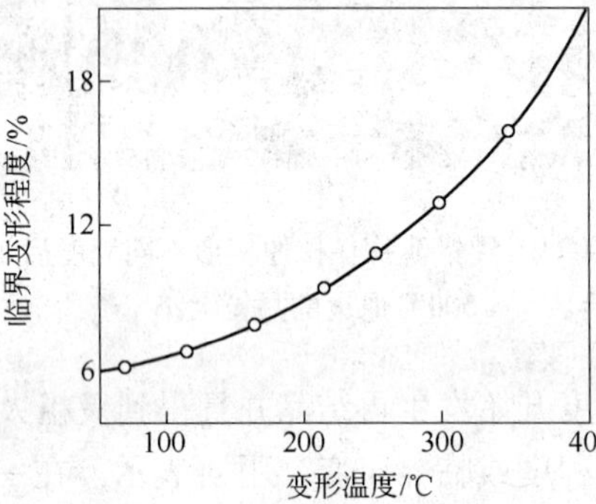

图7-13 铝的临界变形程度与变形温度的关系
（450℃退火30min）

金属愈纯，临界变形程度愈小（图7-14）。但加入不同元素影响程度不同。例如铝中加入少量锰可显著提高铝的 ε_c，但加入锌和铜时，加入量即使较大，影响也较微弱。这与锰能生成阻碍晶界迁移的弥散质点 $MnAl_6$ 有关。

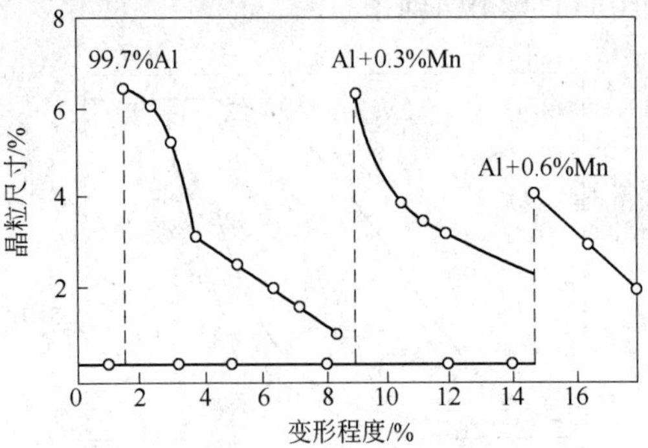

图7-14 变形程度对不同锰含量的铝的
再结晶晶粒尺寸的影响

ε_c有重要的实际意义。为使退火得到细小晶粒，应防止变形程度处在ε_c附近。但有时为得到粗晶、两晶粒晶体以及单晶体，可应用临界变形得到粗晶粒这一特性。

d 退火温度

退火温度升高，形核率 $\dot{N}$ 及晶核长大速率 $\dot{G}$ 增加。若两参数以相同规律随温度而变化，则再结晶完成瞬间的晶粒尺寸应与退火温度无关；若 $\dot{N}$ 随温度升高而增大的趋势较 $\dot{G}$ 增长的趋势为强，则退火温度愈高，再结晶完成瞬间的晶粒愈小。这两种情况都已在纯铝及铝合金中观察到。

但是，多数情况下晶粒都会随退火温度增高而粗化，这是因为实际退火时都已发展到晶粒长大阶段，这种粗化实质上是晶粒长大的结果。温度愈高，再结晶完成时间愈短，在相同保温时间下，晶粒长大时间更长，高温下晶粒长大速率也更大，因而最终得到粗大的晶粒。

e 退火保温时间

在一定温度下，退火时间增长，晶粒逐渐长大，但达到一定尺寸后基本终止。因为晶粒尺寸与时间呈抛物线形关系，所以在一定温度下晶粒尺寸均会有一极限值。若晶粒尺寸达极限值后，再提高退火温度，晶粒还会继续长大一直达到后一温度下的极限值。这是因为：原子扩散能力增高了，打破了晶界迁移力与阻力的平衡关系；温度升高可使晶界附近杂质偏聚区破坏，并促进弥散相部分溶解，使晶界迁移更易进行。

f 加热速度

加热速度快，再结晶后晶粒细小。

增大加热速度、细化再结晶晶粒的主要原因为：快速加热时，回复过程来不及进行或进行得很不充分，因而不会使冷变形储能大幅度降低。快速加热提高了实际再结晶开始温度，使形核率加大。此外，快速加热能减少阻碍晶粒长大的第二相及其他杂质质点的溶解，使晶粒长大趋势减弱。

B 再结晶晶粒形状及尺寸的不均匀性

不同的变形铝合金，再结晶晶粒呈等轴状或接近等轴状。含锰、铬、锆等元素的高合金化铝合金，再结晶晶粒呈细长形或扁平形。这是由于含锰、铬或锆的弥散脱溶质点在变形后呈带状或层状分布，使再结晶晶粒长大时受到制约。

正常情况下，再结晶晶粒尺寸在整个材料体积中应该大致均匀相等，有时也可能观察到不希望出现的组织不均匀性，这些不均匀性的基本形式及产生条件是：

（1）均匀的晶粒尺寸不均匀性：其特征是在整个体积中粗晶粒及细晶粒群大致均匀交替分布。这种不均匀性可能产生于二次再结晶未完成阶段。

（2）局部的晶粒尺寸不均匀性：其特征是粗晶粒分布在某一特定区域中。这种情况往往发生在强烈局部变形时，此时变形程度由强烈变形区的最大值一直过渡到远离该区的未变形状态。在过渡区中必然会存在处于临界变形程度附近的区域，退火时该区域就会成为粗晶区。假若这种局部变形情况在工艺上无法避免，则应采用回复退火以防粗晶出现。

（3）带状的晶粒尺寸不均匀性：其特征是粗、细晶粒分别沿主变形方向呈带状分布。当变形制品中弥散质点呈纤维状或带状分布时，再结晶退火可能造成带状的晶粒尺寸不均匀性。

（4）岛状的晶粒尺寸不均匀性：其特征是粗晶粒群与细晶粒群在整个体积中无规律地分布。这种不均匀性可能原因之一是铸锭中成分偏析，进而造成变形不均匀以及再结晶不均匀，最后形成程度不等的粗、细晶粒群。

上述的各种晶粒尺寸不均匀性及其产生条件都是一般性的。实际上，晶粒尺寸的不均匀性是多种多样的，其原因可由成分以及从铸锭到制品的整个工艺过程来分析。

晶粒尺寸不均匀对材料性能不利。一旦发生这些不均匀组织，不论随后采用哪种热处理都不能使其消除，应力求避免。

7.3.4 再结晶晶粒长大

再结晶阶段刚结束时，得到的是无畸变的等轴的再结晶初始晶粒。随着加热温度的升高或保温时间的延长，晶粒之间就会互相吞并而长大，这一现象称为晶粒长大，或聚合再结晶。根据再结晶后晶粒长大过程的特征，可将晶粒长大分为两种类型：一种是随温度的升高或保温时间的延长，晶粒均匀连续地长大，称为晶粒均匀长大；另一种是晶粒不均匀、不连续地长大，晶粒选择性地长大。

7.3.4.1 晶粒均匀长大

晶粒均匀长大又成为正常的晶粒长大或聚集再结晶。再结晶刚刚完成时，一般得到的是细小的等轴晶粒，当温度继续升高或进一步延长保温时间时，一部分晶粒的晶界向另一部分晶粒内迁移，结果一部分晶粒长大而另一部分晶粒消失，最后得到相对均匀的较为粗大的晶粒组织。由于一方面无法准确掌握再结晶恰好完成的时间，另一方面在整个体积中再结晶晶粒决不会同时相互接触。所以，通常退火后的晶粒都发生了一定程度的长大。

A 晶粒长大的驱动力

晶粒长大是以界面能为驱动力的，因而晶粒长大的驱动力比再结晶区动力约小两个数量级，所以晶粒长大速率比再结晶速率小。

再结晶晶核产生在某些条件有利的部位，具有相对的不均匀性；在晶核长大过程中，晶界的迁移速率也是不均匀的。因此，各晶粒在不同瞬间并且在其表面的不同点发生接触，使再结晶完毕后的晶粒具有不同尺寸以及各种偶然的不正规形状。这些晶粒间的晶界总界面能高，在界面各处表面张力往往不平衡，因而仍处于热力学不稳定状态。

B 影响晶粒长大的因素

晶粒长大是通过晶界迁移来实现的，所有影响晶界迁移的因素都会影响晶粒长大。

a 温度

由于晶界迁移的过程就是原子的扩散过程，所以温度越高，晶粒长大速度就越快。通常在一定温度下晶粒长大到一定尺寸后就不再长大，但升高温度后晶粒又会继续长大。

b 杂质及合金元素

杂质及合金元素溶入基体后都能阻碍晶界运动，特别是晶界偏聚现象显著的元素，其作用更大。一般认为被吸附在晶界的溶质原子会降低晶界的界面能，从而降低界面移动的驱动力，使晶界不易移动。

c 第二相质点

弥散的第二相质点对于阻碍晶界移动起着重要的作用。最近的实验研究结果表明，第二相质点对晶粒长大速度的影响与第二相质点半径（r）和单位体积内的第二相质点的数量（体积分数 φ）有关。晶粒大小与第二相质点半径成正比，与第二相质点的体积分数成反比。也就是说，第二相质点越细小，数量越多，则阻碍晶粒长大的能力越强，晶粒越细小。

d 相邻晶粒的位向差

晶界的界面能与相邻晶粒间的位向差有关，小角度晶界的界面能小于大角晶界的界面能，而界面移动的驱动力又与界面能成正比，因此，前者的移动速度要小于后者。

7.3.4.2 晶粒选择性长大——二次再结晶

A 二次再结晶现象

在具备了一定条件时，在晶粒较为均匀的再结晶基体中，少数晶粒具有急剧长大能力，逐步吞食掉周围的大量小晶粒，其尺寸超过原始晶粒的几十倍或者上百倍，比临界变形后形成的再结晶晶粒还要粗大得多，这种现象称为二次再结晶。从现象看，二次再结晶与再结晶类似，但再结晶发生于冷变形基体，晶核为长大了的亚晶；二次再结晶发生于已再结晶的基体，晶核为少数再结晶晶粒。二次再结晶发生在较高的温度，晶粒直径可达数毫米。

B 二次再结晶影响因素

二次再结晶是再结晶基体中大多数晶粒长大趋势很小（较稳定），只有少数晶粒能急剧长大的现象。所以二次再结晶的必要条件是基体稳定化，即正常晶粒长大受阻。在此前提下，由于某种原因使个别晶粒长大不受阻碍，则它们就会成为二次再结晶的核心。因此，凡阻碍正常晶粒长大的因素均对二次再结晶有影响。

a 弥散相

弥散相对正常晶粒长大的阻滞作用最为明显。这种阻滞作用与它们的弥散度、体积分数、分布特性和聚集与溶解的能力有关。若阻碍作用小，晶粒会正常长大；若阻碍作用很强（如弥散相体积分数很大），则再结晶晶粒过早稳定化，不仅正常长大不再进行，也难以使某些晶粒得到偶然长大的机会。只有在弥散质点阻碍晶粒长大作用很强，而且某种原因（其中最主要是温度升高）使它们局部聚集或溶解，从而减少对某些晶粒长大的阻碍作用的情况下，这些晶粒才可能成为二次再结晶晶核。因此，由弥散质点而导致的二次再结晶，只有在退火温度能使这些质点逐渐开始聚集粗化并发生溶解时，才有可能出现。

b 织构

若再结晶后产生了再结晶织构，则会存在“织构制动效应”。但在明显择优取向的材料中总存在少数不同位向的晶粒（如原始晶界附近），这些晶粒若尺寸较小或与平均尺寸相等，则会被周围晶粒所吞并。若这些位向的晶粒尺寸较平均晶粒尺寸大，就会发生长大而开始二次再结晶过程。原再结晶织构愈完善，则因正常长大更受抑制而使二次再结晶愈明显。

c 板材厚度

当板材晶粒尺寸达到厚度的2~3倍时，则正常晶粒长大完全停止。但当各晶粒自由表面（板面）的表面能不同时，表面能较低的晶粒就会长大。因为再结晶晶粒存在择优取向，大部分晶粒自由表面能相近，只有少数有一定位向差的晶粒才具有低的表面能，这种低表面能的少数晶粒就会成为二次再结晶晶核。理论证明，这种条件产生的二次再结晶，不要求晶核尺寸比平均晶粒尺寸大，它的唯一要求是表面能差。

d 退火气氛

自由表面能与表面吸附有关，因而不仅与退火温度有关，而且与退火气氛也有关。故可用改变气氛的方法控制同一种材料产生不同类型的二次再结晶，也可使产生了一种二次再结晶的材料转变成另一种二次再结晶。这种二次再结晶的转变称为三次再结晶。从现象看，三次再结晶是小晶粒吞并大晶粒的过程。

7.3.5 铝合金中厚板材退火工艺

7.3.5.1 铝合金中厚板材退火工艺参数优化

制定铝合金板材退火制度是一项复杂的工作，不仅要考虑退火温度和保温时间，而且要考虑合金成分、杂质含量、冷变形程度、中间退火温度和热变形温度的影响。制定合理的不完全再结晶退火温度时，先必须测出退火温度与力学性能之间的变化曲线，再根据技术条件规定的性能指标定出退火温度范围。

A 加热速度

加热速度是指单位时间内所升高的温度。确定板材加热速度应考虑下列因素：

(1) 板材的宽度、板垛的高度越大，板垛的热均匀性越差，若加热速度太快，容易造成板垛表面与心部温度差别太大。

(2) 快速加热易于得到细小均匀的组织，改善其性能。如3A21合金铝板，为防止退火过程中极易出现的局部晶粒粗大、晶粒不均匀现象，通常采用快速加热的方法，如在盐浴炉进行成品退火，由于盐浴加热的速度快，可以缩短退火时间，获得细小的晶粒。

(3) 在实际生产中，在保证质量的前提下，应尽量提高加热速度。

(4) 有轴流式循环风机的退火炉，由于气流循环快、温度均匀，可适当提高加热速度。加热速度的提高一般通过提高板材退火时定温来控制。

B 退火温度

退火温度是指板材成品退火时所要求保温时的金属温度。退火温度对退火质量影响很大，温度选择合理，不仅可以获得良好的产品质量，而且可以提高生产率，降低电力消耗。选择退火温度应考虑下列因素：

(1) 退火温度的高低对板材的组织和性能影响最大，尤其对中间状态铝板材，正确选择退火温度是保证中间状态铝板材组织和力学性能的关键。为保证铝板材的组织和力学性能，一般先采用试验室试验，根据试验室结果制定退火工艺，然后再在工业生产中进行生产试验。值得注意的是，按试验室结果选定的最佳退火工艺对铝板材的强度、伸长率的影响，在工业生产中往往并不理想，考虑工业生产中保温时间要长，一般将试验室选定的温度修正10～30℃再用于工业生产较为理想。

(2) 保温时间和要求的金属退火温度在一定的条件下可相互影响，保温时间长，金属退火温度就低。

C 保温时间

保温时间是指金属加热到规定的金属温度范围而需要保持的时间。保温时间和要求的金属温度在一定的条件下可相互影响，加热金属温度高，保温时间就短。当加热金属温度一定时，保温时间要保证铝板表面和内部温度在一定的时间内保持在一定的范围内。保温时间的选择要考虑下列因素：

(1) 保温时间要足以使铝板材表面、内部组织和性能均匀一致。

(2) 考虑到生产效率，在能够保证铝板材退火质量的前提下，应尽量提高退火温度，缩短保温时间。

D 冷却速度

冷却速度的选择要考虑以下因素。

a 组织和性能

对热处理不可强化铝合金板材，冷却速度对组织和性能的影响很小，但对热处理可强化的铝合金板材，如果冷却速度太快，第二相质点得不到充分长大，就有可能形成细小的弥散质点，造成部分淬火效应，使强度升高，塑性降低，所以对此类合金板材的冷却速度应加以控制。

b 生产效率

在保证质量的前提下，可适当加快冷却速度，缩短退火周期。

7.3.5.2 铝合金中厚板材退火制度

铝合金中厚板材退火制度见表7-1。

表7-1 铝合金中厚板材退火制度

合 金	状态	金属温度/℃	保温时间/h	冷却方式
1070A、1060、1050A、1035、1200、8A06	O	320~380	1.5	出炉空冷
2A12、2024、2A06、2219、2A14、2A11	O	360~380	2.0	冷却速度不大于30℃/h，冷却到250℃以下出炉

续表 7-1

合　金	状态	金属温度/℃	保温时间/h	冷却方式
3A21、3003、3004	O	400～500	1.5	出炉空冷
5A02、5052	O	340～380	1.5	出炉空冷
5A03	O	260～280	1.5	出炉空冷
5754、5083	O	310～320	2.0	出炉空冷
5A06	O	310～330	1.0	出炉空冷
6061、6063、6A02	O	380～400	1.5	出炉空冷
7A04、7A09、7075、7475	O	360～395	1.0	冷却速度不大于30℃/h，冷却到250℃以下出炉
1606、1100	H24	230～240	1.5	出炉空冷
3A21、3003	H24	280～320	1.0	出炉空冷
5052	H22	240～260	1.5	出炉空冷
5754	H22	240～250	1.5	出炉空冷
	H24	250～260	1.5	出炉空冷
5083	H321	120～140	2.0	出炉空冷

7.3.5.3 铝合金中厚板退火工艺控制要点

工艺控制要点是：

（1）装炉前，冷炉要进行预热，预热定温应与板材退火第一次定温相同，达到定温后保持30min方可装炉。

（2）查看仪表，测温热电偶接线是否牢固。测温料装炉前应处于室温。

（3）退火板材装炉时，料架与料垛应正确摆放在推料小车上，不得偏斜。

（4）测温板材料垛要均匀地放置在各加热区内。装一垛及多垛料时，都要用两只热电偶放于炉子的高温点和低温点，其放置位置在料垛高度的二分之一处，距端头500mm，插入深度不小于300mm，如果不同厚度板材搭配时效时，热电偶插在较厚的板垛上。

（5）热处理制度不同的退火板材，不能同炉退火；同炉内，料垛的高度差不大于300mm。板材退火料垛，最高不得超过900mm(包括底盘在内)。

(6) 为保证退火料温度均匀，热处理工可在±10℃范围内调整仪表定温。

(7) 热处理可强化铝合金板材退火料出炉时，出炉料板片上要盖上石棉布，以防止空气淬火影响板材成品性能。

(8) 出炉后的热料不允许压料，待降至100℃以下方可压料。

(9) 退火过程中因故停电，退火半硬状态板材，停电不超过1h，可继续按原制度加热；停电超过1h，将料出炉冷到定温后重新装炉退火。在保温过程中因故停电，要补足保温时间。

7.4 淬火

淬火是将铝合金在高温下所具有的状态以过冷、过饱和状态固定至室温的热处理形式。铝合金时效处理之前，先要通过固溶处理以获得过饱和固溶体。这种固溶体不仅对溶质原子是饱和的，对空位这种晶体缺陷也是饱和的，即处于双重过饱和状态。沉淀过程是一种原子扩散过程，而空位的存在是原子扩散所必需具备的条件。

7.4.1 固溶处理

热处理可强化的铝合金含有较大量的能溶入铝中的合金元素，如铜、镁、锌及硅等，它们的含量可超过室温及在中等温度下的平衡固溶度极限，甚至可超过共晶温度的最大溶解度。图7-15为铝合金典型的二元相图。成分为C_0的合金，室温平衡组织为α+β。α为基体固溶体，β为第二相。合金加热至T_q时，β相将溶入基体而得到单相的α固溶体，这种处理称为固溶处理。若温度降低至T_0以下，固溶体成为过饱和状态，超过平衡溶入量的溶质就有析出的倾向，在一定的条件下，多余的溶质就以β相的形式析出，这种现象称为脱溶或沉淀。过饱和度增加（对一定成分的合金而言，也就是相当于温度更低时)，脱溶驱动力也增大。若C_0合金自T_q温度以足够大的速度冷却，溶质原子的扩散和重新分配来不及进行，β相就不可能形核和长

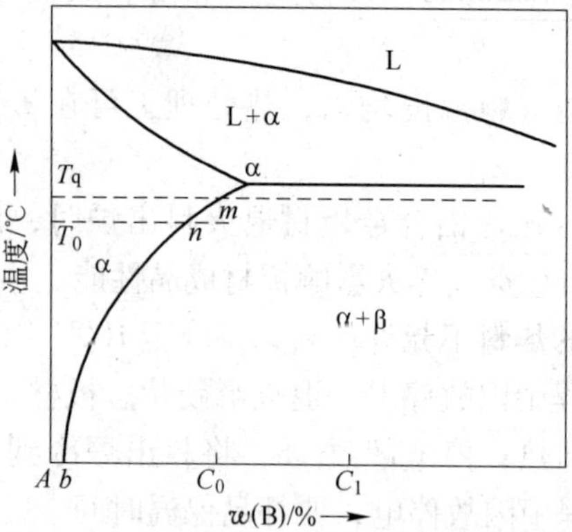

图 7-15 具有溶解度变化的二元铝合金相图

大，α 固溶体就不可能沉淀出 β 相，合金的室温组织即为 C_0 成分的 α 单相过饱和固溶体，这种处理就称为淬火，又称为固溶处理。

固溶处理后的组织不一定只为单相的过饱和固溶体。图 7-15 中成分为 C_1 的合金，在低于共晶温度下的任何温度都含有 β 相。加热至 T_q，合金的组织为 m 点成分的过饱和 α 固溶体加 β 相。若自 T_q 淬火，α 固溶体中过剩 β 相来不及沉淀，合金室温的组织仍与高温时的相同，只是 α 固溶体成为过饱和的了（成分仍为 m）。

7.4.2 铝合金固溶处理后性能的变化

固溶处理后性能的改变与相成分、合金原始组织及淬火状态组织特征、淬火条件、预先热处理等一系列因素有关，不同合金性能的变化大不相同。一些合金淬火后，强度提高，塑性降低，而另一些合金则相反，经处理后强度降低，塑性提高，还有一些合金强度与塑性均提高。此外，有很多合金在淬火后性能变化不明显。变形铝合金淬火后最常见的情况是在保持高塑性的同时强度升高，其塑性可能与退火合金的相差不大，典型例子是 2A12（表 7-2）。铸造合金淬火后与铸态性能比较，一般强度与塑性均同时提高（表 7-2）。

表 7-2 某些合金铸态退火态与淬火态的力学性能比较

合金牌号	R_m/N·mm^{-2}		A/%	
	退火（2A12） 铸造（ZL301） 铸造（ZL101）	淬 火	退火（2A12） 铸造（ZL301） 铸造（ZL101）	淬 火
2A12	196	294	25	23
ZL301	147	294	1	2
ZL101	157	196	2	6

固溶处理对强度和塑性的影响大小，取决于固溶强化程度及过剩相对材料的影响。若原来的过剩相质点对位错运动的阻滞不大，则过剩相溶解造成的固溶强化必然会超过溶解而造成的软化，提高合金强度。若过剩相溶解造成的软化超过基体的固溶强化，则合金强度降低。若过剩相属于硬而脆的粗质点，则它们的溶解也必然伴随塑性的提高。

淬火后的时效过程会使合金发生强化及软化，这些变化的特征可用不同温度下的等温时效曲线来说明（图 7-16）。从这些曲线可观察到下述特点：

（1）降低时效温度可以阻碍或抑制时效硬化效应（如在 -18℃时）；

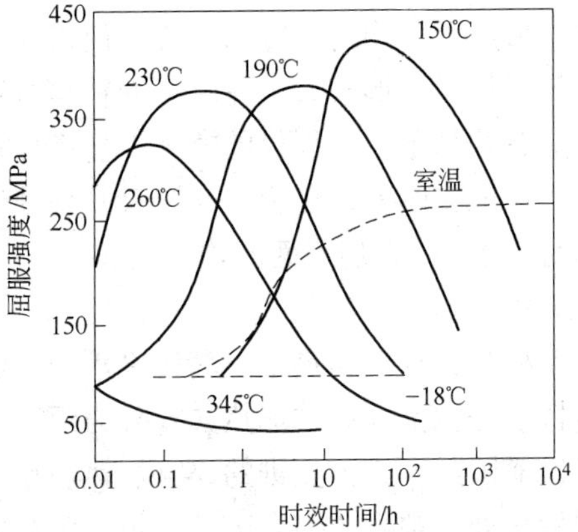

图 7-16 Al-4.5Cu-0.5Mg-0.8Mn 合金等温时效曲线

（2）温度增高则硬化速度以及硬化峰值后的软化速度也增大；

（3）在具有强度峰值的温度范围内，强度最高值随时效温度增高而降低。

淬火及时效是一种综合热处理工艺，用来提高铝合金的强度性能。因此，一般是合金最终处理，以充分发挥材料的使用潜力。但有些合金（如含镁量较高的铝合金），固溶处理（淬火）后由于抑制了β相的析出，可大大提高塑性，因此可用淬火代替退火，作为冷变形前的软化手段。

7.4.3 铝合金中厚板的淬火工艺

7.4.3.1 铝合金中厚板淬火方式

A 盐浴炉加热

盐浴炉加热流程是：硝盐炉加热→冷水淬火→硝酸蚀洗→冷水清洗。

盐浴炉的特点是：设备结构简单，制造及生产成本低，易于温度控制；但安全性差，耗电量大，不易清理，常年处于高温状态，调温周期长。使用盐浴炉热处理具有加热速度快、温差小、温度准确等优点，充分满足了工艺对加热速度和温度精度的要求，板材的力学性能得到保证。其缺点是：转移时间很难由人工准确地控制在理想范围内，有不确定的因素；在水中淬火时，完全靠板片与冷却水之间的热交换而自然冷却，形成了不均匀的冷却过程，使得淬火后的板材内部应力分布很不均匀；板材变形较大，在随后的精整过程中易造成表面擦伤、划伤等缺陷，并且不利于板材的矫平；盐浴加热时，板面与熔盐直接接触，板面形成较厚的氧化膜，在淬火后的蚀洗过程中很容易形成氧化色（俗称花脸），影响表面的均一性。

B 空气炉加热

空气炉淬火流程是：空气加热室→高压冷水室→低压冷水室。

空气炉加热特点是：空气炉的加热方式分为辊底式空气炉和吊挂式空气炉两种。目前国际上最为先进的淬火加热炉型为辊底式空气淬火加热炉。用这种热处理炉生产铝合金淬火板，工艺过程简单，板材单片加热及单片冷却，可均匀快速加热，冷却强度大、均匀性好，使得淬火板材具有优良的综合性能。其缺点是相对于盐浴炉而言加热过程升温时间较长，生产效率有所降低。

C 辊底式加热炉简介

辊底式淬火炉主要用于铝合金板材的淬火，特别适用于铝合金中厚板的淬火，以达到使合金中起强化作用的溶质最大限度地溶入铝固溶体中，提高铝合金的强度。辊底式淬火炉一般为空气炉，可采用电加热、燃油加热或燃气加热。辊底式淬火炉对板材加热、保温，通过辊道将板材运送到淬火区进行淬火，辊底式淬火炉淬火的板材具有金属温度均匀一致（金属内部温差仅为±1.5℃）、转移时间短等特点。表7-3列出了辊底式淬火炉的主要技术参数，其结构组成如图7-17所示。

表7-3 东北轻合金有限责任公司辊底式淬火炉主要技术参数

制造单位	奥地利EBNER公司	制造单位	奥地利EBNER公司
炉子形式	辊底式炉	炉子最高温度	600℃
用　途	铝合金板材的淬火		
加热方式	电加热	控温精度	≤±1.5℃
板材规格	(2～100mm)×(1000～1760mm)×(2000～8000mm)	控温方式	计算机自动控制

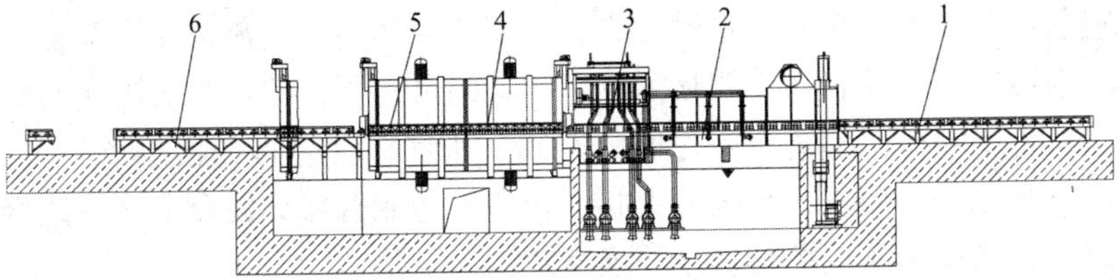

图7-17 辊底式淬火炉

1—装料辊道台；2—固溶处理区；3—前强冷淬火区；4—后弱冷淬火区；5—干燥区；6—卸料辊道台

辊底式淬火炉生产线由5部分组成：装料辊道台，固溶处理区，淬火区（前强冷淬火区，后弱冷淬火区），干燥区，卸料辊道台。采用电加热，通过强大的风机使高温气流从炉顶及炉底的一排排喷嘴喷到被加热的板上，既能以最快的速度使板材升温，又能确保加热温度均匀一致。气流温度与流量可自动调控，因而板材的温度可自动调节。

板材在炉内保温一定时间后，立即以设定的速度进入强冷却区即主淬火区。通过喷嘴把经过处理的既定温度的强大水流喷射到板的上下面进行淬火，水的流速是可调的，因而可根据板的厚度与合金成分的不同调节淬火速度，一方面保证有必需的冷却速度，另一方面又能保证尽可能均匀的冷却，将板中的残余应力降到尽可能低的水平，确保板材不会发生不允许的变形与扭曲。板材在主淬火区降到一定温度后进入弱冷却区，使温度下降到设定的温度。板材降到设定温度后进入干燥区，表面受到强风吹扫，吹除水分和潮气。

辊底式淬火炉生产线采用以下关键技术：

（1）喷射加热技术。

在加热炉内铝合金板由上下分布的空气喷嘴系统进行快速均匀地加热，喷射速度为30～70m/s，加热速率为1mm/min，喷射加热与其他加热相比，可以提高传热系数，达到快速升温的目的。同时，均匀排列的喷嘴和精确的空气导流可以得到最小的温度偏差。为了达到最佳效果，要合理设计喷嘴的角度、排列、大小和多少；同时配置高温、高压、高效率风机，精确的循环系统以及特殊的密封系统。

（2）喷射冷却技术。为了使固溶热处理效果更好，卧式炉采用喷射冷却技术代替立式水槽淬火。主要特点是高压大流量喷水系统是喷射冷却的主体，移动式喷嘴可满足不同尺寸规格铝合金板淬火的要求；上下喷嘴与铝合金板之间的距离，水和铝合金板的接触点位置，上下喷水的一致性，喷嘴的形状、角度等是能否保证铝合金板快速冷却、冷却变形小的关键。

（3）传动技术。连续固溶热处理铝合金板的最关键技术就是在整个热处理过程中保证铝合金板不划伤，无压痕和镶嵌物，保持铝合金板的表面光滑。传动刷辊既可保证铝合金板表面质量，又可保证铝合金板与辊子之间有热空气流动，铝合金板任意点加热均匀。另外，分段传动时的变频调速、摆动传动、伺服同步传动等都是影响铝合金板表面质量的关键因素。

7.4.3.2 铝合金淬火工艺制定原则

淬火是铝合金材料的最重要和要求最严格的热处理操作，其目的是为了得到高浓度的过饱和固溶体，给自然时效和人工时效创造必要的条件。因此，制定淬火工艺制度时，必须恰当地选择加热温度、加热速度、保温时间、转移时间和冷却速度等。

A 加热温度

在淬火加热过程中，要求合金中起强化作用的溶质，如铜、镁、硅、锌等能够最大限度地溶入铝固溶体中。因此，在不发生局部熔化（过烧）及过热的条件下，应尽可能提高淬火加热温度，以便时效时达到最佳强化效果。

晶粒尺寸是淬火处理时需要考虑的另一重要组织特征。对于变形铝合金来说，淬火前一般为冷加工（如冷轧板材）或热加工（如热轧制品）状态，在加热过程中，除了发生强化相溶解外，也会发生再结晶或晶粒长大过程。热处理可强化铝合金的力学性能对晶粒尺寸相对不敏感，但过大的晶粒对性能仍是不利的。因此对高温下晶粒长大倾向性大的合金（如6A02等），应限制最高淬火加热温度。

B 加热速度

淬火加热速度也影响晶粒尺寸。因为第二相有利于再结晶形核，高的加热速度可以保证再结晶过程在第二相溶解前发生，从而有利于提高形核率，获得细小的再结晶晶粒。但应该注意，当淬火工件较厚、装炉量较多时，如果加热速度过快，可能会出现加热不透或不均匀的现象。

C 保温时间

保温的目的在于使相变过程能够充分进行（强化相应充分溶解），使组织充分转变到淬火需要的状态。保温时间长短主要取决于合金成分、原始组织及加热温度。加热温度愈高，相变速率愈大，所需保温时间愈短。

材料的预先处理和原始组织（包括强化相尺寸、分布状态等）对保温时间也有很大影响。就同一合金来说，变形程度大的要比变形程度小的所需时间短。在已退火的合金中，强化相尺寸比已淬火-时效的粗大，故退火状态合金淬火加热保温时间比重新淬火的保温时间长得多。对于包铝板材，为防止铜原子向包铝层扩散穿透而降低耐腐蚀性能，保温时间应严格控制，不可随意延长。

保温时间还与装炉量、工件厚度、加热方式等因素有关。装炉量愈多、工件愈厚，保温时间愈长。盐浴炉加热比气体介质加热速度快，时间短。

D 转移时间

板材从热处理炉转移到淬火介质中的时间与淬火效果有直接的关系，转移时间的影响与降低平均冷却速度的影响相似，对材料的腐蚀性能和断裂韧性影响最大，尤其对淬火敏感性强的合金，更应严格控制淬火转移时间，厚板一般控制在25s以内，转移时间越短，材料的综合性能越好。

E 冷却速度

淬火的目的是使合金快速冷却至某一较低温度（通常为室温），使在固溶处理时形成的固溶体固定成室温下溶质和空位均呈过饱和状态的固溶体。

一般来说，采用最快的淬火冷却速度可得到最高的强度以及强度和韧性的最佳组合，提高制品的腐蚀及应力腐蚀抗力。冷却速度增大，制件的翘曲、扭曲的程度以及制件中残余应力也会增大，给随后进行的精整矫直带来了困难。降低冷却速度，虽然可减小制件的变形并减小残余应力，但在冷却过程中易发生局部脱溶，会使晶间腐蚀倾向性增大。同时降低冷却速度也必然影响材料的力学性能。

合理的淬火冷却速度应使制品淬火后的强度高，晶间腐蚀敏感性小，且变形最小。

铝合金制品淬火后在冷却过程中会发生脱溶，根据脱溶的等温动力学曲线——*C* 曲线，就可以知道在一定温度下脱溶出一定溶质（平衡相），造成强度下降一定数值（如强度降为最高值的99.5%）所需要的时间，或使腐蚀行为从点腐蚀改变成晶间腐蚀所需要的时间。图7-18 和图 7-19 分别表示 2A12 合金自然时效后腐蚀行为及 7A04 合金人工时效后用屈服强度表示的 *C* 曲线。在曲线鼻部附近是具有最快脱溶速率的温度范围，通常这一温度范围称为临界温度范围。

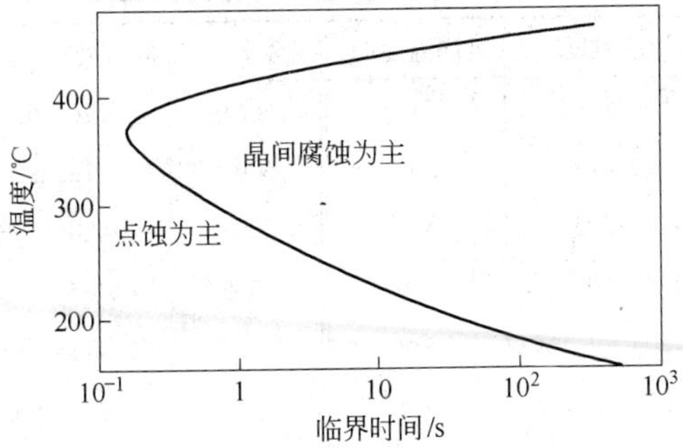

图 7-18 2A12 合金自然时效后的 C 曲线

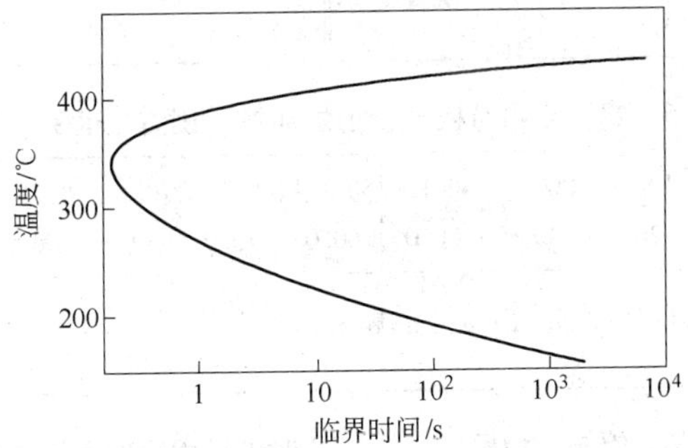

图 7-19 7A04 合金人工时效后的 C 曲线

由于临界温度范围是合金自高温冷却时，固溶体最容易发生分解的温度区间。所以通过临界温度范围时的冷却速度对合金的性能有很大影响。只要在临界温度范围时的冷却速度足够大，就能够有效地减缓固溶体的分解，获得较高的强度和较满意的抗腐蚀性能。当温度降到临界温度范围以下时，降低冷却速度可以使制品的变形减小。

7.4.3.3 铝合金中厚板淬火制度

铝合金中厚板材典型淬火固溶温度见表 7-4。

盐浴炉淬火和空气炉淬火的推荐固溶处理保温时间分别见表 7-5 和表 7-6。

表 7-4 典型铝合金中厚板淬火温度

铝合金牌号	固溶处理温度/℃	过烧温度/℃	铝合金牌号	固溶处理温度/℃	过烧温度/℃
2A11	500 ±2	514	6061	520 ~530	580
2024，2A12	498 ±2	505	6063	525 ±2	615
2017	498 ~505	510	6082	520 ~530	
2014，2A14	498 ~505	509	7075	465 ~475	525
2A06	505 ±2	518	7475	475 ~485	
2A16	535 ±2	545	7050	475 ~485	
2618	525 ~535	550	7022	460 ~480	
2219	530 ~540	543	7020	460 ~500	
2124	498 ±2		7A04	470 ±2	525
6A02	525 ±2	565	7A09	470 ±2	525

表 7-5 铝合金中厚板（盐浴炉加热）固溶处理保温时间

板材厚度/mm	6.1 ~10.0	10.1 ~20.0	20.1 ~40.0	40.1 ~50.0	50.1 ~60.0	60.1 ~70.0	70.1 ~80.0	80.1 ~90.0	90.1 ~105.0	106 ~120
保温时间/min	50 ~60	60 ~70	70 ~80	80 ~90	90 ~100	100 ~110	110 ~120	130 ~150	170 ~180	190 ~210

表 7-6 铝合金中厚板（空气炉加热）固溶处理保温时间

板材厚度/mm	6.1 ~12.7	12.8 ~25.4	25.5 ~38.1	38.2 ~50.8	50.9 ~63.5	63.6 ~76.2	76.3 ~88.9	89.0 ~101.6
保温时间/min	60 ~70	90 ~100	120 ~130	150 ~160	180 ~190	210 ~220	240 ~250	270 ~280

7.4.3.4 铝合金中厚板材（盐浴）淬火工艺控制要点

工艺控制要点是：

（1）盐浴淬火时，盐浴炉的液面应比淬火的板片的上边高出150mm，加热器露出液面的高度不超过350mm，并根据液面的高度及时补充硝盐。

（2）换合金、改定温及补充硝盐时，盐浴温度达到定温后，必须保持30min以上，并经测温合格后方可生产。盐浴炉温差 ±2℃。

(3) 盐浴淬火的板片料垛要三面整齐，以利于淬火生产。需盐浴淬火的板片必须冷却到室温后方可装炉。

(4) 淬火水槽水温不高于30℃。清洗槽 HNO_3 浓度为3% ~ 16%；NaOH浓度为2% ~5%，其温度为30 ~50℃。

(5) 盐浴淬火必须按批、按合金装炉生产，不同合金不允许在同一炉里淬火。同一合金但包铝层厚度不同，也不能在同一炉内淬火。如2A12与2A12B板材不可装在同一炉内。

(6) 板片上有油膜，淬火时必须上下多提升几次，使油膜在炉外燃烧完，然后再加入炉内淬火。带水的板片不允许加入炉内，淬火的板片不允许靠在加热元件上。

(7) 对有严重弯曲板片，淬火前应进行矫直处理。

(8) 板片加入炉内，达到定温后开始计算保温时间。

(9) 淬火时转移时要快、准、稳。高锌铝合金淬火转移时间不超过25s，其他合金淬火转移时间不超过30s。

(10) 严禁有机物加入盐浴炉中，镁合金及镁含量大于10%的高镁铝合金，严禁在盐浴炉内进行热处理。

(11) 为保证板材的表面质量和防火要求，料挂、横梁上的硝盐必须每周清理一次，天车一季度清理一次，房梁一年清理一次。

7.5 时效

淬火后大多数铝合金得到亚稳定的过饱和固溶体。因为是亚稳定的，所以存在自发分解趋势。有些合金室温就可分解，但它们中的大多数需要加热到一定温度，增加原子热激活概率，分解才得以进行。这种室温保持或加热以使过饱和固溶体分解的热处理称为时效。

大多数铝合金在室温下就可产生脱溶过程，这种现象称为自然时效。自然时效可在淬火后立即开始，也可经过一定的孕育期才开始。不同合金自然时效的速度有很大区别，有的合金仅需数天，而有的合金则需数月甚至数年才能趋近于稳定态（用性能的变化衡量）。若将淬火得到的基体为过饱和固溶体的合金在高于室温的温度下加热，则脱溶过程可能加速，这种操作称为人工时效。

7.5.1　脱溶序列及脱溶相的结构

7.5.1.1　脱溶的一般序列及其特征

A　一般序列

时效时第二相的脱溶符合固态相变的阶次规则，即通常发现在平衡脱溶相出现之前会出现一种或两种亚稳定结构。有些亚稳定结构在光学显微镜下观察不到，这也是时效现象最初使人迷惑不解的原因。通过X射线及电子显微镜研究证明，脱溶的一般顺序如下：

$$\underbrace{\text{偏聚区(或称 GP 区)}}_{\text{预脱溶期}}\longrightarrow \text{过渡相}\underbrace{\text{(亚稳相)}\longrightarrow\text{平衡相}}_{\text{脱溶期}}$$

脱溶时不直接沉淀平衡相的原因，是由于平衡相一般与基体形成新的非共格界面，界面能大，而亚稳定的脱溶产物往往与基体完全或部分共格，界面能小。相变初期新相比表面大，因而界面能起决定性作用，界面能小的相，形核功小，容易形成。所以首先形成形核功最小的过渡结构，再演变成平衡稳定相。

B　特征

脱溶过程极为复杂，并非所有合金的脱溶均按同一顺序进行。脱溶序列的复杂性表现在下列几方面：

（1）各个合金系脱溶序列不一定相同，例如A1-Cu系合金可能出现两种过渡相 θ″及 θ′，而大部分合金系只存在一种过渡亚稳相（表7-7）。

表7-7　主要铝合金系的脱溶序列

合　金　系	脱溶序列及平衡脱溶相
Al-Cu	GP区（盘状）→θ″→θ′→θ（Al_2Cu）
Al-Zn-Mg	GP区（球状）→ η′→η（$MgZn_2$） GP区（球状）→ τ′→τ（$Al_2Mg_3Zn_3$）
Al-Mg-Si	GP区（杆状）→β′⟶β（Mg_2Si）
Al-Cu-Mg	GP区（杆或球状）⟶S′→S（Al_2CuMg）

(2) 同系不同成分的合金，在同一温度下时效，可能有不同脱溶序列。过饱和度大的合金更易出现 GP 区或过渡相。

(3) 同一成分合金，时效温度不同，脱溶序列也不一样。一般时效温度高时，预脱溶阶段或过渡相可能不出现或出现的过渡结构较少。温度低时，则可能只停留在 GP 区或过渡相阶段。

(4) 合金在一定温度下时效时，由于多晶体各部位的能量条件不同，在同一时期可能出现不同的脱溶产物。例如，在晶内广泛出现 GP 区或过渡相，而在晶界有可能出现平衡相。也就是说，偏聚区、过渡相及平衡相可在同一合金中同时出现。

关于 (2)、(3) 两点可作以下说明：

1) 若 A-B 系合金固态存在 α 及 β 两相，两相在某温度 T_1 时的自由能-成分关系曲线见图 7-20。由公切线定律可确定某一合金（x_0）在 T_1 时平衡的 α 及 β 相成分。作不同温度下的自由能-成分关系曲线，则由一系列的平衡 α 及 β 相成分可得 β 相在 α 相中的固溶度曲线。若此合金系可能出现过渡相及 GP 区，则它们的自由能-成分关系曲线分别为 $G_{\beta'}$ 和 G_{GP}。GP 区结构与基体相同，所以其自由能曲线与基体自由能曲线连在一起。根据公切线定律同样可确定过渡相及 GP 区在 α 相中的固溶度曲线。

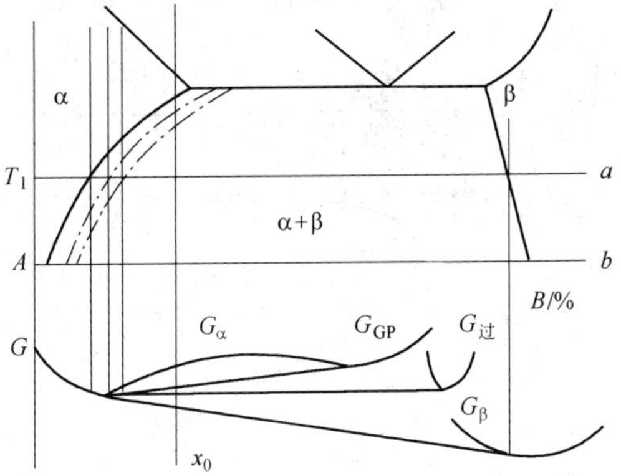

图 7-20　A-B 系相图及 T_1 温度下的自由能-成分图

2) 根据不同脱溶产物的固溶度曲线（图 7-21）可知，在一定温度（T_1）下，C_1 合金只可能析出平衡相 β，C_2 合金可析出过渡相及平衡相，C_3合金则三种结构均可析出。在成分一定（如 C_3）时，温度低（T_1）时三种结构均可析出，温度稍高（T_2）只可能析出过渡相及平衡相，温度更高（T_3）则只能析出平衡相。

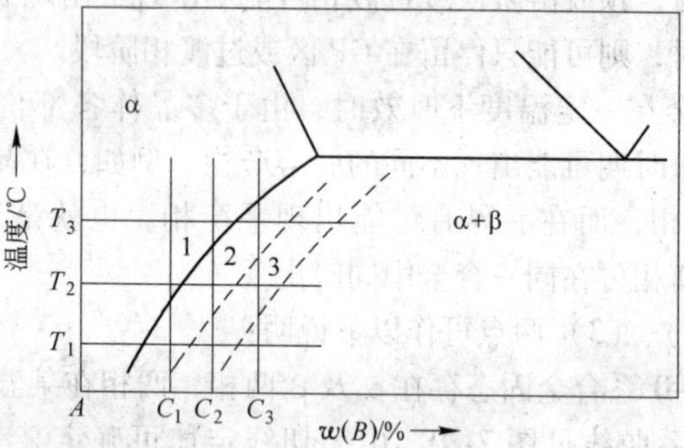

图 7-21　亚稳定相图

1—β 相固溶度曲线；2—过渡 β′相固溶度曲线；
3—GP 区固溶度曲线

3）采用自由能-成分图和亚稳定相图，只能说明脱溶时可能析出的产物。若要阐述不同结构脱溶产物的析出顺序，用 *TTT* 图更为清楚。

图 7-22 为某合金（如图 7-21 中的 C_3合金）过饱和固溶体分解的

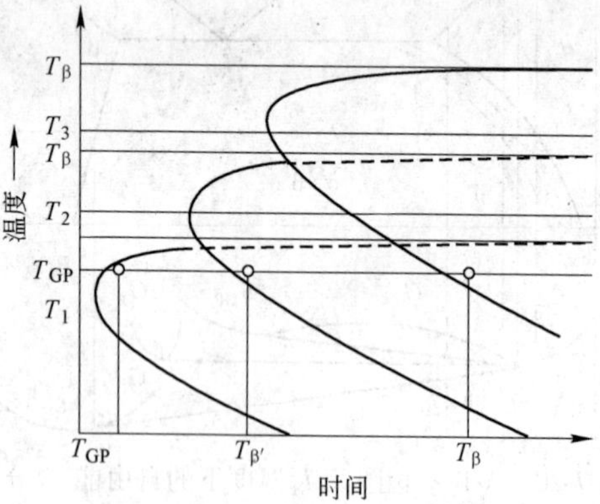

图 7-22　过饱和固溶体分解时，GP 区、过渡相 β′及平衡相 β 形成的 *C* 曲线示意图

TTT 图，T_{GP}、$T_{\beta'}$ 及 T_{β} 分别为 GP 区、过渡相及平衡相在 α 相中完全溶解的温度。由于 GP 区的成分和结构与基体的相差甚小，故其形成孕育期较短，过渡相 β′的孕育期稍长，平衡相孕育期更长。由图可见，低温（T_1）时效时，经 T_{GP} 出现 GP 区，达 $T_{\beta'}$ 时出现过渡相，平衡相经 T_{β} 后才出现，故此时的脱溶序列为 GP 区→β′→β。同样，中温（T_2）时，脱溶序列为 GP 区→β′→β。高温（T_3）时将直接析出 β 相。

不同温度下可能的脱溶序列见表 7-8。

表 7-8　同一成分合金不同温度下可能的脱溶序列

时效温度	驱动力			可能的脱溶序列
	ΔG_{GP}	$\Delta G_{\beta'}$	ΔG_{β}	
高	正 ⟶	正 ⟶	负	平衡相
中	正 ⟶	负 ⟶	更负	过渡相⟶平衡相
低	负 ⟶	更负 ⟶	最负	GP 区⟶过渡相⟶平衡相

以上说明了合金中各种脱溶相可能出现的时间顺序（等温条件下）以及温度顺序（等时条件下）。各种脱溶相的相互关系有下列三种可能性：

（1）各种脱溶相均独立形核。在较稳定脱溶相形核时，较不稳定的脱溶相逐渐溶解，所偏聚的溶质逐渐转移至较稳定的脱溶相中。从前面的分析可知，在不同条件下，GP 区、过渡相及平衡相都可能是首先观察到的脱溶产物，所以，至少可以证明，它们是能单独形核的。若在合金的某一微观区域存在一过渡相及一平衡相（图7-23），根据图 7-20，与过渡相平衡的基体浓度将大于与平衡相平衡的基体浓度，因而在基体中就会形成某一组元的浓度梯度，造成箭头方向的溶质原子扩散流。溶质原子扩散破坏了两种脱溶相与基体间的浓度平衡关系。结果，过渡相不断溶解，平衡相不断长大。

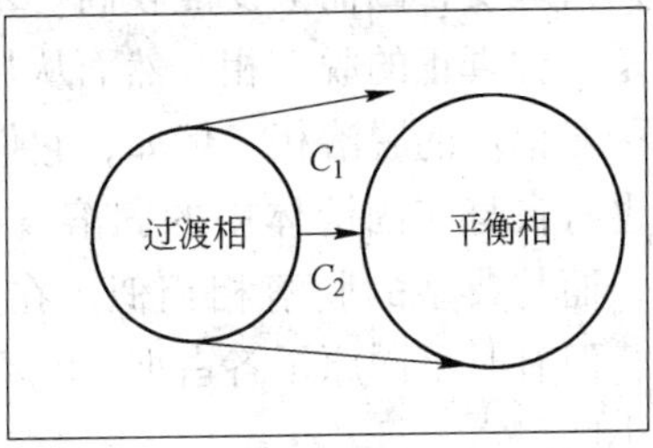

图 7-23　不同脱溶相在基体中形成的浓度差

（2）稳定性较小的脱溶相经

晶格改组而转变成更稳定的脱溶相。这种情况通常只有在它们的结构相差不大时才有可能。研究证明，Al-Cu 系中的 GP 区可以直接改组成 θ″，θ 也可由 θ′演变而来。有实验证明 θ′也可由 GP 区改组而成。

（3）较稳定的相在较不稳定的相中形核，然后在基体中长大。实验证明，A1-Zn-Mg 系合金人工时效时，η 相是在自然时效的 GP 区上形核的。这种情况也可以理解，因为较不稳定的相含有较多溶质原子（与基体比较），从成分起伏的角度来看，对更稳定相的形核有利。这种情况又称原位形核。

7.5.1.2 脱溶相结构

A 预脱溶期产物（原子偏聚区）

1906 年首先发现 Al-Cu-Mg 系合金的时效现象，此后很多人就致力于时效本质的研究。1938 年 A. Guinier 和 G. D Preston 各自独立地发现 Al-Cu 合金单晶经自然时效后在劳厄照片上出现异常衍射条纹。他们认为，这是在基体固溶体晶体的｛100｝面上偏聚一些铜原子，构成富铜的碟形薄片（约含 90% Cu），其厚度为$(3\sim6)\times10^{-10}$m，直径为$(40\sim80)\times10^{-10}$m，为纪念这两位发现者，称 Al-Cu 合金中这种“二维”溶质原子偏聚区为 GP 区。现在，GP 区已用来称呼所有合金中预脱溶的原子偏聚区。或者更确切地说，GP 区是合金中能用 X 射线衍射法测定出的原子偏聚区。

a GP 区的特点

GP 区晶格结构与基体的结构相同，因为富集了溶质原子而使原子间距有所改变。它们与基体完全共格，界面能小，但可能导致较大的共格应变，因而应变能较高。基于此种结构特征，一般认为 GP 区不是一种真正的脱溶相。然而从热力学观点来看，也有人认为它们是一种亚稳定的脱溶相。例如，它们能长期稳定，可发生聚集长大，而且也有自身在固溶体中的固溶度曲线，这些都与一般的浓度起伏不同，而与典型的脱溶相相似。在 GP 区内部，通常异类原子任意分布，但有时不同原子各占据 GP 区内特定的位置，成为一种晶格有序的小区。

GP 区尺寸很小，其大小与时效温度有关。在一定的温度范围内，GP 区尺寸随时效温度升高而增大。例如，Al-Cu 合金 GP 区在室温时直径约为50×10^{-10}m，100℃时为200×10^{-10}m，而150℃时约为600×10^{-10}m。

GP区与基体共格，其形状主要取决于共格应变能。组元原子直径差不同的合金，应变能也不同，因而GP区的形状也不相同（表7-9）。

表7-9 不同系中GP区的形状

GP区形状	系 统	原子直径差/%
球 形	Al-Ag Al-Zn Al-Zn-Mg	+0.7 -1.9 +2.6
盘 状	Al-Cu	-11.8
针 状	Al-Mg-Si Al-Cu-Mg	+2.5 -6.5

b GP区的形成机制

GP区的形成机制可能有两种：

（1）Spinodal分解。根据图7-20中自由能-成分关系曲线可知，GP区与基体的自由能曲线是连续的，曲线上必然存在两个旋点。成分处在旋点间的合金，淬火后就可能以Spinodal分解方式析出GP区。

（2）正常的形核—长大过程。在均匀的固溶体中，总存在着各种各样的成分起伏，也就是说，存在着各种尺度的溶质原子偏聚现象。浓度愈高，温度愈低，则偏聚现象愈明显。Thomas等人用电子显微镜薄膜技术，直接观察了Al-20%Ag纯合金的脱溶过程。他们发现，该合金即使在很高的固溶温度（500℃）时也不是均匀固溶体，而是存在着直径为$(20\sim100)\times10^{-10}$m，密度约$4\times10^{6}/cm^{3}$的球形偏聚区。合金淬火并于200℃时效，偏聚区的密度增加到$10^{17}/cm^{3}$。可见，偏聚区在固溶处理（淬火）后就已存在，在随后时效时又大量产生。当偏聚区尺寸大到能克服形核功时，就会成为晶核而长大，长大到能产生X射线衍射效应时就成为GP区。

作为GP区晶核的微小偏聚区，数量非常大，形成速度极高，但只有长大到一定尺寸才能成为GP区。可见，GP区形成速度基本上取决于偏聚区长大速度。偏聚区的长大需要原子扩散迁移，因此，以溶质原子的扩散速度应可估计GP区的形成速度，反之亦然。

GP区的形成速度与空位浓度有关。增加空位浓度和延长空位寿命都会形成较大尺寸的GP区。因空位浓度随时间延长而迅速减小，因此GP区只在开始阶段形成得较迅速。从另一方面看，空位及空位群有较高能量，也是溶质原子富集的场所，因此也有利于GP区形核。

空位在基体中有相对的均匀性，所以GP区的形核和分布也相对均匀。

B 过渡相（亚稳定相）

过渡相与基体可能有相同的晶格结构，也可能结构不同，往往与基体共格或部分共格并有一定的晶体学位向关系。由于结构上过渡相与基体差别比GP区与基体差别更大一些，故过渡相形核功比GP区的大得多。为降低应变能和界面能，过渡相往往在位错、小角界面、堆垛层错和空位团处不均匀形核。因此，它们的形核率主要受材料中位错密度的影响。此外，过渡相亦可在GP区中形核。

过渡相形状主要受界面能和应变能的综合影响。此外，扩散过程的方向性以及晶核长大的各向异性也可使某些脱溶微粒具各种奇怪的复杂形状。

Al-Cu合金有两种过渡相，即θ′和θ″相，它们的单位晶胞结构见图7-24*c*和图7-24*d*。θ″质点厚度约20×10^{-10} m，直径约300×10^{-10} m，正方结构，$a=b=4.04\times10^{-10}$ m，在这两个晶向上和铝晶格完全匹配。但$c=7.68\times10^{-10}$ m，比两个铝晶胞的长度（8.08×10^{-10} m）稍短一些。θ″相相当均匀地在基体中形核且与基体完全共格，具有$\{100\}_{\theta''}\parallel\{100\}_{\alpha}$的位向关系。由于θ″相结构与基体已有差别，因而与GP区比较，在θ″相周围会产生更大的共格应变（图7-25），因而导致更大的强化效应（图7-26）。在透射电镜中，θ″相的形貌与GP区

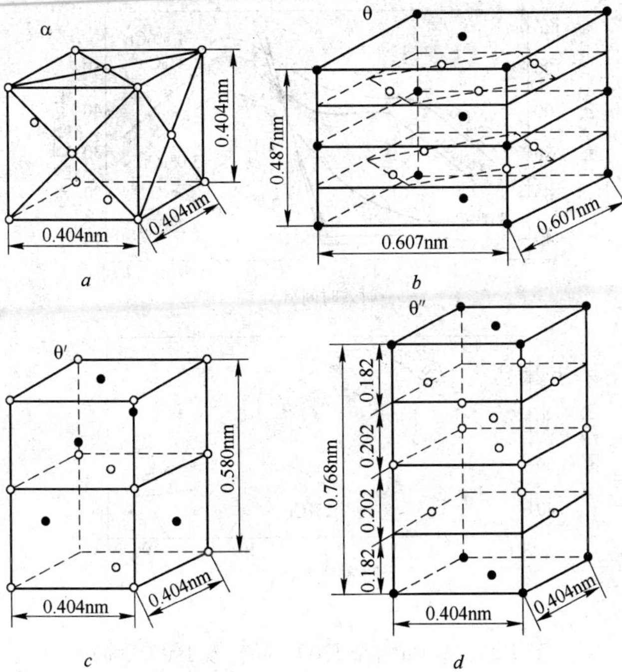

图 7-24 Al-Cu 合金的相结构

a—Al；*b*—θ；*c*—θ′；*d* - θ″

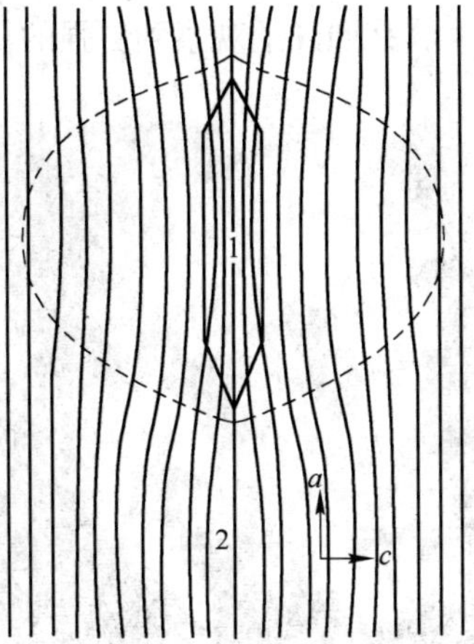

图 7-25 θ″相周围的弹性应变区

1—θ″相；2—基体

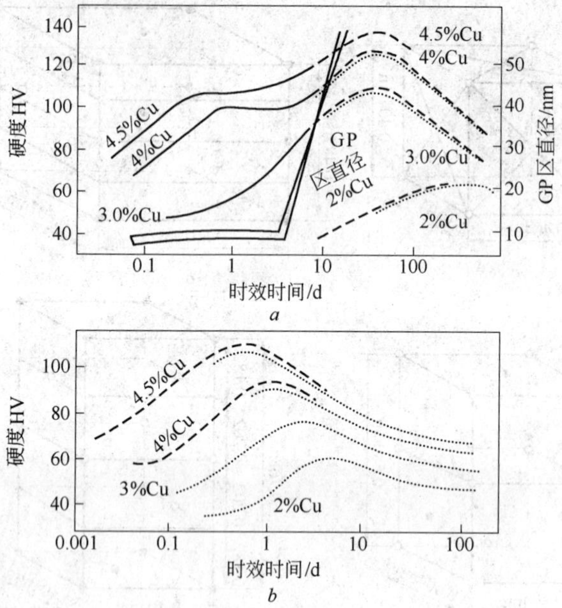

图 7-26　Al-Cu 合金 130℃（*a*）及 190℃（*b*）
时效时硬度与时效时间和脱溶相结构关系
（结构—GP ···· θ′θ″）

相似，但因共格应变大，在照片上观察到更强的衍射效应（图 7-27）。

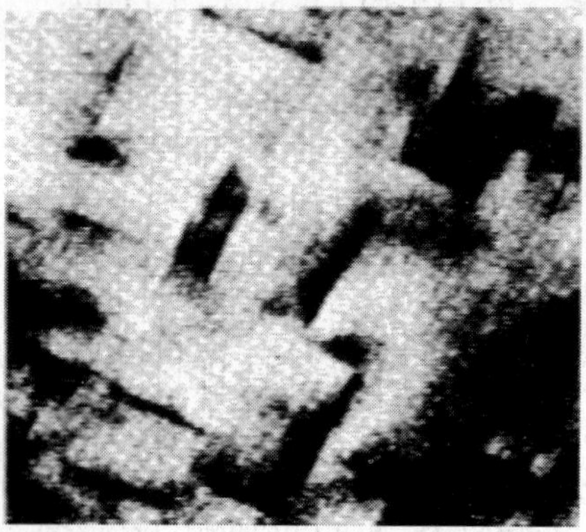

图 7-27　θ″相透射电镜图像（290000 ×）

H. K. Hardy 认为，θ″是由 GP 区重排而成，因此 θ″称为 GP（II）区，而将 GP 区称为 GP（I）区。目前，在有些文献中仍沿用这种名称。但是从电子显微图像比较来看，θ″相形核需经一定孕育期，并且一旦形成后就长大得很快。而 GP 区形成几乎看不到孕育期，其长大速度却比 θ″的慢得多。因此，将 θ″相视为过渡相更为合理。

Al-Cu 合金第二种过渡相是 θ′相，它是该系合金第一种能在光学显微镜下观察到的脱溶产物，其尺寸达到 2×10^{-7}m 数量级。此相也为正方结构，$a=b=0.04\times10^{-10}$m，$c=5.8\times10^{-10}$m，$\{100\}_{\theta'}\parallel\{100\}_{\alpha}$，与基体部分共格。θ′相的透射电镜照片见图 7-28，可看到局部较清晰的相界面，θ′相的成分可能为 $Cu_2Al_{3.6}$，与平衡相（θ 即 $CuAl_2$）稍有差别。θ′对合金的强度和硬度也可能有一定贡献，但硬度和强度最大值发生在 θ″数量处于最大值时，当 θ′数量增加，质点长大时，使共格应变降低，与此同时，θ″数量也减少，因而 θ′的出现将逐渐使合金进入过时效状态（软化）。

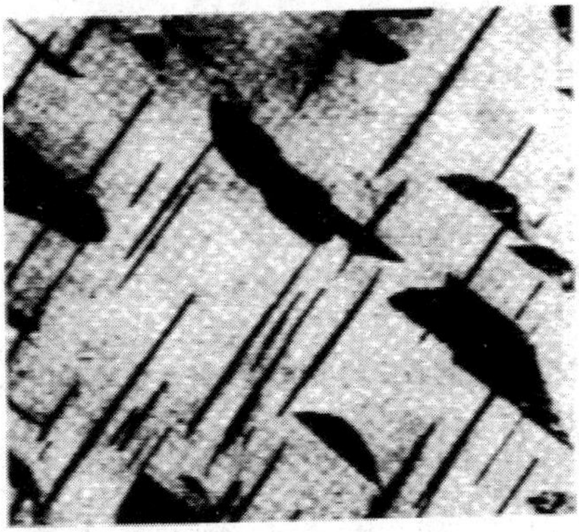

图 7-28 θ′相透射电镜图像（36000×）

在很多其他合金中，往往只有一种过渡相存在。

C 平衡相

在更高温度或更长的保温时间下，过饱和固溶体会析出平衡相。平衡相成分与结构均已处于平衡状态，一般与基体相无共格结合，但也有一定的晶体学位向关系。Al-Cu 合金析出的平衡相为 θ（$CuAl_2$），若非共格θ相出现时，合金软化而远离最高强度状态。

平衡相形核是不均匀的，由于界面能非常高，所以往往晶界或其他较明显的晶格缺陷处形核以减小形核功。

对脱溶期产物来说，不论是平衡相还是过渡相，它们都易以片状或针状在基体的低指数面生成，若无再结晶等其他过程干扰，则显微组织将呈现脱溶相规则分布的魏氏组织形态。

7.5.2 铝合金时效强化机理

铝合金强化取决于位错与脱溶相质点间的相互作用。当运动位错遇到脱溶质点时，可能在质点周围生成位错环或以切过质点的方式通过脱溶质点的阻碍。铝合金时效开始阶段的脱溶相（GP 区或某种过渡相）与基体共格，尺寸较小，因而位错可以切过，位错切割机制起作用，此时的屈服力增量取决于切过质点的所需的应力。继续时效时，脱溶相体积分数及尺寸均增加，切过它们所需的应力加大，使强化值增加，最后脱溶相质点逐步向半共格或非共格质点（过渡相或平衡相）转变，尺寸也进一步加大，当达到一定尺寸时，位错在质点周围形成位错环所需的应力会小于切割质点的应力，因而位错成环机制开始起作用，并使合金强度随脱溶相质点进一步加大而降低。

铝合金时效强化影响因素有：

(1) 脱溶相的体积。在一般情况下，如果其他条件相同，脱溶相的体积分数（f）愈大，则强度愈高。f值大的合金要求高温下固溶度大，通常可由相图来确定获得高固溶度的成分及工艺。

(2) 第二相质点的弥散度。一般来说，平衡脱溶相与基体不共格，界面能比较高，形核的临界尺寸大，晶粒长大的驱动力也大，不易获得高度弥散的质点。因此，生成 GP 区以及共格或部分共格的过渡相可使合金得到高的强度。通常，为使合金有效强化，脱溶相间的间距应小于1μm。

(3) 脱溶相质点本身对位错的阻力。大的错配度引起大的应变场，对强化有利；界面能或反相畴界能高，也对强化有利。

7.5.3 铝合金中厚板时效工艺

7.5.3.1 影响时效过程及铝合金性能的因素

A 合金成分

若按照获得最大强化的规程进行淬火时效，则二元合金硬度增量与合金元素含量关系如图 7-29 中 *Amnp* 线所示。抗拉强度及屈服强度增量具有同样的趋势。浓度低于 C_1，的合金不可能时效，只有当浓度大于 C_1 后，随着第二组元浓度增加，合金时效后硬度增量将增加，达最大值（*n* 点）后缓慢降低。

在其他条件相同时，合金 C_3 可得到较合金 C_2 更高浓度的过饱和固溶度，因而脱溶相密度可能更大，时效后 C_3 合金强化值较 C_2 合金大，这就是 mn 段硬度增量升高的原因。循此规律，C_5 合金应有最大时效效果，但实际上要得到 C_5 浓度的过饱和固溶体需从共晶温度淬火，从工艺上讲会发生过烧而不可能实现。所以，接近极限固溶度的 C_4 合金在时效后将获得最大强化值。浓度超过极限固溶度（C_6、C_7）的合金，在同一温度下淬火并在同一温度时效后，虽然基体中脱溶相密度相同，但由于不参与时效过程的 β 相体积分数逐渐增多，α 基体

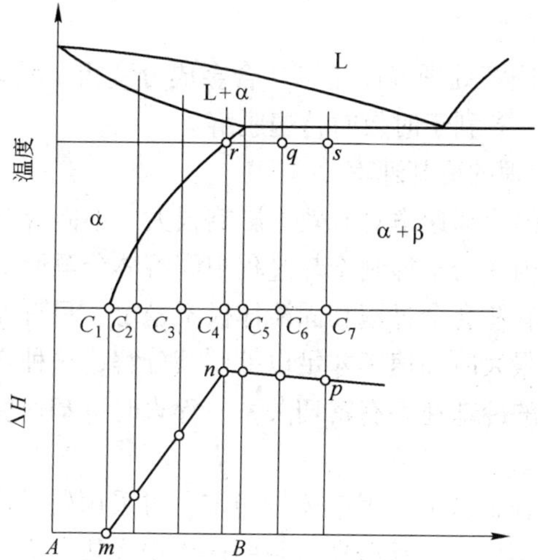

图 7-29 时效后硬度可能的最大增量与二元系合金成分关系

（ΔH 为时效后及淬火后合金硬度值差）

量逐渐减少，因而整个强化增量降低。

时效后合金强度绝对值也与淬火合金原始强度有关。基体固溶体强度一般随溶质元素浓度增加而提高，故接近共晶温度极限固溶度成分的合金，淬火状态强度最高，时效后也有最大的强化增量。因此，最高强度的时效合金在状态图上位于接近极限固溶度的位置，并且由于固溶体过饱和程度愈高，分解愈迅速，因而达到强化最大值的时效时间愈短。

多元合金成分对时效的影响，本质上与二元系相同，可根据同样规律进行分析。

B 固溶处理制度

a 固溶处理温度

在不发生过烧或过热的前提下，提高固溶处理温度可以加速时效过程，并在某些情况下提高硬度峰值。其原因有以下几点：

(1) 随固溶处理温度升高，空位数量增加，淬火后就能保留更高的过饱和空位浓度，加速扩散过程，促进过饱和固溶体分解。

(2) 固溶处理温度愈高，强化相在固溶体中溶解愈彻底，因而淬火后固溶体的过饱和度愈大，使随后时效时脱溶加速，并使合金得到更大的硬度和强度。

(3) 提高固溶处理温度还可使合金成分变得更均匀，晶粒变粗，晶界面积减小，有利于时效时普遍脱溶。

b 固溶处理的冷却速率

固溶处理的冷却速率对时效的影响很大。不同合金过饱和固溶体稳定性不同，因而为了抑制冷却过程中固溶体分解所要求的临界冷却速率也不同。有些合金过饱和固溶体极不稳定，只有淬火的试样十分细小或者采用很大冷却速率才足以抑制其分解，这种合金的时效效果与固溶处理后的冷却速率有密切关系。淬火时冷却速度愈快，时效后硬度也愈高。

也有一些合金过饱和固溶体较稳定，可采用较慢速度冷却。

淬火急冷不可避免地会在材料中产生很大热应力，有时这种热应力可能达到屈服强度，使材料局部塑性变形，从而促使脱溶相在滑移带和变形区中形核，从而改变脱溶相形状和分布。

C 时效时间

一般情况下，时效时间增加，合金抗拉强度、屈服强度及硬度不断增大。如果时效温度比较高，这些性能达最大值后开始下降（图 7-30 T_2 及 T_3 曲线），此时就进入了过时效阶段。过时效可能有下列一些原因：

（1）早先形成的脱溶相发生聚集粗化，间距加大。

（2）数量较少的更稳定脱溶相代替数量较多的稳定性较低的脱溶相。

（3）共格脱溶相开始由半共格的，然后由非共格的脱溶相所取代，因而使基体中弹性应力场减小或消失。

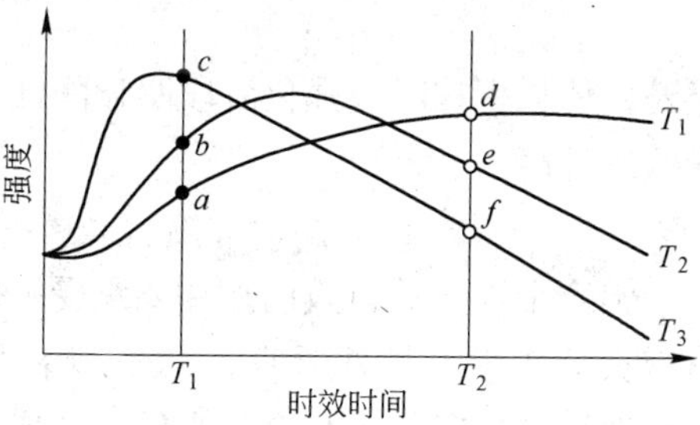

图 7-30 在不同温度（$T_1 < T_2 < T_3$）下时效时强度与时效时间的关系示意图

不同合金以及同一合金不同时效温度下强化的最大值，对应于不同的组织状态。大多数情况下，在过饱和固溶体晶粒内生成 GP 区和过渡相或只析出高密度过渡相时，合金达到最大强化。

若时效温度相当低，则不会发生过时效，合金因共格脱溶相密度增大并长大变粗而不断强化。但这过程及相应的强化达一定程度后就基本停止发展（图 7-30 中 T_1 曲线）。例如，硬铝合金在室温下时效（自然时效）就是这种情况。

D 时效温度

在相同时效时间的条件下，时效后强度性质与时效温度关系如图 7-31 所示。时效温度升高，强度逐渐增高，达一极大值后又降低。当时效温度足够高时，有些合金的强度可低于新淬火的状态，这种强

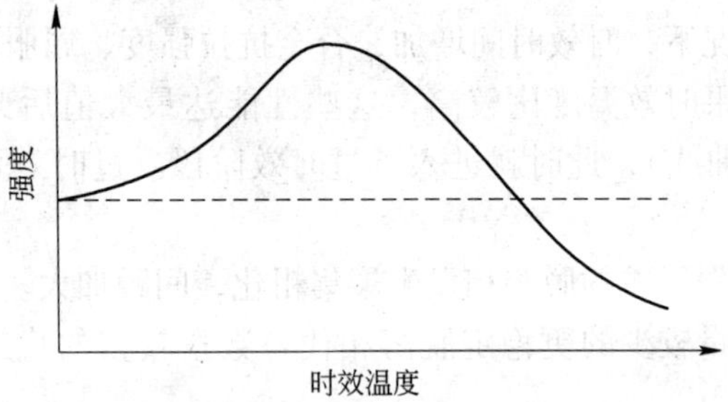

图 7-31 保温时间相同时，强度与时效温度关系示意图

烈的过时效是由于脱溶相明显聚集，以及基体中合金元素浓度大大降低所造成的。

除强度性能外，伸长率在时效强化阶段明显降低，在过时效时改变不大，略有降低或升高。

E 塑性变形

实际生产中，铝合金淬火后时效前往往要承受一定程度的塑性变形。例如，板材淬火后辊矫、拉伸矫直，其变形率为 1% ~3%，虽然变形量不大，但对以后的时效过程会带来较大的影响。

a 淬火迅速冷却的铝合金

时效前的冷变形会加速在较高温度下的脱溶过程（主要脱溶产物为过渡相及平衡相），但延缓在较低温度下的脱溶过程（主要脱溶产物为 GP 区）。也就是说，在淬火时冷却速度很大的合金，冷变形有利于过渡相及平衡相形核，但不利于生成 GP 区（Al-Cu 合金中包括 θ″相）。因为形成 GP 区必须依靠空位和溶质原子迁移，合金淬火速冷后，通常保留大量过剩空位（约 $10^{-4}cm^3$），时效前冷变形提高位错密度，使空位逸入位错而消失的可能性增加。冷变形本身虽也产生空位，但空位生成数一般小于消失数。所以冷变形必然会减慢 GP 区的生成速率。

b 淬火慢速冷却的铝合金

因受某种条件所限（如大工件为减小冷却时的热应力）而不能快速淬火，则时效前的冷变形也可能加速 GP 区形成，因为此时冷变形产生的空位比消失的多。与GP区不同，过渡相及平衡相的形核率主要取决于位错线密度。冷变形使位错密度增加，促进过渡相及平衡相形核。此外，冷变形还破坏基体点阵的规则性，使共格的亚稳定脱溶相不易生成，而促进生成非共格的脱溶相。例如，Al-Cu合金淬火后给予大变形量冷加工，甚至在自然时效时也会析出平衡θ相。

由此可知，主要依靠GP区强化的合金，时效前冷变形对时效强化不利。反之，主要依靠弥散过渡相强化的合金，时效前冷变形会使时效强化效果提高。

时效前冷变形还可减轻晶界无沉淀带的影响。

考虑到冷变形的有利作用，有一些合金时效前有意增加冷变形工序，这种淬火→冷变形→时效的综合工艺称形变时效或时效合金低温形变热处理，是形变热处理的一种主要类型。

7.5.3.2 时效方法及其选择

A 自然时效和人工时效

在室温进行的时效，称为自然时效。自然时效是GP区所造成的，自然时效使合金强化并降低塑性，所以矫直及成形必须在发生明显自然时效之前进行，自然时效不产生过时效。只有热处理强化的变形铝合金才有明显的自然时效强化效应。

人工时效则必须将淬火合金加热至某一温度。在高温下工作的变形铝合金宜采用人工时效，而在室温下工作的合金有些采用自然时效，有些则必须采用人工时效。如果按照合金中的强化相来分析，主要强化相为$CuAl_2$、S及$Al_xCu_4Mg_5Si$相的合金，可采用自然时效，这类合金有2A11，2A12等；而需在高温下使用或为了提高合金的屈服强度时，就需要采用人工时效的方法来强化。例如2A11和2A12等合金，在40℃以下进行自然时效时，则能得到高的强度和耐蚀性，但对于在150℃以上工作的2A12合金则需进行人工时效。主要强化相为Mg_2Si、$MnZn_2$和T（$Al_2Mg_2Zn_3$）相的铝合金，自然时效往往达不到最高强化效果，因此采用人工时效，如6A02、7A04等。

对一般铝合金来说，采用自然时效时，其屈服强度稍低而耐腐蚀性能较好；采用人工时效时，合金的屈服强度较高，而伸长率和耐腐蚀性都降低。但对铝-锌-镁-铜系合金（如7A04合金等）则相反，当采用人工时效时，合金的耐腐蚀性反而较自然时效的好。

对结构材料来说，选择时效规程往往以保证达到最高强化为原则。但有些制品不要求最高强度值，而是要求具有强度、韧性、塑性、抗应力腐蚀能力等多方面的综合性能。因此，人工时效工艺除按最高强化所选择的工艺（称完全人工时效）外，还有不完全人工时效、过时效及稳定化时效等。

不完全人工时效规程相当于图 7-30 及图 7-31 中曲线的上升段，与完全人工时效相比较，温度较低保温时间较短，虽强度性能未达最高值，但塑性较好。

过时效规程相当于图 7-30 及图 7-31 中曲线的下降段，与不完全时效比较，过时效后组织较稳定，具有较好的综合力学性能及抗应力腐蚀能力。稳定化时效是过时效的一种形式，其特点是时效温度更高或保温时间更长，目的在于使制件的性质和尺寸更稳定。对于高温条件下工作的耐热合金，为保证在使用条件下性质和尺寸的稳定性，一般采用过时效或稳定化时效。

B 分级时效

分级时效是近年来才研究发展起来的一种新的时效方法，又称为阶段时效。它是把淬火后的工件放在不同温度下进行两次或多次加热（即双级或多级时效）的一种时效方法。与单级时效相比，分级时效不仅可以显著地缩短时效时间，且可改善 Al-Zn-Mg 和 Al-Zn-Mg-Cu 等系合金的显微结构，在基本上不降低其力学性能的条件下，可明显地提高合金的耐应力腐蚀能力、疲劳强度和断裂韧性。

分级时效第一阶段温度一般较第二阶段低，即先低温后高温。低温阶段合金过饱和度大，脱溶相晶核尺寸小而弥散，这些弥散的脱溶相可作为进一步脱溶的核心。高温阶段的目的是达到必要的脱溶程度以及获得尺寸较为理想的脱溶相。与高温一次时效相比较，分级时效使脱溶相密度更高，分布更均匀，合金有较好的抗拉、抗疲劳、抗断裂以及抗应力腐蚀等综合性能。例如 Al-Zn-Mg 系合金，若先于 100 ~ 120℃时效，然后再在 150 ~ 175℃时效，则可增加 η' 相的密度及均匀性，与在 150 ~ 175℃一次时效相比，合金不仅强度较高，且抗应力腐蚀性能变好。

分级时效的温度及保温时间应根据合金的具体特点来选择，在第一阶段中尽量保证 GP 区的形成在短时间内完成；第二阶段的时效是保证合金得到较高的强度和其他良好的性能。

C 形变热处理

形变热处理又称热机械处理，是把时效硬化和加工硬化结合起来的一种新的热处理方法，也是提高铝合金强度和耐热性的重要手段。例如，经过形变热处理后的 2A12 铝合金板材（冷变形程度 $\varepsilon < 30\%$）在 100℃的抗拉强度 σ_b 提高 10% ~15%，在 150℃能提高 13% ~18%。

目前，对铝合金强化最有效的形变热处理制度有两种：

（1）淬火—冷变形—高温时效；

（2）淬火—自然时效—冷变形—高温时效。

在采用形变热处理时，冷变形程度不宜过大，而时效制度应根据实验来确定。就提高铝合金的高温强度来说，第二种热处理制度更为有效。

形变热处理之所以能够明显地提高合金的耐热性能，主要是由于增高了合金中的位错和空位密度，在固溶体中形成了稳定的亚结构。

一般变形铝合金均有自然时效效果，有些合金自然时效强化效果比人工时效更大。究竟哪种时效工艺合适，则需要根据合金本性及用途来确定。

考虑到具体用途，还必须综合比较不同时效工艺处理后的性能。例如，一般硬铝系合金，自然时效后屈服强度较人工时效后稍低，但晶间腐蚀抗力较高，宜作常温下应用的材料。在高温下应用时，自然时效后的硬铝性能不稳定，因此需采用人工时效。超硬铝（7A04 等）自然时效时间长 3 个月，应力腐蚀抗力较人工时效差，故一般用人工时效。

自然时效后合金一般只生成 GP 区，但 GP 区是热力学不稳定的沉淀相，如在较高温度下短时间加热，即会迅速向固溶体中回溶而消失，冷却后又变成过饱和固溶体而回复了再时效的能力，这就是回归效应产生的原因。

对于某些铝合金制品来说，淬火和人工时效之间的间隔时间对其时效效果有一定影响。如 Al-Mg-Si 系合金，在淬火后必须立即人工时效，才能得到高的强度；淬火后如果在室温停放一段时间再时效，对强度有不利影响。$w(Mg_2Si)>1\%$ 的合金在室温停放 24h 后再时效，强度比淬火后立即时效的低约 10%。这种现象称为“停放效应”或“时效滞后现象”。因此，对于有“停放效应”的合金制品来说，应尽可能缩短淬火与人工时效的间隔时间。

除强度性能外，伸长率在时效强化阶段明显降低，在过时效时改变不大，略有降低或升高。

在实际生产中，淬火时效工艺往往需要通过试验来确定，这是一项比较繁杂的工作。因为淬火规程与时效规程是统一的整体，规程中的各参数（淬火加热温度、保温时间、淬火冷却速度、时效温度及时效时间）是否合理都对合金最终性能带来影响。为了选定一个合金正确的淬火时效工艺，除依据上述的原则初选各参数的大致范围外，还需进行试验，以获得最佳的工艺参数。经典的试验方法是逐个参数进行比较，这不仅试验量大，而且对各参数的互相制约、综合作用无法全面分析。因此，这种多参数的试验最好采用正交试验法。

7.5.3.3 各种铝合金板材时效工艺

各种铝合金板材时效工艺制度见表 7-10。

表 7-10 各种铝合金板材时效工艺制度

合　金	时效种类	时效规范		时效后状态
		温度/℃	时间/h	
2A11、2A12、2024	自然时效	室　温	96	T4
2A06	人工时效	130±5	10	T6
2A16	人工时效	155~165	14	T6
2219	人工时效	160~170	18	T6
2A14	人工时效	155~165	12	T6
	自然时效	室　温	96	T4
2024	人工时效	180~190	12	T6
6A02	自然时效	室　温	96	T4
	人工时效	155~165	6	T6

续表 7-10

合 金	时效种类	时效规范		时效后状态
		温度/℃	时间/h	
6061	人工时效	165~175	10	T6
6063	人工时效	160~170	16	T6
6082	人工时效	150~160	10	T6
7A04、7A09、7075	人工时效	115~125	16	T6
7075	分级时效	115~125	5	T76
		160~170	18	

7.5.3.4 铝合金中厚板时效工艺控制要点

工艺控制要点是：

（1）装炉前，冷炉要进行预热，预热定温应与时效第一次定温相同，达到定温后保持30min方可装炉。

（2）待时效的板片，板间要垫上厚度为2~4mm，宽度为40mm的干燥、无灰尘的硬纸板，在料垛二分之一处放两张废片，以备插热电偶之用。

（3）查看仪表，测温热电偶接线是否牢固。测温料装炉前应处于室温。

（4）装炉时，时效料架与料垛应正确摆放在推料小车上，不得偏斜，否则不准装炉。

（5）时效时板材料垛要均匀地放置在各加热区内。装一垛及多垛料时，都要用两只热电偶放于炉子的高温点和低温点，其放置位置在料垛高度的二分之一处，距端头500mm，插入深度不小于300mm，如果不同厚度板材搭配时效时，热电偶插在较厚的板垛上。保证电偶与板片接触良好。

（6）采用不同热处理制度的时效的板材，不能同炉时效；同炉内，料垛的高度差不大于300mm。板材时效料垛最高不得超过900mm（包括底盘在内）。

（7）同炉时效板材的厚度搭配。6×××系合金，同垛料板厚度之差小于等于20mm，同炉料厚度之差小于等于30mm。7×××系合金，板厚不大于 50mm，同垛料板厚之差不大于 10mm；板厚大于 50mm，同垛料板厚之差不大于 15mm；同炉料板厚之差不大于 20mm。

(8) 为保证时效料温度均匀，热处理工可在 ±10℃ 范围内调整仪表定温。

(9) 时效出炉后的热料上面不允许压料，待降至 100℃ 以下方可压料。

(10) 热处理工应将时效产品的合金、状态、批号、装炉时间、时效日期及生产班组等填写在仪表记录纸上，并在生产卡片上认真记录装出炉时间、时效日期及班组等。记录本和仪表记录纸保存 3 年以上。

(11) 热处理工必须坚守岗位，每隔 30min 检查一次控制柜的盘前仪表及各控制开关是否运行正常和处在正确位置。

(12) 时效过程中因故停电，在加热期间停电，应正常供电后继续加热；在保温期间停电，应出炉冷到定温，按原制度重新时效。

(13) 时效完的料垛上，应用红蜡笔写上“时效完”字样，以示区分。时效料垛上不准压料。

(14) 仪表工对测温用热电偶、仪器仪表，按检定周期及时送检，保证温控系统误差不高于 ±5℃，达不到使用要求的热电偶和仪器仪表严禁使用。

8 铝合金中厚板精整技术

所谓精整是指铝合金板材经过轧制或热处理后，在制成成品之前所进行的尺寸及表面质量等的加工整理。它包括锯切、剪切、矫直、酸洗、成品检验、包装等工序。

铝合金中厚板材常用的精整工艺流程简要介绍如下：

（1）淬火板材的精整工艺流程：热轧板材→热轧机双列剪切边→剪切块片→盐浴炉加热→水中淬火→酸洗→冷水洗→温水洗→卸板→压光→矫直→锯切（剪切）→成品检验→垛片→包装（涂油）→交货。

（2）预拉伸板材的精整工艺流程：热轧板材→剪切块片→盐浴炉加热→水中淬火→酸洗→冷水洗→温水洗→卸板→矫直→预拉伸→（时效）→锯切→成品检验→包装→交货。

（3）热轧板材的精整工艺流程：热轧板材→剪切块片→矫直→锯切（剪切）→成品检验→包装→交货。

（4）退火热处理板材精整工艺流程：热轧板材→剪切块片→成品热处理→矫直→锯切（剪切）→成品检验→包装→交货。

8.1 中厚板材的锯切

8.1.1 概述

铝合金板材在生产过程中不可避免地会产生裂边、预拉伸钳口，同时为了保证向用户提供精确尺寸的成品板材，必须对铝合金厚板进行锯切。

锯是靠锯片上的刀齿来一层层地切断金属的。按照锯片的形式不同可分为圆盘锯和带锯两类。由于锯是断续地切割金属，所以其切口一般是不光滑的。

常用的锯有摆动式锯、杠杆式锯、滑座式锯和带锯等四种形式。

摆动式锯、杠杆式锯和带锯的行程小，锯切速度慢，一般不适用于板材的锯切。滑座式锯速度快，行程大，适用于锯切中厚铝板材。

圆盘锯主要由机架、带有锯片的移动机构（滑座）、锯片、锯片传动装置和送进机构等部分组成，锯片是由电机直接带动的。ϕ660龙门圆盘锯的主要参数见表8-1。

表8-1 ϕ660龙门圆盘锯的主要参数

项 目	参 数	项 目	参 数
最大锯切厚度/mm	180	锯头宽度方向工作行程/mm	3060
最大锯切宽度/mm	2000	锯头长度方向工作行程/mm	9700
最大锯切长度/mm	9000	锯头升降工作行程/mm	300
锯切速度/m·min^{-1}	0.5~1.0	锯头最大旋转角度/（°）	98
锯片直径/mm	660	锯头转速/r·min^{-1}	1450
锯片厚度/mm	6~7		

8.1.2 中厚板材锯切工艺控制要点

工艺控制要点是：

（1）需锯切的板材必须在室温下锯切。锯切时，锯片要保证充足的乳液润滑。

（2）垛料前，查看工序记录，对存在的不合格品，应在垛片时挑出。

（3）垛料时，应及时清除板面上的铝屑，避免产生铝屑印痕。应在每张板片上写上顺序号，并在侧边画上锯切标线，保证钳口和缺陷部位被切除。

（4）成垛锯切时，应使用专用卡具卡紧，防止板片窜动。锯切淬火拉伸板时，应对称切掉钳口附近的死区（每侧锯切掉钳口外200mm以上）。

（5）设备操作人员负责锯切定尺，并指定人员负责复尺，确认无误方可锯切。锯切速度可根据合金、厚度适当选择，一般为0.5~1.0m/min。

（6）因板片边部缺陷在淬火/拉伸前需先切边的板材，在宽度余量允许的情况下，应留出二次锯切余量。

(7) 因板材边部暗裂保证不了成品尺寸时，应按不合格品的相关规定处理。

(8) 按取样规定切取试样，切取试样条前，由试样工负责在板垛端面用记号笔画上倒“√”字，防止锯切后试样条滑落造成混号。

(9) 板材锯切后的实物尺寸和外观质量应符合内控质量标准的规定，生产工负责在料垛的端面注明合金、批号和板顺序号范围。

(10) 不准锯切铝及铝合金板以外的废铝卷、废底盘、铸块等其他非铝合金材料，以保证设备精度。

(11) 铝屑刮板机导路应畅通，除铝屑以外，不准存放其他物料。生产时应及时清除废铝屑。

(12) 锯切时，应适当控制锯切进给量，确保锯切端面光滑，无毛刺，锯切刀痕不超过 0.5mm。

(13) 锯切后，应擦净板材上的乳液、碎屑等杂物。

(14) 严禁锯切拉伸钳口咬入部分和没有经过拉伸且应力大的淬火板材。

(15) 为保证设备精度和产品质量，禁止使用不符合规定要求的锯片和木方。

(16) 锯片粘铝、掉齿或出现其他问题时，必须停机，及时处理，保证锯床处于良好的工作状态。

(17) 锯切结束后，锯头应停放在横梁任一端头的最高位置。

8.2 中厚板材的剪切

8.2.1 中厚板剪切机的基本类型和特点

8.2.1.1 基本类型

剪切机是用于将板材剪切成规定尺寸的设备。根据刀片形状和配置方式及铝板情况，在中厚板生产中常用的剪切机有斜刀片式剪切机（又称铡刀剪）、圆盘式剪切机。两种剪切机刀片配置如图 8-1 所示。

8.2.1.2 剪切机的特点

A 斜刀片剪切机

这种剪切机主要用于剪切板材的头尾和边部，它的两个剪刃一个

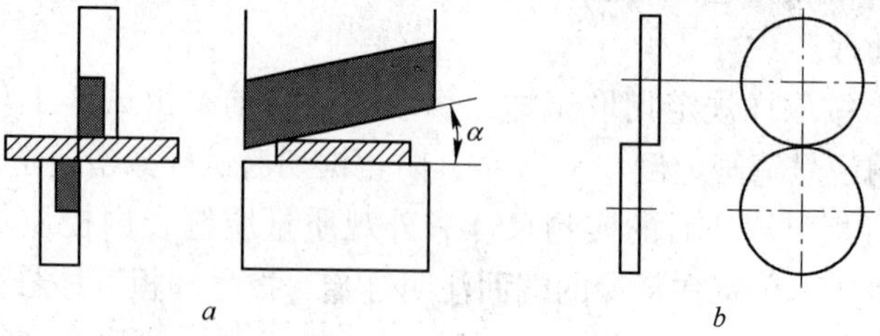

图 8-1　剪切机刀片配置图

a—斜刀剪；*b*—圈盘剪

不动，另一个做上下往复运动；一个剪刃呈水平，另一个呈 1°~4° 倾斜，如图 8-1*a* 所示。这样可在剪切板片时剪刃从板材一侧逐渐剪至另一侧，因而可以减少剪切力，并减少对材料的冲击。斜刃剪分为上刃剪和下刃剪两类，分别为上刃剪运动和下刃剪运动，常用上切剪。斜刃剪只在板材不运动时才能进行剪切。斜刀片剪断机的缺点：一是剪切时斜刃与铝板之间有相对滑动；二是由于间断剪切，空程时间长，剪切速度慢，产量低。

B　圆盘式剪切机

圆盘式剪切机的两个刀片均是圆盘状的，如图 8-1*b* 所示。这种剪切机常用来剪切铝板的侧边，也可用于铝板纵向剖分成窄条。圆盘剪一般配有碎边机构。其特点是：

（1）一般剪切厚度限于 25mm 以内；

（2）可连续纵向滚动剪切，速度快，产量高，质量好，特别适合于铝板的纵边剪切；

（3）对于小批量生产，规格品种多，铝板宽度变换频繁，需要频繁调整其两侧边剪刃间的距离。

8.2.2　中厚板剪切机结构

8.2.2.1　斜刀片剪切机结构

斜刀片剪切机的种类较多，按刀片在机架上的位置可分为开式和闭式；按剪刃运动特点又可分为上切式和下切式；按上刀片运动轨迹又可分为垂直剪和摆动剪。我国使用最广泛的斜刀片剪切机是刀片垂直运动的上切式剪切机，如图 8-2 所示。

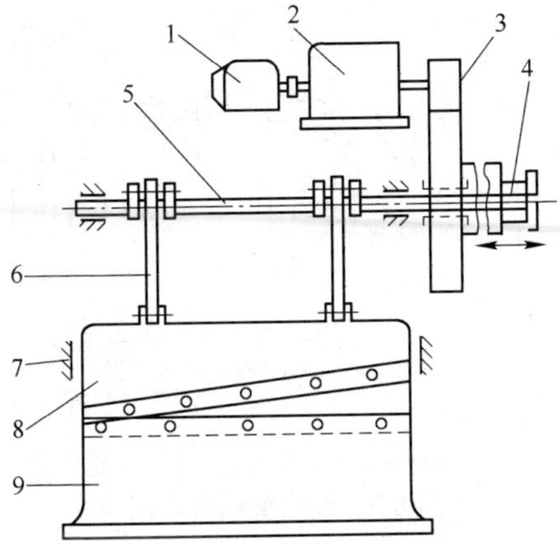

图 8-2 斜刀片剪切机简图

1—电动机；2—减速机；3—开式齿轮传动；4—离合器；5—曲轴；6—连杆；7—滑道；8—上刀架；9—下刀架

斜刀片剪切机一般由传动部分、离合部分、机架部分、曲轴或偏心部分、上下刀架（剪床）等组成。用带飞轮的异步电动机驱动，经减速机或皮带轮以及开式齿轮传动，带动曲轴（或偏心轴）使上剪床沿着机架的滑道垂直往复运动来完成剪切过程。刀架的动作由离合器控制，离合器有牙嵌式、摩擦片式、用脚踏杠杆、气缸或电磁阀操纵。下剪床固定在机架上。上剪床除与曲轴连接外，尚有平衡装置，平衡方式有重锤和气缸两种。

这种剪切机适用性强，寿命较长，剪刃安装方便，对剪切铝板头尾和侧边都适用。但剪切尺寸精度不够，特别是由于间断剪切，回程时间较长，单位时间内的剪切次数不够多，剪切效率不太高。

8.2.2.2 圆盘式剪切机结构

圆盘剪主要由传动系统、机箱、机座、调整系统、剪刀片组成。图 8-3 为圆盘剪结构简图，图 8-4 为碎边剪结构简图。圈盘剪的每个刀片均固定在单独的轴上，左右各有一个机架箱，其中机架是可以左

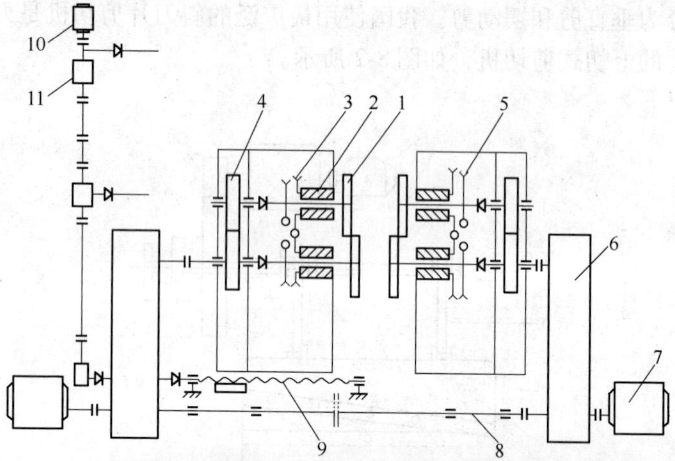

图 8-3 圆盘剪结构简图

1—刀片；2—偏心套；3—驱动偏心套的蜗轮蜗杆；4—减速机构；5—刀片间隙调整机构；6—主减速机；7，10—电动机；8—同步轴；9—传动丝杠；11—减速机

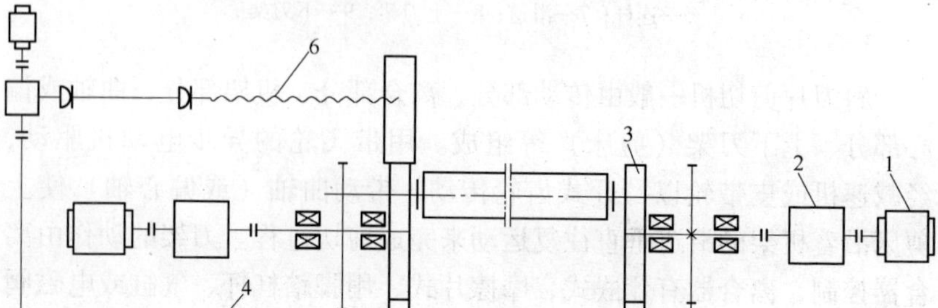

图 8-4 碎边剪结构简图

1—主传动电动机；2—主传动减速机；3—刀架；4—间隙调整；5—机架横移丝杠；6—侧导板横移丝杠

右调整的，以适应不同的剪切宽度。

圆盘剪的调整系统包括左右机箱间距调整、上下剪刃重合量的调整、上下剪刃侧间隙的调整等。

8.2.3 中厚板材剪切断面的各部分名称

剪切断面的各部分名称如图 8-5 所示。

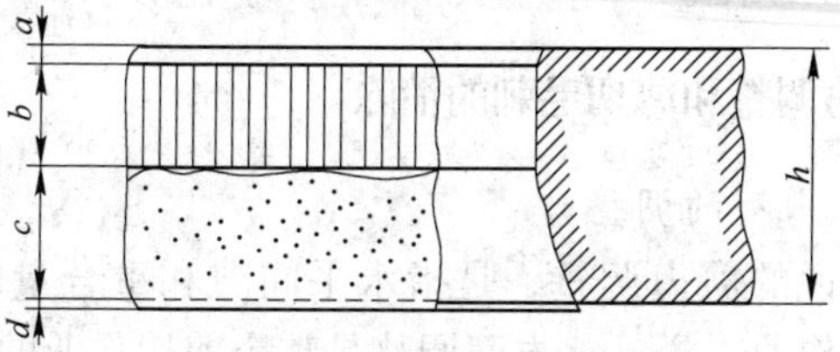

图 8-5 剪切断面示意图

a—塌肩；b—剪断面；c—破断面；d—毛刺；h—板材厚度

8.2.3.1 塌肩

在刀刃咬入时，在刃口附近区域被压缩而产生塑性变形部分，称为塌肩。这样，金属材料的边缘部分由原来的平面状态变成塌肩状。这个塌陷的程度当然越小越好。除了特别硬的材料外，在剪切过程中，塌肩多少总要出现一些。若希望减小塌肩部分，在不考虑刀刃质量的情况下，将间隙调整小些就行了。

8.2.3.2 剪断面部分

剪断面是一边受到刀刃侧面的强压切入，一边进行相对滑动的部分。这部分特点是断面十分整齐光亮，故也称为光亮面。当然，光亮面要多些，切口状态就显得美观，但所消耗的能量也大，一般认为切口上的剪断面占整个切口的 1/3 左右为最佳状态。而剪断面的量的大小和刀刃间隙的大小成反比。也就是间隙变大，光亮的剪断面变小；反之则光亮面变大。

8.2.3.3 破断面部分

破断面是产生裂缝而断开的部分，剪断面与破断面的量成反比，剪断面增大了，则破断面减小。

8.2.3.4 毛刺

金属材料具有一定的塑性，在剪切断面上沿刀刃作用力的方向，带出部分金属，填充于两刀刃的间隙之中，这些完全异于原体形态的部分，称为毛刺。因为刀刃之间总是有间隙的，故产生微小的毛刺是避免不了的。间隙越大，毛刺也越大；刀刃变钝，毛刺也随之增加。当间隙达到一定值后，毛刺使断面的直角度达不到要求，也会成为产品所不能允许的缺陷。

8.2.4 剪刃的调整和剪切毛刺的消除

8.2.4.1 剪刃的调整

人们通常说的剪刃调整，是指水平间隙和重合量的设定值的改变。对于剪切作业来说，这方面调整是整个剪切作业的关键，它决定剪切断面是否良好以及剪切用力是否最小。

这里必须说明的是，对于不同剪切设备，即使是同一制造厂生产的相同剪切设备，各个剪切设备设定值都不会一样，要从实际生产中总结出来。其方法是：在特定的条件下，通过适当调整得到最佳剪切断面，这时的剪刃间隙调整值是最佳的，可作为以后实际生产中初步设定时采用的可靠参考值。我们可通过观察剪切断面的质量来判断剪刃间隙调整是否合适。

A 剪刃间隙调整合适

如图 8-6*a* 所示，裂缝正好对接上，塌肩和毛刺都很小，剪断面

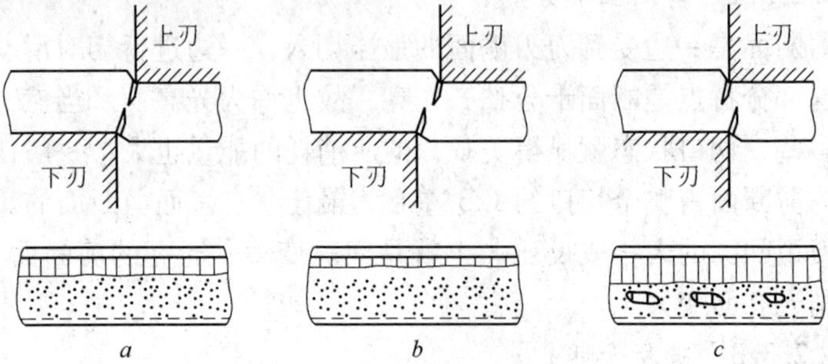

图 8-6 间隙与断面的关系

a—间隙合适；*b*—间隙偏大；*c*—间隙偏小

约占整个断面的15%～35%（具体数值参考图8-5），其余为暗灰色的破断面，很明显地表示出正确的剪切状态。这时，应及时记下各项调整后的数值。

B　剪刃间隙调整偏大

如图8-6*b*所示，裂缝无法对接上，铝板中心部分被强行拉断，剪切面十分粗糙，毛刺、塌肩都十分严重。

C　剪刃间隙调整偏小

如图8-6*c*所示，裂缝的走向略有差异，使部分断面再次受剪刃侧面的强压入，即进行了二次剪断。因此，当剪断面上出现碎块状的二次剪断面时，就可以认为间隙偏小了。这种情况下，应把间隙朝大的方向调整一下，使二次剪断面消失。

剪切前剪刃间隙的调整，是一项很细致的工作，要在实际工作中不断总结经验。热轧铝板种类繁多，即使同一种铝板，也会因化学成分的差异和加工工艺的差异而不同。在调整间隙时，一定要考虑到各方面的因素，作为初步设定值，在剪切4.0mm以下的薄板时，间隙取板厚的5%～9%；剪切4.0mm以上厚板时，间隙取板厚的9%～15%。

当经过反复调整，剪刃间隙达到最小限度，还不能得到满意的剪切断面时，就应该考虑更换剪刃，否则，无法保证产品质量和设备安全。

8.2.4.2　毛刺的产生及消除

在铝板头尾沿整个剪切线向上或向下凸起的尖角称为毛刺。上毛刺一般发生在铝板尾部，下毛刺一般发生在铝板头部。

毛刺产生的原因是上下剪刃的间隙过大，或剪刃剪切面以及上表面的尖角磨损过大，其产生过程如图8-7所示。

毛刺消除方法是只要消除造成剪刃间隙过大的各种因素，毛刺即可减小或消除。

首先，要经常保持下剪床的固定螺丝和抽出下剪床的螺丝的紧固，不松动。

其次，上剪床的铜滑板要保持足够的润滑油，防止磨损，一旦磨损后立即加垫调整，使其保证与下剪床的距离不变。

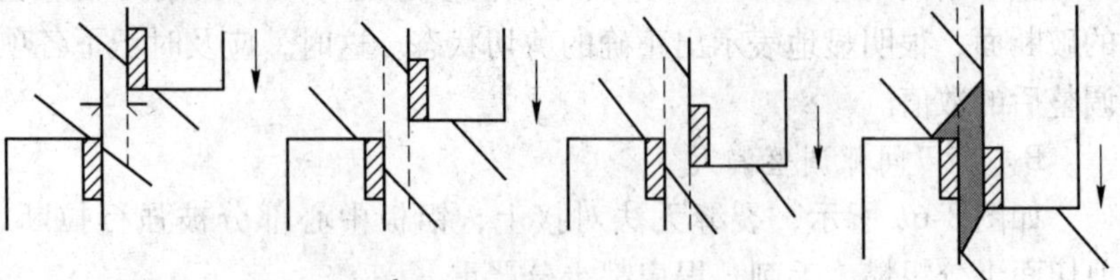

图 8-7 因剪刃间隙过大而产生毛刺的过程

a—刀片压入金属；*b*—金属滑移；*c*—金属继续滑移，断裂后金属拉延形成毛刺

再次，上下剪刃接触面磨损到一定程度后要立即更换。

8.2.5 中厚板材剪切工艺控制要点

工艺控制要点是：

(1) 工作前，必须按照剪切机使用规程的要求，对设备进行全面细致的检查。

(2) 按生产卡片核对料、证、牌是否齐全，认真核对板材的合金、状态、批号及规格，有问题时，必须经有关人员处理后方可生产。

(3) 剪切前，根据板材的厚度调整剪刃间隙。

(4) 对于非成品尺寸剪切，必须留出试样及工艺要求的毛料尺寸。

(5) 剪切时发现毛刺、划伤等质量问题时必须及时处理。

(6) 剪切时所用的底盘必须平整，不准有尖锐凸起或异物，底盘的不平度不大于30mm。

(7) 剪切后的落片应平稳，不允许有砍伤等。

8.3 中厚板材的矫直

8.3.1 概述

铝合金中厚板在热轧、剪切、退火、淬火过程中，因温度、压下、辊形变化、工艺冷却控制不当所产生的纵向弯曲、横向弯曲、边缘波浪和内应力，造成不良板形。消除不良板形缺陷，需通过板材精整矫直工序实现。

铝合金中厚板的精整矫直，根据设备配置情况及应用范围分为三种矫直方式，包括辊式矫直、压平矫直和钳式拉伸矫直。

8.3.2 辊式矫直

8.3.2.1 辊式矫直原理

某一物体受到外力作用后，其形状或多或少要发生一些变化，这种情况称为变形。变形有两种：一种称为弹性变形；一种称为塑性变形。弹性变形就是外力消失后，物体能自动地恢复原有的形状和尺寸的变形。塑性变形就是外力消失后，变形物体不能恢复原有的形状而保持变形后形状的变形。铝合金板材的应力-应变曲线如图 8-8 所示。

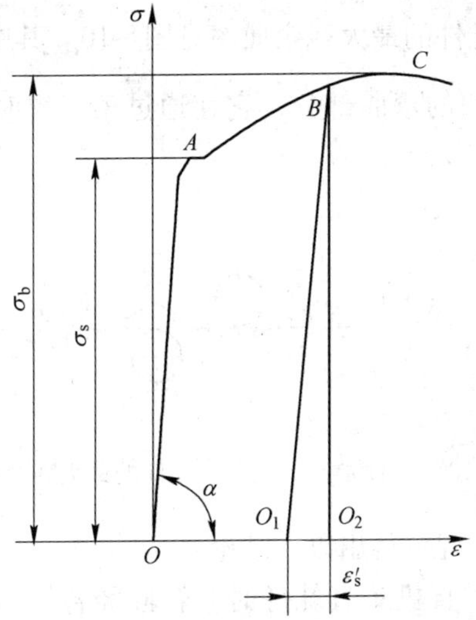

图 8-8 铝合金应力-应变曲线

OA 段、O_1B 段为弹性变形，超过材料屈服点后的变形属于塑性变形。塑性变形时，材料的加载与卸载（弹复）过程是不同的。第一次加载时，应力与应变沿 OAB 曲线变化，并在 A 点超过屈服极限。当外负荷消除而卸载（弹复）时，应力、应变将沿直线 BO_1 变化，

最终产生残余变形 OO_1。重复加载时，将沿 O_1BC 线变化。

显然，要把弯曲的板材矫直，就必须使铝材发生变形，铝材在矫直过程中的变形，既有弹性变形又有塑性变形，两者同时存在。

矫直过程如图 8-9 所示，当铝合金板材进入矫直机时，矫直辊给予板材一定的压力，上排辊的压力和下排辊的压力方向相反，因而使板材产生反复弯曲，然后逐渐平直。板材出矫直机后，即取消了压力，被矫的板材由弯曲变为平直。所以整个矫直过程就是弹性、塑性变形的过程。

图 8-9 铝合金板材矫直过程

各个辊子下轧件的最大残余曲率见图 8-10。其中虚线表示轧件原始曲率为 $-\dfrac{1}{r_0}$ 下凹的弯曲部分，它在通过第三辊时才产生弹塑性变形。

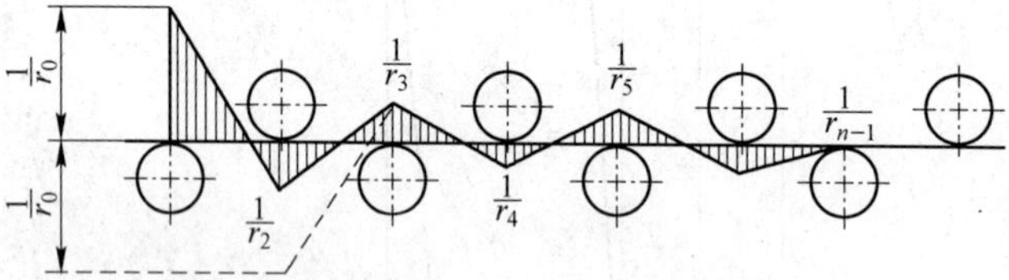

图 8-10 矫直时各个辊子下轧件的最大残余曲率

由上述矫直过程可得出以下结论：

（1）在辊式矫直机矫直轧件时，轧件经各辊后的残余曲率是逐渐减小的。可以认为，经第 $n-1$ 个辊子弯曲后，轧件的残余曲率将趋近于零。欲在辊式矫直机上得到绝对平直的轧件是不可能的，它只是将轧件的残余曲率逐渐减小，直至趋近于零。

（2）反弯曲率是根据轧件的原始曲率而定，由于各个辊子下的残余曲率逐渐减小，故其反弯曲率也是逐渐减小。在最初几个辊子上，反弯曲率较大，轧件弯曲变形剧烈，可以认为在这几个辊子下的轧件是纯塑性变形。以后各个辊子的反弯曲率逐渐减小，在最后几个辊子下的轧件弯曲变形最小，可以认为是纯弹性变形。

尽管辊式矫直机能适应很宽的板材厚度范围，但它的缺点也很明显，主要是单张块片矫直，速度低，生产效率低下。

要获得理想的矫直效果，需要有经验丰富的优秀操作工人，特别要防止产生板材头尾的辊痕。受驱动万向接轴径向尺寸所限，工作辊不可能太细，一台成形的辊式矫直机适用厚度范围小，因工作辊的辊径和中心距已固定，材料厚度太大时矫直板材所需压力不够。材料厚度太小时，矫直板材所需弯曲应力不够。也就是说，一种规格的辊式矫直机对材料的最大、最小厚度和屈服强度均有限度要求。

8.3.2.2 辊式矫直机矫直方法

在辊式矫直机上，按照每个辊子使轧件产生的变形程度和最终消除残余曲率的办法，可以有多种矫直方案。

A 小变形矫直

小变形矫直，就是每个辊子采用的压下量刚好能矫直前面相邻辊子处的最大残余弯曲，而使残余弯曲逐渐减小的矫直方案。由于轧件上的最大原始曲率难以预先确定与测量，因而，小变形矫直方案只能在某些辊式矫直机上部分地实施。这种矫直方案的主要优点是轧件的总变形曲率较小，矫直轧件时所需的能量也少。

B 大变形矫直

大变形矫直，就是前几个辊子采用比小变形矫直大得多的压下量，使板材得到足够大的弯曲，以消除其原始曲率的不均匀度，形成单值曲率，后面的辊子接着采用小变形矫直。对于有加工硬化材料的轧件，在采用大变形矫直时，由于材料硬化后的弹复曲率较大，故反复弯曲的次数应增多（增加辊数）或加大反弯曲率值。

采用大变形矫直方法，可以用较少的辊子获得较好的矫直质量。但若过分增大轧件的变形程度，则会增加轧件内部的残余应力，影响产品质量，增大矫直机的能量消耗。

对于上排工作辊整体平行调整的矫直机，矫直机上除第一个与最后一个辊子外，其余各辊的压下量是相同的，使轧件多次反复剧烈弯曲，形成单值残余曲率；最后一个辊子能单独调整，将此单值残余曲率矫平。第一个辊子适当减小压下量，以便于轧件的咬入。

C 斜度调整

上工作辊装入一个可竖直调整的机架中，入口侧和出口侧工作辊在竖直方向上可独立调整，这种改变上下工作辊间的相对位置（下工作辊固定）的调整方式称为“斜度调整”。斜度调整后沿着板材纵向材料的弯曲半径由小到大。斜度调整可以纵向矫直板材下垂、上翘等缺陷。斜度调整示意图如图 8-11 所示。

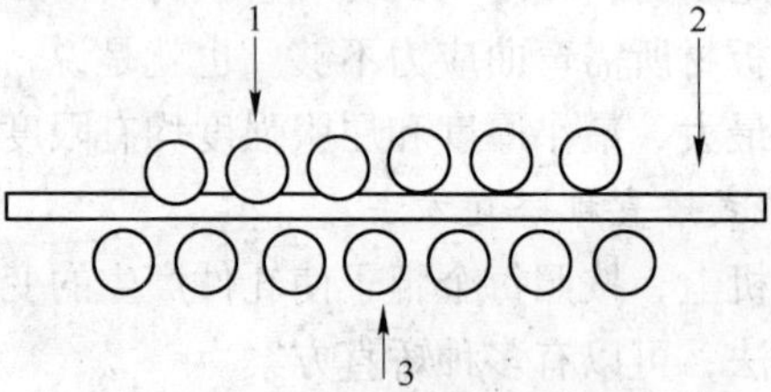

图 8-11 斜度调整示意图

1—上工作辊；2—板材；3—下工作辊

D 支撑调节

对支撑辊单组或多组进行位置垂直调节，使工作辊弯曲半径沿轴向发生改变，使带材横向弯曲半径不一致，变形不一致，弯曲半径小则变形程度大。支撑调节可矫直边部波浪、中间波浪等多种板形缺陷。支撑调节要使工作辊以一均衡并成比例的弯曲率支撑，相邻两组支撑间的垂直位置不能相差太大，否则容易导致工作辊断裂。支撑调节示意图如图 8-12 所示。

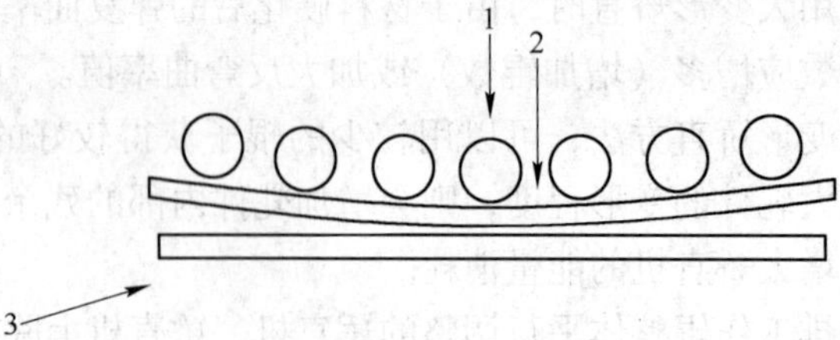

图 8-12 支撑调节示意图

1—支撑辊；2—上工作辊；3—下工作辊

8.3.2.3 辊式矫直异常现象的判断和处理

A 压下量过大

由于辊式矫直机工作辊布置形式不同，压下量过大所产生的现象及其观察、判断和处理方法也不同，图 8-13 为两种类型的辊式矫直机简图。

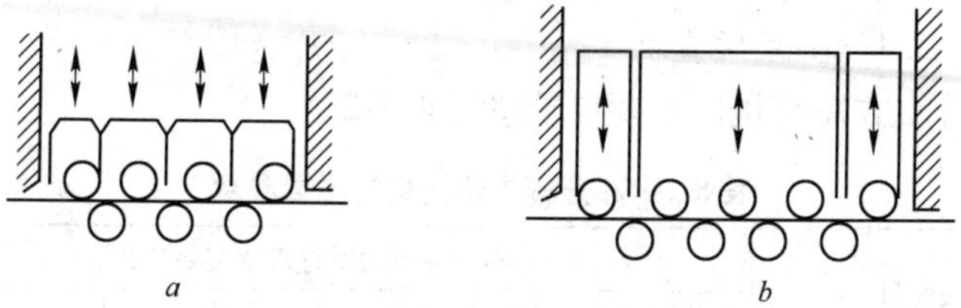

图 8-13 两种类型的辊式矫直机简图

a—每个上辊可单独调整；*b*—带导向辊的上辊调整

采用图 8-13*a* 类型的矫直机矫直铝板，当铝板的端部产生向下弯曲现象时，说明矫直机的压下量过大。

采用图 8-13*b* 类型的矫直机矫直铝板，当压下量过大时，会产生两种现象：一种是铝板的端部向上翘；另一种是铝板的端部向下弯曲。产生第一种现象的原因是矫直机的导向辊抬得过高；第二种现象是由于导向辊过低。对上述现象的处理方法是迅速抬直起上工作辊，重新调整压下量直至铝板平直为止。

B 矫直辊两端间距不均

铝板经矫直机反复矫直后，一侧出现波浪（不属于轧制时造成）的现象，这种现象说明矫直机两端间距不均。对这种现象的处理方法是将一块平直的铝板输入矫直机内，然后用塞尺测量两侧的辊缝间距，根据测量结果调整一侧辊缝间距，使两端一致。

C 矫直机辊压合

这种事故的现象是矫直机工作辊和压下指针不转动，铝板夹在矫直机内不能移动。

事故发生的原因多数为铝板进入矫直机时调整压下量及多张铝板同时矫直，压下量过大所致。另一种原因是矫直强度大、瓢曲严重的铝板所致。

处理方法是：用工具盘动压下电机对轮，使上矫直辊抬起，当稍用力对轮就能转动时，人员撤离，启动压下电机使上矫直辊继续抬高（若压下电机烧坏，需立即更换电机，切不可换完电机立即启动，以免再烧），至矫直辊与铝板之间有间距时，将铝板输出。然后检查设备是否正常，无异常时可继续生产。

8.3.2.4 辊式矫直机

部分辊式矫直机的主要参数参见表8-2。

表8-2 部分辊式矫直机的主要参数

项 目	不同辊数的矫直机的主要参数			
	13 辊	小 11 辊	大 11 辊	9 辊
矫直板材厚度/mm	4 ~ 10.5	5 ~ 12	12 ~ 25	75 ~ 300
矫直板材宽度/mm	1200 ~ 2500	1000 ~ 1600	1000 ~ 2000	1600
工作辊直径/mm	180	180	260	450
工作辊长度/mm	2800	1700	2350	2000
支撑辊个数	60	9	9	7
支撑辊直径/mm	210	190	295	450
支撑辊长度/mm	210	600	700	450

8.3.2.5 中厚板材辊式矫直工艺控制要点

工艺控制要点是：

（1）工作前要检查设备及运转、润滑、清洁等情况，矫直辊上不准有金属屑和其他脏物。如发现板片粘铝及其他脏物时，必须用清辊器将辊子清理干净。如矫直辊有问题时，应及时修理。

（2）将矫直机的上辊调整一定角度，使进口的上下辊间隙小于出口的上下辊间隙，而出口的间隙应等于板片的实际厚度或大于板片的实际厚度0.5 ~1.0mm。

（3）矫直机的压下量应根据板片厚度调整，在某些特殊情况时，矫直机的进口与出口压下量变化很大，要根据来料的波浪和合金的屈服强度实际确定。

（4）板片进入矫直机时，要求板片不得有折角、折边，否则必须用木槌打平；板片上不允许有金属屑、硝石粉或其他脏物；在精平前板片表面不允许有明显的油迹；板片在进入矫直机时，一定要对准中心线，不允许歪斜。

（5）在矫直过程中，如发现板片中部出现波浪时，可调整中间的支撑辊使之上升，上升的大小可由波浪大小来决定，波浪越大上升越多。如板片两侧出现波浪时，可将中间支撑辊压下，或将两侧支撑辊上升，调整多少可根据板面波浪大小来决定。如板片一边出现波浪时，可将有波浪一边支撑辊抬起或将没有波浪一边支撑辊压下。如果上下辊间隙在板片宽度方向不同时，可单独调整压下螺丝。

（6）板片不允许互相重叠通过矫直机，不允许同时矫直两张板片。

（7）矫直变断面板时，根据板片平均厚度，矫直辊要边走边压下。

（8）2A11T4、2A12T4 须在淬火后 4h 内矫直完，2A06T6、7A04T6、7A09T6 须在淬火后 6h 内矫直。人工时效的板材需在中间垫上硬纸板。

（9）当发现板片有粘铝或印痕时，必须立即进行清辊。

（10）如果发生板片缠辊或卡在工作辊与支撑辊之间时，不允许强行通过，应立即停车，将辊抬起后，再向后退回板片，或找钳工处理。

（11）当板片从矫直机退回时，必须将矫直机抬起后方可进行。

（12）停止生产时，支撑辊一定要抬起，不允许给工作辊加压。

8.3.3 滚平压光

8.3.3.1 概述

欲获得表面光亮平直的板材，可采用平整机（或称为压光机）进行压光。平整机工作轧辊的直径较大，表面必须抛光，这样才能起到平整和使表面光亮的作用。

在平整机上平整板材时，一般压 3~7 个道次，每道次的压下量很小，总的压下量不超过板材厚度的 2%。由于工作辊辊面粗糙度低、辊径较大，压力较小，使轧制的金属前滑大，从而使板材平整，表面光亮。

平整机的辊型很重要，尤其是在平整宽的板材时，不适当的辊型反而易引起板材产生波浪和不平度。平整机常用工作辊的辊型见表8-3。

表8-3 平整机轧辊的辊型

轧机形式	辊型凸度/mm	
	压光	冷作
750mm×1700mm 二重可逆式	0.10~0.12	0.25~0.35
900mm×2800mm 二重可逆式	0.08~0.15	0.25~0.35

平整机除了平整板材外，对于淬火后需进行冷作硬化的铝合金板片，可以在平整机上进行冷作。板材的冷作硬化是在板材淬火后，先在平整机上矫平大的波浪，其平整量不大于1%，板材在自然时效状态结束后，再在平整机上进行冷作硬化，冷作硬化时的总加工率为4%~8%。

为获得高质量表面的冷作硬化板片，在冷作硬化轧制时，运输导路和轧辊，均需擦拭干净，轧制中不给润滑剂。

平整机设备主要性能见表8-4。

表8-4 铝及铝合金用平整机的主要技术性能

主要技术指标		轧机形式	
		1700mm 二重可逆式	2800mm 二重可逆式
工作辊直径/mm		750~700	900~860
平整板材尺寸	厚度/mm	4~12	4~12
	最大宽度/mm	1500	2500
	最大长度/mm	4000	10000
轧制速度/$m \cdot s^{-1}$		0.13~1.3	0.5~1.5
主传动电机功率/kW		126	320
最大轧制压力/MN		2.5	10
轧机质量/t		120	240

8.3.3.2 中厚板材压光矫直工艺控制要点

工艺控制要点是：

（1）生产前认真清理运输皮带上的脏物，检查与清理轧辊表面，确认无问题后方可生产。

（2）板片压光矫直前，测量厚度，压光工按来料厚度自行分配压光道次压下量，但总压下量不大于2%，严格控制板材厚度偏差。

（3）板片通过压光机前，必须用压缩空气吹净板片上的金属屑、灰尘、脏物。

（4）严禁折角或重叠的板片进入压光机压光。

（5）板片送入矫直机时，一定要对准轧辊中心。

（6）变断面板材压光时，要正确选择轧制速度，防止改变变断面板的楔形度。

（7）淬火后的板片应在30min内完成压光。

（8）清辊时应把压光机前后皮带的电源切掉，用刀片或毛巾清辊时轧辊必须反转。

8.3.4 钳式拉伸矫直

8.3.4.1 概述

当板材波浪和残余应力太大时，用辊式矫直机无法矫平，只能用拉伸矫直机进行矫直。

拉伸矫直时，对板片的两端给予一定的拉力，使板片产生一定的塑性变形，达到消除或减小板片残余应力的目的，使板片平整。拉伸变形量控制在2%左右，太小不易消除波浪和残余应力，太大易产生滑移线，并产生新的内应力分布不均，过大时还可能出现断片。

拉伸时拉力P的大小可用下式近似计算：

$$P = \sigma_{0.2} \times B \times H \tag{8-1}$$

式中 $\sigma_{0.2}$——与拉伸量相对应的板材的屈服强度，MPa；

B——板材宽度，mm；

H——板材厚度，mm。

$B \times H \leqslant 10000\text{mm}^2$时，除冷作硬化板外，都可以进行拉伸矫直。

为防止拉断，拉伸前板材不允许有裂边、裂纹、边部毛刺等缺陷，部分板材拉伸机的主要技术参数见表8-5。

表 8-5 部分板材拉伸机的主要技术参数

项　目	不同拉伸机的主要技术参数		
	$400 \times 9.8 \times 10^3$ N	$1000 \times 9.8 \times 10^3$ N	$6000 \times 9.8 \times 10^3$ N
拉伸板材厚度/mm	0.5 ~7	4 ~12	5 ~150
拉伸板材宽度/mm	1000 ~2500	1200 ~2500	1000 ~2500
拉伸板材长度/mm	4160 ~10300		5000 ~20000
最大拉伸速度/$\text{mm} \cdot \text{s}^{-1}$	5 ~25	12	5
最大拉伸行程/mm	320		1200
传动油泵压力/MPa	20	86	20
油泵电机功率/kW	16		
油泵电机转速/$\text{r} \cdot \text{min}^{-1}$	685		

8.3.4.2 中厚板材拉伸矫直工艺控制要点

工艺控制要点是：

（1）通过张力矫直机的板片钳口夹持余量为200～500mm。

（2）淬火后的板片有裂边时，不允许在张力矫直机上矫直，但退火后的板片有裂边时，允许在张力矫直机上矫直。

（3）板片在拉伸矫直前两端要平行，其四个角要呈90°。

（4）张力矫直机夹持板片时，要对准中心线，不允许歪斜。

（5）板片在拉伸时，板片下面的皮带不准开动。如产生纵向波浪时必须找钳工调整张力矫直机的夹持器，或清除钳口的铝屑等脏物。

（6）板片在张力矫直前，可在大能力的辊式矫直机上预矫直，也可在轧机或压光机给以小压下量轻微压光，使板片较为平整，特别是消除板材横向瓢曲现象。

8.3.5 铝合金中厚板的拉伸

在淬火过程中，由于板材表面层和中心层存在温度梯度，产生较大的内部残余应力，在进行机械加工时，会引起加工变形。铝合金板材进行拉伸处理的目的是通过纵向永久塑性变形，建立新的内部应力平衡系统，最大限度地消除板材淬火的残余应力，增加尺寸稳定性，改善加工性能。其方法是在淬火后、时效处理前的规定时间内，对板材纵向进行规范的拉伸处理，永久变形量约为1.5%～3.0%，经此过程生产的板材称为铝合金拉伸板（stretched aluminium alloy plate）。

8.3.5.1 板材拉伸的工作过程

在拉伸机上，将淬火后板材的两端放入钳口咬合区（理论上称为“刚端”或称“不变形区”）；牢固夹持后加载将挠度拉直，随后即进入板材的拉伸塑性变形阶段；达到设定的拉伸量后即可卸载结束拉伸过程。根据应力-应变曲线可知，塑性变形包含着一定的弹性变形，因此必须考虑到拉伸过程中的弹性变形（拉伸回弹量），对不同合金、不同规格的板材，预先给定的拉伸量都有所不同，在自动化程度低的拉伸机上主要依靠经验操作来设定。此外，拉伸速度是保证板材各个部位得以均匀变形的重要因素之一。板材两端各个钳口咬合夹持的均匀程度也直接影响到均匀变形和最终应力消除的效果。

8.3.5.2 铝合金拉伸板的应力分析

A 厚板在热轧和淬火状态下的应力分布规律

剖析轧制过程中轧件表面层和内层金属的变形，可以发现，当轧件进入轧辊附近时，由于与轧辊相接触的表面层金属在外摩擦力作用下，流动速度比内层速度快些，而由于刚端的作用，在表层金属产生拉应力，内层金属产生压应力。在离出轧辊的断面附近，由于金属的平均速度大于轧辊圆周速度的水平投影，因而在接触弧这一段上，轧辊对金属流动起着阻碍作用，这样必定造成金属表面层速度落后内层流动速度。同样由于刚端的作用，仍将使表层金属产生拉应力，内层金属产生压应力，理论和实践证明，经过轧制以后的板材，沿厚度在轧制方向上，表层金属残余有拉应力，内层金属残余有压应力。

剖析淬火全过程的应力情况，板材被加热发生再结晶，轧制过程中所形成的残余内应力得以消除。将加热后的板材快速放入冷水槽中，此时由于板材表面金属冷却得比内层金属快，淬火初期表层金属剧冷、急剧收缩，基于板材的整体性，表层金属产生拉应力，内层金属产生压应力，随着板材的进一步冷却，最终使内层金属剧冷、急剧收缩，使应力重新分配，最后导致表层金属残余有压应力，内层金属残余有拉应力，与其轧制过程残余的内应力分布规律正好相反。

B 均匀变形时拉伸的应力分析

拉伸均匀变形的条件：钳口咬入部分为均匀咬合、夹持状态完全一致，且牢固，形成理想刚端。计算结果表明，在钳口咬合的刚端附近区域和距宽度两侧边附近区域内，存在着不均匀变形区，其他区域为均匀变形区（应力消除区），如图 8-14 所示。如在生产过程中，将此不均匀变形区域作为成品提交给用户时，则在随后的机械加工中将可能发生变形，影响最终使用，因此在成品锯切时，必须将此区域作为几何废料切掉。

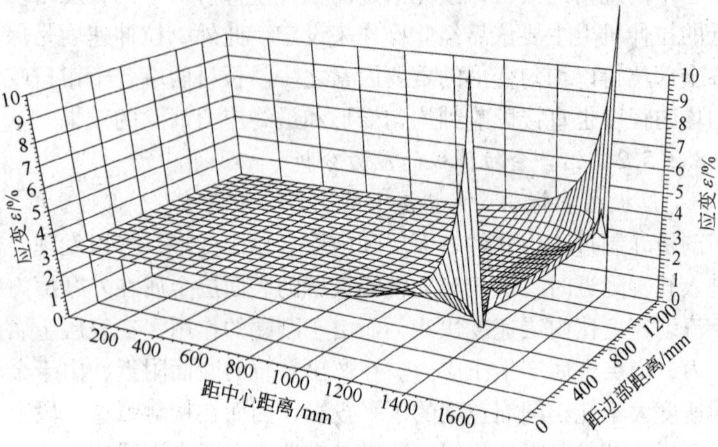

图 8-14 7075 铝合金淬火板均匀拉伸时长度方向上的应变

C 非均匀变形时拉伸的应力分析

拉伸非均匀变形的假定条件，假设钳口中的一组钳口松开，其他各组为均匀牢固夹持。计算结果表明，其不均匀变形的区域可能延伸至距刚端 1m 的范围内，如图 8-15 所示，应力值也明显增大，因此，钳口咬合夹持的质量对于板材拉伸后残余应力的分布有很重要的影响，生产中必须严格控制。

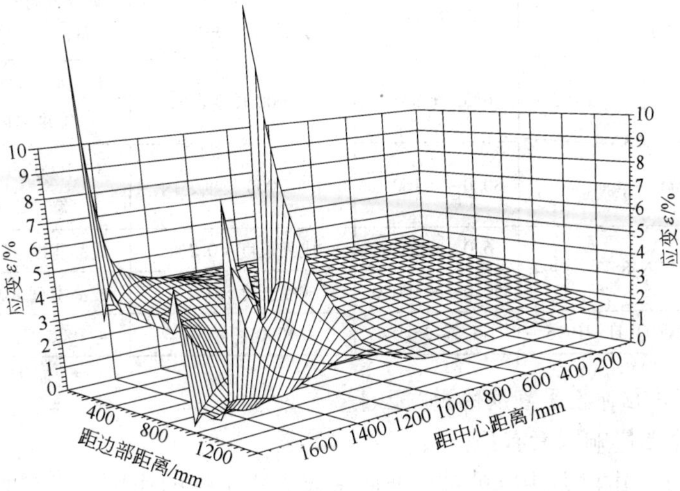

图 8-15　7075 铝合金板非均匀拉伸时长度方向的应变

8.3.5.3　拉伸板坯料尺寸的确定

确定原则为：坯料尺寸 = 成品尺寸 + 几何废料。几何废料包括板材两端钳口咬合区、咬合区附近和两侧边的不均匀变形区域。根据生产实践、理论分析与实际测试结果，一般将板材长度两端各预留 400mm，即钳口夹持区域为 200 ~ 250mm，不均匀变形区约为 150 ~ 200mm 作为几何废料；宽度两边各预留 30 ~ 50mm 作为几何废料。

8.3.5.4　生产中拉伸板的质量控制

A　拉伸板的间隔时间

淬火至拉伸的间隔时间是拉伸板材生产工艺的参数之一。对自然时效倾向大的铝合金板材，淬火后时效强化的速度很快，其结果会大大增加拉伸作业的难度，经验证明，它同时对残余应力的消除也有一定的影响。实际生产中一般控制在 2 ~ 4h 以内。对自然时效倾向不敏感的时间可适当延长。

B　拉伸板的平直度质量标准

拉伸板平直度的规定见表 8-6。

表 8-6 拉伸板平直度的国际标准规定

标准名称	厚度/mm	长度方向平直度 /mm（不大于）	宽度方向平直度 /mm（不大于）
美国 ASTMB209—1995	6. 3 ~ ≤80. 0	5/2000 长度之内	4/(1000 ~ 1500) 宽度之内
	80. 0 ~ ≤160. 0	3. 5/2000 长度之内	3/(1000 ~ 1500) 宽度之内
欧共体 EN485-3—1994	6. 0 ~ ≤50. 0	成品长度 ×0. 2%	成品宽度 ×0. 4%
	50. 0 ~ ≤100. 0	成品长度 ×0. 2%	成品宽度 ×0. 4%
中国 Q/Q141—1996	6. 5 ~ 25. 0	2/1000 长度之内	4/1000 宽度之内

C 拉伸板平直度的影响因素

主要影响因素有：

（1）钳口夹持质量对拉伸质量起着决定性的作用，钳口的均匀夹持，使板材纵向每一个单元都被拉伸到等量的长度，从而实现了均匀拉伸，也起到了对板材的矫直作用。

（2）拉伸机机架的刚度与预变形补偿的影响：由于板材拉伸机的两个拉力缸等量安置在两侧，对于横截面越大的板材，在拉伸过程中机架产生的变形将越大。因此，拉伸机机架应保持较大的刚度，设计与制造中应考虑机架预变形补偿，以克服和补偿拉伸过程中机架产生的变形。

（3）拉伸前板材尺寸的不规则性和应力分布的不均匀性，拉伸过程中有效地控制平稳的速度，使各个变形单元得以充分均匀地变形，是满足均匀拉伸的重要条件之一。

（4）实践证明，长度相对小一些，宽度相对大一些的板材，其横向展平效果要好得多。生产中应选择宽、长比大一些的工艺方案。

（5）对淬火后变形较大的板材，应利用辊式矫直机进行初步矫平，而后在拉伸机上进行最终的精矫平。

（6）由于拉伸机的主要作用是消除板材的残余应力，以纵向小变形量的塑性变形过程为主，因而对纵向有较好的矫直作用，对横向平直度的改善能力非常有限。

D 拉伸板缺陷及产生原因

a 拉伸量超标

根据不同合金、不同规格板材的拉伸回弹量特性，设定合适的预拉伸量。对强度高、合金化程度高的板材，拉伸后（4 天左右）约有千分之一的自然回弹量，生产中必须加以考虑。根据我国 45MN 拉伸机多年来的生产经验，总结出拉伸设定量的经验计算公式：

$$\text{拉伸设定量} = K \cdot C \cdot \left(\frac{\text{拉伸坯料实际长度} - \text{钳口长}}{1000} + \frac{\text{厚度} \times \text{宽度}}{25 \times 1000}\right)\% \tag{8-2}$$

式中 K——材料的弹性系数，$K = 0.6 \sim 1.0$；

C——淬火-拉伸间隔时间系数，$1.0 \sim 1.5$。

采用上式得出的拉伸设定量，基本可以满足拉伸工艺要求的 1.5% ~3.0% 的永久变形量。

b 应力消除不当

通常是由于各个钳口夹持不均匀；拉伸前板料局部波浪过大，有限的拉伸量不足以消除该区域的残余应力；拉伸速度不平稳，产生新的不均匀应力分布；锯切工序对拉伸板的两端头和两侧边切除的尺寸过小。因此，保持良好的热轧板形、规范的拉伸过程和正确选择锯切尺寸是取得良好拉伸结果的重要条件。

c 拉伸过程断片

通常是熔体质量不好，内部夹渣、疏松严重等导致拉伸断片；热轧道次加工率分配不合理，使其厚板的表面层和心部的变形不均匀，导致心部残留严重的铸态过渡夹层从而可引起拉伸断片；尤其是热轧板边部缺陷（开裂、裂纹和夹渣等）引起拉伸断片。

d 拉伸滑移线

由于拉伸量过大；拉伸前的整平工序的压光量过大（指压光矫直的加工方式）；淬火—拉伸—淬火—拉伸的多次重复生产。

8.4 酸洗

8.4.1 酸洗的作用

铝合金板材的表面质量要求比较高，其成品板材的表面进行化学处理-酸洗，常常是不可缺少的工序，尤其是经过盐浴炉淬火后的板材，都要进行酸洗，洗净板片表面残留的硝盐残迹和脏物。

8.4.2 酸洗的工艺流程

酸洗是在板材淬火后进行，其工艺流程为：酸洗→冷水洗→温水洗。先将板材放在浓度约为6% HNO_3的硝盐槽中进行酸洗，而后在冷水槽中冲洗。在用温水洗净时，水温不宜过高，应控制在40℃以下，否则易引起铝合金板材时效。

8.5 铝合金中厚板材成品检验

成品检验是板材生产的最后一道工序。根据国家标准、行业标准、企业标准及技术条件、技术协议等规定，对产品的尺寸、表面、力学性能、工艺性能等做全面的检查和验收，保证把优质产品提供给使用单位。

8.5.1 产品的尺寸和表面检查

经过多道工序加工的板材，不可避免地要产生各种各样的缺陷和废品。为此，首先要根据有关标准对板材的尺寸精度和表面质量进行检验。

板材的尺寸偏差用千分尺、千分表、钢卷尺等测量工具进行检查。对板材的厚度、宽度和长度等尺寸进行逐张检查或抽样检查。尺寸偏差超过标准规定的板带材为废品。

成品板材的表面应光洁，板材边缘不允许有毛刺、裂边、折角、磕边。板材表面存在的缺陷必须符合产品标准规定的允许范围，必须符合有关标准或技术条件的规定。板材的边缘不准带有毛刺或裂边。表面应光洁，无擦伤、划伤等缺陷。

在盐浴槽中淬火的板材，除了用肉眼检查板材上有无残留的硝盐痕迹外，必要时可利用0.5%的二苯胺浓硫酸液滴在板片上进行检查，如果液滴经过一定时间后变成深蓝色，就说明此处有硝盐痕迹存在。

检查板材表面质量和平直度的方法是把受检板材放在检查平台上，先用肉眼检查板材的表面有无超出标准规定的缺陷。板材的平直度检查是把板材放在检查平台上，当板材与平台之间的间隙不超过标准规定的范围时则为合格成品。

经检查合格的板材，在其一面端头上用打印机打上合金牌号、状态、厚度、批号、顺序号及合格检印等。

8.5.2 组织及性能检查

为了检验成品板材力学性能、内部组织、工艺性能等，须对生产的每批板材按产品标准和工艺规定的项目切取一定数量的试样进行试验，以确保板材质量符合产品标准，满足用户的使用要求。成品板材的力学性能及内部组织在产品出厂前必须进行检查。

根据合金状态不同，每批板材分别抽取试样 2%、5%、10%，重要产品取 100% 做力学性能检查。当力学性能试验有一个试样的试验结果不合格时，应从该不合格试样的板材上重新切取双倍数量的试样进行重复试验。如果重复试验仍有一个试样不合格时，该张板材应予报废。供方可对不合格试样所代表的板材区间逐张进行复验，合格者交货，不合格者作废。

对重要用途的淬火板材，还应取样在金相显微镜下检查其内部组织是否过烧，发现过烧时，全批板材作废。有些产品按照技术标准的有关规定还要进行包铝层的检查、晶粒尺寸的检查、板材的分层检查及内部缺陷的超声波探伤检查等。按标准要求，检查合格者方可验收交货。

8.6 铝合金中厚板材的涂油、包装、标志、运输与储存

8.6.1 铝合金中厚板材的涂油

铝合金板材在潮湿空气、水分或其他电解质的作用下，表面易遭受腐蚀而变坏，严重时将成为废品。为了防止板材在长距离运输和长时间储存过程中遭受腐蚀，按技术条件要求有些板材在包装发货之前，先在板材的两面涂上防锈油。

铝合金板材常用的防锈油有 FA101、7005 防锈油等，防锈油质量应符合 SH/T0692 标准的要求。防锈油应根据产品特点及气温适当

调整使用黏度，防锈油的含水率不大于0.03%。对防锈油的主要要求是油质本身所含的水分和杂质应符合有关标准规定；油的酸、碱度应合适，对板材表面无腐蚀作用；防锈油本身的化学性能要稳定，在长期存放过程中不变质、不失效；当油脂挥发时，不产生对人体或环境有害的气体等。

在使用过程中，每天应从油箱内取样分析油中所含水分，并定期对油箱中的油液取样进行全面分析。当发现油中所含杂质，酸、碱度及水分不符合技术标准和操作规程的规定时，应及时更换，以保证油的质量和防腐效果。

当油中的水分超过规定含量时，可将油液加热到110～120℃后取样分析，证明油中水分完全蒸发后方可使用。

在现代化的铝合金板材加工厂中，板材的涂油工序是在专用的二辊式涂油机上进行的。板材两面的油层应当涂满，油膜应均匀一致，不过厚，也不过薄。当发现板材个别部位未涂上油时，应及时采取调整涂油辊的间隙或换辊等措施加以解决。

8.6.1.1 手工涂油法

用软质材料（如毛刷、泡沫等）将油直接涂刷在板片上，此方法的涂油量较多，且不均匀，刷涂用油极易污染，一般只刷涂片材的单面。

8.6.1.2 板材的连续涂油法

A 辊涂法

辊涂法设备简单，但涂油量不均匀，且大小不易控制，特别是要求涂油量较少时更难以满足要求。其示意图如图8-16所示。

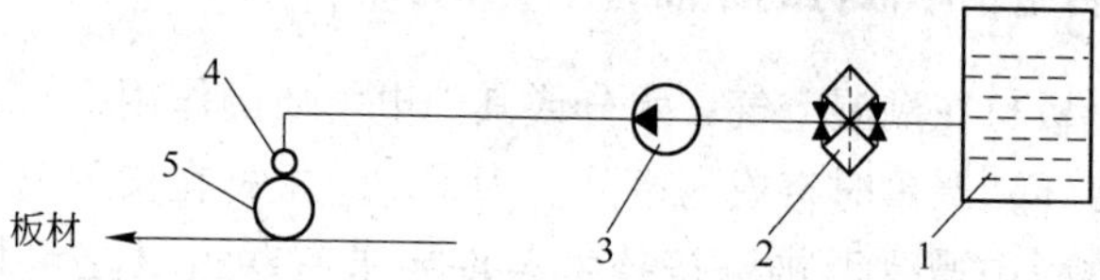

图8-16 辊涂法示意图

1—带有加热器的油箱；2—过滤器；3—油泵；4—加工有间距约10mm、孔径为1.5～2.0mm小孔的钢管；5—加工有螺纹的聚氨酯辊

B 静电涂油法

静电涂油装置比辊涂法复杂，特别是涂油头的加工要求很高，但涂油均匀，其计量泵转速可自动随设备运行速度的变化而变化，从而实现自动控制。其示意图如图 8-17 所示。

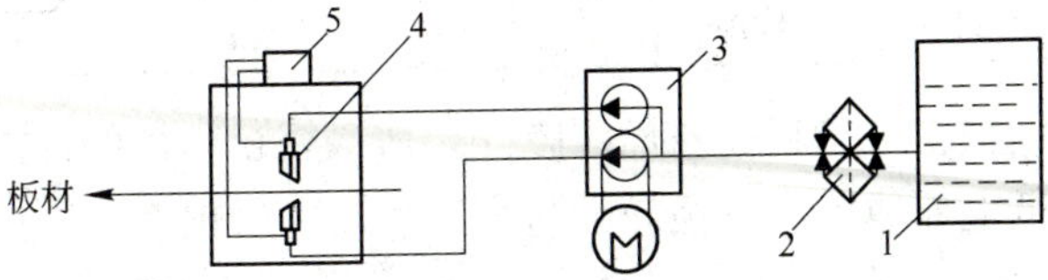

图 8-17 静电涂油法示意图

1—带有恒温加热器的油箱；2—过滤器；3—计量油泵；4—涂油头；5—高压电源

8.6.2 铝合金中厚板材的包装

8.6.2.1 常用包装材料

包装材料的种类繁多，包装方法不同，所采用的包装材料也不同，一般分为以下几大类：木材、纸、化工材料、竹制品、钢材等。所有包装材料应符合环保要求，并可回收、再生或降解处理。与铝材直接接触的包装材料的水溶性应呈中性或弱酸性，其中纸的含水率不大于10%，木材的含水率不大于20%。保护膜用胶应与铝材表面状态相匹配，不得发生化学反应及胶转移现象。

直接用来包装铝加工材的包装材料有以下几类。

A 防潮材料

a 聚乙烯薄膜

根据制造方法及性质可分为高压法聚乙烯薄膜及中低压法聚乙烯薄膜，一般为筒状或薄膜状。薄膜的颜色原则上是自然色，必须材质均匀，膜面无气泡、不匀、折痕、针孔等缺陷，不允许有0.6mm 以上的黑点和杂质以及 2mm 以上的晶点和僵块，膜面之间无粘结。存放和使用应在50℃以下。其物理力学性能应符合表 8-7 的规定。

b 聚乙烯加工纸

表 8-7 聚乙烯薄膜的物理力学性能

指标名称	指标要求	
	厚度小于 0.05mm	厚度不小于 0.05mm
拉伸强度(纵、横向)/MPa	≥0.1	≥0.1
断裂伸长率(纵、横向)/%	≥0.14	≥0.25
直角撕裂强度(纵、横向)/MPa	≥0.04	≥0.04

聚乙烯加工纸是将聚乙烯薄膜（一般为0.01~0.07mm左右）复合在各种纸上而成，具有优异的防水、防潮、耐化学、热封口性能。

c 沥青防水纸

在各种克重(30~75g/m²)的两层牛皮纸间黏附沥青层(40~80g/m²)而成。其价格便宜，是具有防水、防潮、气密性、耐化学性的柔软包装材料。

d 自黏膜

包装用自黏膜是由 C6 或 C8 材料按一定比例制成的一种延伸可达 370% 以上的材料，其外表面有一层黏性物质，它主要用于自动包装机列上，包在卷的内层起防水和防潮作用。为保持其密封性，在使用时要求其伸长率达到 150% ~250% 以上仍具有弹性。具体技术指标为：抗拉强度不小于 20MPa，直角撕裂强度不小于 12MPa，自黏性不小于 1.5×10^{-2} MPa。

B 包装箱

包装箱主要用于板材（质量小于 300~3000kg）的包装，包装箱材料有原木材、胶合板、竹席板、钢钉、金属材料等。包装箱可用木材制造，也可用金属或其他材料制造，要保证其有足够强度，不能因其损坏而使产品受到损坏。

包装箱的尺寸应能满足产品尺寸要求，保证产品在箱内无窜动或挤压。采用集装箱发运时，应考虑与其尺寸匹配。包装箱加强带的距离除能满足包装箱的坚固性要求外，还应满足吊车叉车的作业要求。制作木质包装箱时，钉子应呈迈步行排列，钉帽要打靠，钉尖要盘倒，不得有冒钉、漏钉现象，吊运位置宜钉起吊保护铁角。制作金属包装箱应焊（铆）接牢固，不得有漏焊（铆）；焊（铆）疤要打磨，不得损伤铝材。各种包装箱应规整、清洁、干燥。

a　木材

作为包装用的木材，常用的主要是松、冷杉、铁杉等针叶树，其含水率原则上要求控制在20%以下，但对于成箱后还会继续干燥的外部用材，其含水率可控制在24%以下。木材不能有下列缺陷：

（1）板材和扁方材的木节或群生节在板宽方向的直径超过板宽的1/3，或钉钉子部位及两端有节者。

（2）方材的木节或群生节在材宽方向的直径超过材宽的1/3，且贯通两面者。

（3）用作应力构件木材的钝棱带有树皮的大小，超过厚度的1/2，以及在材宽方向上超过2cm者。

（4）板材上有1.2cm以上的木节孔、虫眼、死节、漏节等缺陷者，但已修补的除外。

（5）有裂纹、腐朽、变形等缺陷者，但已修补的除外。

（6）制作出口包装箱的木材应进行化学熏蒸处理、高温热处理或其他处理，且木材上不允许有残留的树皮。

b　胶合板

根据使用部位的受力情况可选用三层、五层及更多层数的胶合板。

c　铁钉

根据需要确定钉的长度。

d　护棱

护棱（连接铁皮）的材质与钢带相同，根据需要可用经防锈处理的护棱。

e　钢带

钢带分为16mm、19mm、32mm三种，并根据需要可作防锈处理。

f　竹席板

竹席板主要用来制作国内包装箱的侧壁和顶板，它是由竹席和乳胶经热压而成，具有防水、防潮性能，并具有一定的强度。

C　纸制品

a　原纸

包装时所用原纸主要有牛皮纸或新闻纸（用作防止片间表面损伤的衬纸）两种，它们的主要技术指标如表8-8和表8-9所示。

表 8-8　牛皮纸主要技术指标

技术指标		规定		允许误差
		一　号	二　号	
定量/g·m^{-2}		60	60	±5%
		70	70	
		80	80	
		90	90	
耐破强度/MPa（不低于）	60g/m^2	0.19（1.9）	0.15（1.5）	
	70g/m^2	0.23（2.3）	0.19（1.9）	
	80g/m^2	0.26（2.6）	0.23（2.3）	
	90g/m^2	0.30（3.1）	0.25（2.6）	
纵向撕裂强度/MPa（不低于）	60g/m^2	52	37	
	70g/m^2	64	50	
	80g/m^2	75	60	
	90g/m^2	84	70	
水分/%		7	7	+3
pH 值（不大于）		7	7	

注：纸面应平整，不允许有褶子、皱纹、残缺、斑点、裂口、孔眼等缺陷。

表 8-9　新闻纸主要技术指标

技术指标	规定			
	A	B	C	D
定量/g·m^{-2}	45±1.5	49±2.0	51±2.0	
横幅（1562mm）定量/% 变异系数（不大于）	2.5	3.0		
裂断长 卷筒纸纵向/m 平板纸纵横平均/m（不小于）	3200	2900	2700 1900	2500 1700
横向撕裂强度/MPa（不小于）	230	200		
尘埃度(0.5～4.0mm)/个·m^{-2}(不多于)	72	100	140	200
其中 1.5～4.0mm（不多于）	4	8	12	20
大于 4.0mm	不许有	不许有	不许有	不许有
交货水分/%	6.0～10.0			
pH 值（不大于）	7			

注：纸面不允许有褶子、洞眼、疙瘩、气斑、裂口等外观缺陷。

b 纸板

纸板由牛皮纸、乳胶经粘合干燥而成，其表面刷有一层防潮油，要求其厚度为 3 ~ 5mm，湿度不大于 15%，表面无孔洞、起层、霉斑、翘曲，气泡直径不大于 10mm，戳穿强度不小于 10MPa，耐磨强度不小于 2MPa。

c 纸护角

纸护角的制作方法与纸板相同，其尺寸为 50mm × 80mm，纸护角应洁净、干燥、没有分层及损坏，纸护角的长度应与板材的尺寸相适应。

8.6.2.2 铝合金中厚板材包装方法

铝加工材的包装方法很多，由于产品规格、运输方式及运输距离不同，所选择的包装方式也不同，铝合金中厚板材包装方法有下扣式、普通箱式、夹板式、保护角式包装以及简易式或裸件式包装。

A 下扣式、普通箱式、夹板式及保护角式包装方法

下扣式、普通箱式、夹板式及保护角式包装示意图如图 8-18 ~ 图 8-21 所示，包装时，应首先在包装箱底部铺上一层塑料薄膜，接着铺一层中性（或弱酸性）防潮纸或其他防潮材料，然后将板材按下述方法之一装入包装箱内：

(1) 涂油，板间垫纸后装箱；

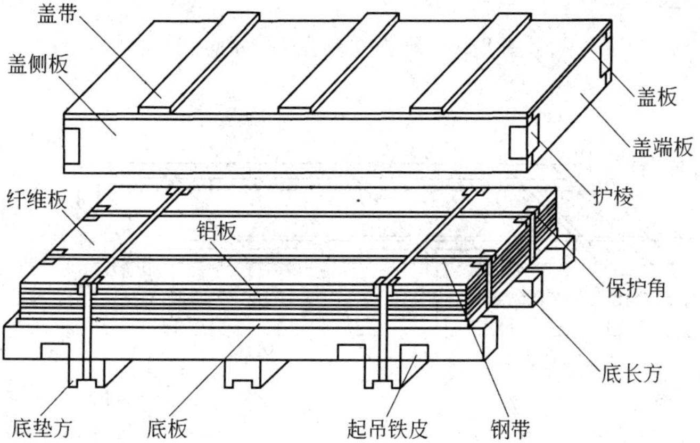

图 8-18 下扣式包装结构示意图

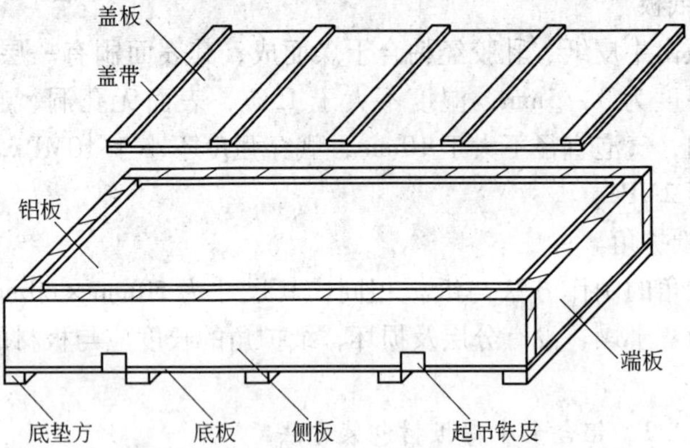

图 8-19 普通箱式包装结构示意图

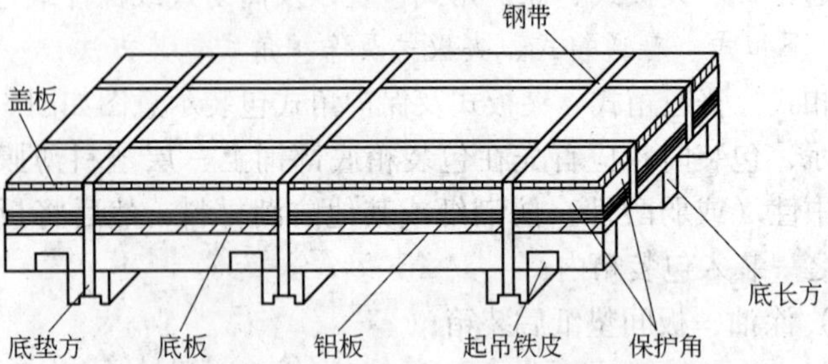

图 8-20 夹板式包装结构示意图

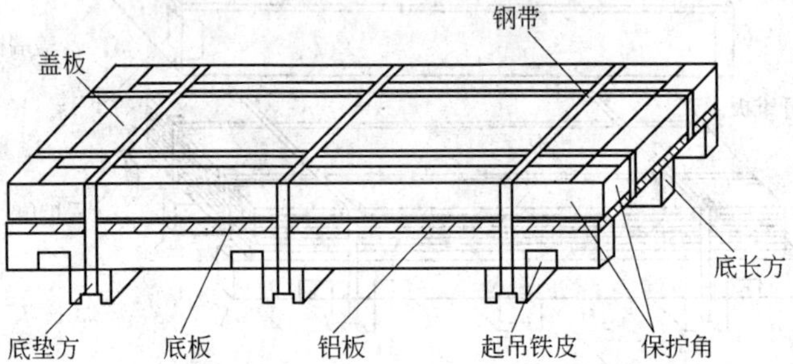

图 8-21 保护角式包装结构示意图

（2）涂油，板间不垫纸装箱；

（3）不涂油，板间垫纸或垫泡沫塑料片后装箱；

（4）不涂油，不垫纸装箱；

（5）表面贴膜后装箱。

装好后，再将已铺好的包装材料按规则包好，接头处用粘胶带密封好，上面覆盖一层塑料薄膜，并用粘胶带固定好，然后加盖（加保护角），用钢带捆紧。

B 简易式或裸件式包装方法

简易式或裸件式包装结构示意图如图 8-22 所示。具体的包装方法是：

（1）简易式包装时，在板材外包一层中性（或弱酸性）防潮纸或其他防潮材料，一层塑料薄膜，封口后放在底垫方上，然后用钢带捆紧。

（2）裸件式包装时，将板材直接放在底垫方上，然后用钢带捆紧。

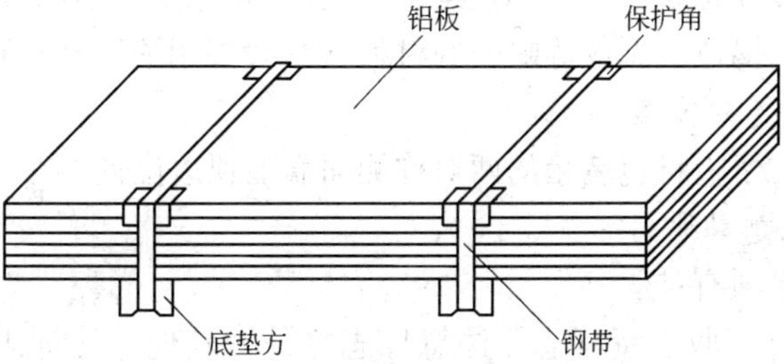

图 8-22 简易式或裸件式包装结构示意图

8.6.2.3 铝合金中厚板材包装工艺控制要点

工艺控制要点是：

（1）包装箱尺寸和成品尺寸相匹配，箱比料宽不大于 20mm，箱比料长不大于 30mm。托盘护角包装的，护角下边缘距托盘不超过 30mm。

（2）箱长 2.5m 及以下者，吊挂处设在端头；箱长 2.5m 以上者，吊挂处设在内侧。

（3）中厚板材包装时必须采用吸盘吊进行装箱，且板间垫纸，铺纸应铺放整齐，四周不破损。

(4) 用吸盘吊吊运板片时必须有专人扶吊，吊盘尽量放在板材的重心位置，放正、摆平，将板片轻轻放入箱内，以免板片磕碰伤及划伤。

(5) 钉子应呈迈步行排列，钉帽要打靠，钉尖要盘倒，不得有冒钉、漏钉现象。

(6) 包装板片的数量、质量应准确。

(7) 包装箱的标牌字迹应工整、清晰、准确。

8.6.3 铝合金中厚板材的包装标志

8.6.3.1 收发货标志

A 标志的内容

产品的产地、到货地、收货单位、包装编号、重量（国内产品注明净重，出口产品还须注明毛重）、生产日期及其他注意标志等。

B 标志的色彩

收发货标志原则上全部是黑色，且所用的墨水必须耐摩擦，并不产生渗润、褐色、剥落等缺陷的材料（一般多用油性材料）。

C 标志的位置

标志位于板材包装箱的两对称侧面靠上顶边位置。

D 注意事项

注意事项有：

(1) 除了收发货标志、注意标志之外，其他一切标志都不得记入；

(2) 旧标志必须完全清除；

(3) 广告标志不得影响必要标志的醒目。

8.6.3.2 指示标志

A 色彩

指示标志原则上是黑色，也可使用红色，如与包装的底色相同也可采用反色。

B 方法

指示标志可用刷涂、印模、描绘、印刷、标签等方法进行标示。

但要用于运输过程中不产生渗润、磨损、磨破、褐色、剥落等缺陷的材料。

C 位置

指示标志要标示在包装表面易见的位置：

（1）方向标志原则上标示在包装侧面或端面近于上方的角落处，并要标示两处以上。

（2）位置标志通常相对地标示在起吊位置处。

8.6.3.3 装箱单

装箱单是由卖方发运到买方的包装货物的明细表。它除了向买方通知内装货物的详情的目的外，同时还是进出口报关、银行贷款批准及其他贸易业务处理所依据的文件，它的主要内容有生产日期、发货单编号、合同或订货单编号、合金及状态、规格、技术标准、重量等。

8.6.4 铝合金中厚板材的运输

与运输有关的事项：

（1）铝及铝合金加工产品可采用火车、汽车、轮船、飞机等交通工具运输。

（2）装运产品的火车车厢、汽车车厢、轮船船舱和集装箱应清洁、干燥、无污染物。

（3）严禁铝及铝合金加工产品同化学活性物质及潮湿材料装在同一个车厢、船舱、集装箱内运输。

（4）敞车运输时必须盖好篷布，以保证包装箱不被水浸。

（5）产品在车站、码头中转时，应堆放在库房内。短暂露天堆放时，必须用篷布盖好，下面要用木方垫好，垫高不小于100mm。

（6）产品在车站码头中转或终点装卸时，应采用合适的装卸方式，并注意轻拿轻放，以防将包装箱（件）损坏，而导致产品损伤。

8.6.5 铝合金中厚板材的储存

与储存有关的事项：

(1) 包装后的产品按合金、规格、用户、批次垛放好，放到指定区域。

(2) 需方收到产品后，应立即检查包装箱有无破损或进水现象，如遇包装箱破损或进水，应立即组织开箱检查并妥善处理受损产品。属于外观质量及尺寸偏差的异议，应在收到产品之日起一个月内提出，属于其他性能的异议，应在收到产品之日起三个月内提出。如需仲裁，仲裁取样应由供需双方共同进行。

(3) 经复验合格的产品应及时保管在清洁、干燥、无腐蚀性气氛、防止雨雪侵入的库房内。

(4) 涂油产品的防腐期按产品标准规定，产品标准未规定时，防腐期为一年。若在运输、储存期间，被水浸，应立即开箱检查并进行防腐处理，以防止产品腐蚀。需长期储存时，不涂油的产品应涂油，涂油产品超过防腐期应重新涂油。

(5) 产品不能露天存放，但必须短暂露天存放时，要用篷布盖好。

(6) 裸件产品不允许直接放在地面上，下面用高度不小于100mm的木方垫好。

9 铝合金中厚板的缺陷分析与质量控制

9.1 铝合金中厚板的缺陷分析

9.1.1 铝合金中厚板缺陷的分类

根据缺陷对产品质量的影响和标准的规定，可把铝合金中厚板的缺陷分为以下三类：

（1）不允许有的缺陷。这类缺陷的产生就意味着产品绝对报废，它包括使组织不致密、破坏晶粒间结合力的贯穿气孔、夹杂物、过烧等废品；破坏产品抗蚀性能的腐蚀、扩散、白斑、包铝层错动、硝盐痕、滑移线废品；破坏产品整体结构的裂边、裂纹、收缩孔等废品和不符合使用要求或标准要求的力学性能、尺寸精度等废品。

（2）允许有的缺陷。这类缺陷在标准上做了具体规定或可以归类到某种已做规定的缺陷里，它们虽然降低了产品的综合性能，但只要符合标准要求仍可使用。例如对面积和深度做了规定的缺陷：表面气泡、波浪、擦划伤、乳液痕、凹陷、压过划痕、印痕、粘伤、横波、起皮等缺陷；允许存在的轻微缺陷：压折、非金属压入、金属压入、松枝花纹等缺陷；符合标样的缺陷：小黑点、折伤等缺陷。

（3）其他缺陷。标准中没有明确规定和虽有规定但很不具体的缺陷，把它们归入这一类，如侧弯、油痕、水痕、表面不亮、花纹等缺陷。

9.1.2 铝合金中厚板的尺寸精度和形状缺陷

铝合金中厚板的尺寸精度和形状缺陷见表9-1。

表 9-1 铝合金中厚板的尺寸精度和形状缺陷

缺陷名称	定义和特征	起因和防止措施
过 薄	板材厚度小于标准规定的允许最小厚度，直接影响使用	压下量调整不合理；压下指示器误差大；测微器调整不当；辊型控制不正确
过 厚	板材厚度超过标准规定的允许最大厚度，直接影响使用	压下量调整不合理；压下指示器误差大；测微器调整不当；辊型控制不正确
过 窄	板材宽度小于标准规定的允许最小宽度，影响使用	热压圆盘剪调节时没有很好考虑冷缩量；锯切时量错尺
过 短	板材长度小于标准规定的允许最小长度，影响使用	热轧剪切长度控制不当；厚板机列定尺剪切时没能很好考虑冷收缩量；锯切时量错尺
包铝层厚度不符	包铝层厚度不符合标准要求，直接影响耐蚀性和焊接性能	热轧焊合压延时压下量过大；包铝板厚度用错
不平度（波浪翘曲）	板材不平直、呈凹凸状态的总称，或指产品凹凸的程度。一般为压延方向，由波高、波间距和波数决定。直接影响使用	轧制时板横方向伸展不均匀；后续工序若出现板材横向温度分布不均匀，产生歪曲现象，也会影响不平度
边部波浪	板材边部凹凸不平的总称。板边部反复起波浪，影响使用	轧制时边部比中心部伸展大；改变轧辊初期凸度，增强冷却，增大轧辊挠度，可改善边部波浪
中间波浪	板材中心部凹凸不平状态的总称或程度。板材中心部反复起波浪，影响使用	轧制时中间部的伸展比边部大；改变轧辊凸度，加强冷却，减小轧辊挠度，可以改变中间波浪
1/4 处波浪（二肋波浪）	沿横向到距板边部距离为 1/4 板宽处附近凹凸不平的总称及程度或稍微接近边部的凹凸程度，影响使用	由轧制引起的轧辊变形和不恰当的轧辊热凸度的组合，从横边部到中间部的伸展扩大而引起的；有效组合轧辊初凸度，控制轧辊不同区域的冷却程度可改善

续表 9-1

缺陷名称	定义和特征	起因和防止措施
复合波浪（复合波）	边部和中间同时起波浪。边部和中间部同时反复起波浪，影响使用	轧辊初凸度过大，热凸度增大，中间迅速起波浪，若以减少轧辊弯曲来修改时，便易出现边部波浪；可采取加强轧辊中间部冷却，改变轧辊弯曲力等防止措施
局部凹陷或单边波浪（圈闭凹陷）	板材横向特定位置上出现的凹凸状。在横向特定位置反复出现，波间距较小，影响使用	润滑管局部堵塞，轧辊局部受热凸起，发展成局部凹陷；调整润滑系统按要求润滑
侧边弯曲（镰刀弯）	轧制时变形不均，板片在水平面上向一边弯曲，影响使用	轧辊辊型不正确；轧制时板材不对中；乳液喷嘴堵塞，轧辊冷却不均；来料板片两边厚度不同；轧制或压光时两边变形不均匀
短周期瓢曲（局部波浪）	轧制时板材上出现的短周期凹凸。板材的任意位置、任意方向上在500mm之间的短周期的波峰和波后之差。超标不能使用	润滑和冷却不均匀；轧辊辊型控制不当
纵向弯曲	将板放在平台上，其前后边部向上翘起状态的总称，或指这时的翘曲程度，超标不能使用	矫直条件和工艺不宜；板厚变形分布不对称，内应力分布不均衡、不平衡
横向弯曲	将板放在平台上，其横向边部翘起状态的总称，或指这时的翘曲程度。超标不能使用	板横向厚度变形不均，不对称，内应力不平衡

9.1.3 铝合金中厚板表面缺陷

铝合金中厚板表面缺陷见表 9-2。

表 9-2 铝合金中厚板表面缺陷

缺陷名称	定义和特征	起因和防止措施
表面气泡	板材表面不规则的条状或圆形空腔凸包，其边缘圆滑，上下不对称。对材料力学性能和抗腐蚀性能有影响	铸锭含气量高，组织疏松，应加强熔体净化处理； 铸块表面不平处有脏物，装炉前未清洗； 铸块与包铝板有蚀洗残留物； 铸块加热温度过高或时间过长引起表面氧化； 焊合轧制时，乳液流到包铝板下面； 应注意环境控制，精炼净化处理和铸锭铣面厚度
贯穿气孔	气泡贯穿板材厚度，其上下对称，呈圆形或条形凸包，破坏组织致密性和降低力学性能，属绝对废品	铸锭内的集中气泡，轧制后残留在板片上； 应加强铝液搅拌、精炼、除气、净化处理，改善熔铸工艺
铸块开裂	热轧时铸块端头或边部开裂。彻底清除后才能使用	硬合金浇口没有完全切掉； 铸块本身有纵向或横向裂纹，未清除掉； 热轧时压下量过大； 铸块加热温度过高或过低
表面裂纹	板材表面与轧制方向呈直角的裂口	铸块表面质量差； 铸块加热温度过高； 道次压下量过大
起　皮	板材表面局部起层。成层较薄，破裂翻起	铸块表面平整度差或铣面不彻底； 加热时间长，表面严重氧化
裂　边	板材边部破裂，严重时呈锯齿状，板材的整体结构破坏	铸块均火不充分，铸锭浇口未完全切掉； 在高镁合金中，铸块中的钠含量过高； 热轧温度过低，压下率控制不当； 热轧辊边量太小，包铝板放得不正，不均，使一边包铝不全
黑　皮	铸块侧面部分表层组织残留在板材表面里面的杂质。在板横向两边以数十毫米的宽度沿轧向平行出现，影响外观	热轧时，要选定与横方向变形一致的铸块侧面断面形状； 进行铸块侧面的铣（刨）面； 压延材料的边部切边要充分

续表 9-2

缺陷名称	定义和特征	起因和防止措施
组织条纹	由铸块组织不均匀或粗大晶粒引起的与轧向平行的筋状（带状）条纹。经阳极氧化处理后或酸洗后变得明显。酸洗深度增加可能发生宽度变化或消失	力求凝固、冷却等铸造条件的合理化和适当的晶粒细化，以防止铸块的晶粒组织不均匀； 进行合理的铸块铣面
分　层	在板材端部或边部的断面中心产生与压延平行的层裂。前后端部出现的称为夹层、裂层，在 Al-Mg 铝合金出现较多。板材边部出现的称为分层，在横向轧制中常见	铸块形状不合适； 铸块加热不均匀或压下量过大； 铸块浇口的切除要多些（防止夹层）； 在高镁合金中，减少铸块中的钠含量（防止夹层）； 压延材料的边部要多切除些(防止分层)； 进行适当的齐边压延（防止分层）
夹杂分层	板材的横断面上产生与板材表面平行的条状裂纹，沿压延方向延伸，分布无规律	铸锭含有非金属夹杂； 铸块含气量高、疏松严重
压　折	压光机压过板片皱折处，使该部分板片呈亮道花纹。它破坏板材的致密性，压折部位不易焊合紧密，对材料综合性能有影响	辊型不正确，板材不均匀形； 压光前板片波浪太大，或压光量过大，速度快； 压光时送入不正，容易产生压折； 板片两边厚度差大，易产生压折
非金属压入	非金属杂物压入板表面，呈明显点状或条状黑黄色。它破坏板材表面的连续性，降低板材抗蚀性能	轧制工序设备条件不清洁，加工过程中脏物掉在板面上，经过压延而形成； 工艺润滑剂喷射压力低，板材表面上黏附的非金属脏物冲洗不掉；乳液更换不及时，铝粉冲洗不净及乳液槽子洗刷不干净； 板坯表面有擦划伤
金属压入	金属屑或金属碎片压入板表面，压入物刮掉后呈不规则凹陷。它破坏板材表面的连续性，对材料的抗蚀性有影响	加工过程中金属屑落到板面上，压延后造成；热轧时辊边道次少，裂边的金属掉在板面上； 圆盘剪切边质量不好，产生的毛刺掉在板坯上，经轧制压入； 压缩空气没有吹净板表面的金属屑； 轧辊粘铝后，其粘铝又被压在板坯上； 导尺夹得过紧，刮下来的碎屑掉在板面上

续表 9-2

缺陷名称	定义和特征	起因和防止措施
划　伤	因尖锐物体（如板角、金属屑或设备上的尖锐物等）与板面接触，在相对滑动时所造成的呈单条状分布的伤痕。造成氧化膜、包铝层连续性破坏，降低抗蚀性和力学性能	热轧机辊道、导板粘铝，使热压板划伤； 冷轧机导板、承平辊等有突出尖角或粘铝； 精整机列加工中的划伤； 板片相互重合移动时造成划伤； 成品包装过程中，金属碎屑被带到涂油辊内或涂油辊毡绒被磨损，铁片露出以及板片抬放不当，都可能造成划伤
擦　伤	棱状物与板面或板面与板面接触后发生相对滑动或错动而在板材表面所造成的呈束状（或成组）分布的伤痕。它破坏氧化膜和包铝层，降低抗腐蚀性能	板材在加工过程中与导路设备接触时，产生相对摩擦而造成的； 精整验收和包装不当
包铝层错动	热轧时包铝板偏移或横向摆动，沿板材表面边部形成较整齐的暗带，经热处理后暗带呈暗黄色条状痕迹，严重影响抗蚀性能	包铝板没有放正；热压时铸块送料不正；焊合压延时压下量太小，包铝板没有焊合上；焊合轧制时两边压下量不均；侧边包铝的铸块辊边量太大；切边时剪切宽度不均，使一边切得太少
碰伤（凹陷）	板材表面或端面受到其他物体碰撞后形成不光滑的单个或多个凹坑，它对表面的破坏性很大	板材在搬运及停放过程中被碰撞； 退火料架不干净，有金属屑或突出物； 板材退火后上面压有重物
粘　伤	因板间压力过大造成板面上出现的较大面积有一定深度同一位置的点、片状或条状痕迹。破坏板面氧化膜或包铝层，降低抗蚀性能	热轧辊、辊道粘铝，热状态下板垛上压有重物； 退火时板片之间在某点上相互粘结
粘　铝	轧辊与板材表面润滑不良而引起板材表面粗糙的粘伤	热轧时铸锭温度过高； 轧制工艺不当，道次压下量大且轧速过高； 工艺润滑剂性能差
折　伤	板材弯折后表面形成的局部不规则的凸起皱纹或马蹄印迹	板片在搬运或翻转时受力不均，多辊矫直时送料不正；

续表 9-2

缺陷名称	定义和特征	起因和防止措施
揉擦伤	淬火时相邻板片互相摩擦留下的痕迹，表面呈不规则的圆弧状条纹，降低抗蚀性能	淬火后板片弯曲度太大，淬火装料量太多，板间间距小； 卸板或吊运时板片相互错动
压过划痕	上道工序产生的擦伤、划伤，经下一道次轧制后仍呈擦划伤条纹，但表面较光滑。有隐蔽性，降低综合性能	轧制工序中产生的划伤、粘伤，退火与搬运过程中的擦伤又经轧制而造成
运送伤痕	在搬运过程中，铝板表面互相接触，并因振动而长时间互相摩擦引起的伤痕，呈黑色	包装应按规范要求进行； 运送时防止捆点松散，防止板片错动
腐　蚀	板材表面与周围介质接触产生化学或电化学反应，金属表面失去光泽，引起表面组织破坏。腐蚀呈片状或点状，白色，严重时有粉末产生，降低抗蚀性和综合性能	生产过程中板材表面残留有酸、碱或水迹；板材接触的火油、乳液、包装油等辅助材料含有水分或呈碱性；包装不密封；运输过程中，防腐层被破坏
铜扩散	热处理时，包铝板材基体金属中的铜原子扩散到包铝层形成的黄褐色斑点。对抗腐蚀性有害	不正确的热处理制度，温度过高或时间太长； 重复热处理次数太多，热处理设备不正常； 热轧时滚边操作不当，包铝层太薄
乳液痕	板材表面上残留呈乳白色或黑色的点状、条状或片状乳液痕迹。影响表面粗糙度，降低抗蚀性	热轧时乳液没有吹净；热轧温度过高，乳液烧结；乳液黏度过大轧制时乳液粘结在板片上
硝盐痕	盐浴淬火时，硝盐残留在板材表面，呈不规则白色斑块，严重降低抗蚀性	淬火后洗涤不净；压光前擦得不干净；板片表面留有硝石痕
油　痕	冷轧后残留在板面的轧制油，经高温退火烧结在板面，呈褐黄色或红色斑迹。影响美观	板片上残存润滑油，经退火后造成板材表面有烧结痕迹；退火工艺不当

续表 9-2

缺陷名称	定义和特征	起因和防止措施
水　痕	残留在淬火板面上的水痕，经压光印在板面上，呈现浅白色或浅黑色痕迹。影响美观	水质不好，水未擦干净
表面不亮	板面发暗，不美观	轧制温度过高；轧辊、压光辊、矫直辊表面粗糙度不够；润滑液性能不好，太脏；板材材质不一样
亮　带	板材表面由于粗糙度不均而产生宽、窄不一的亮印	轧辊研磨质量差；工艺润滑不良；先轧窄料后轧宽料
小黑点（条）	板材表面的不规则的黑点（条）。降低抗蚀性，不美观	乳液润滑不良；乳液不清洁；乳液稳定性不好；板材表面有擦划伤；金属中有夹杂；7×××系合金轧制时，产生大量的铝粉并压入金属，进一步轧制时产生小黑条
暗　道	由窄板改轧宽板时，在宽板上出现的平行轧向的光泽度偏差。在铝板的两面连续出现，影响美观	由接触压延材料边部的工作辊上的粘附物转印到铝板上引起的； 从宽幅到窄幅，改变压延顺序； 更换轧辊
走刀痕	磨辊时砂轮磨痕转印在铝板表面上的痕迹，影响美观	适当控制砂轮速度、进给量及轧辊磨削加工条件，以防止砂轮的走刀痕残留在轧辊上； 砂轮修整时，进行砂轮的削边
振　痕	与轧向呈直角，有细微间距出现的直线状的光泽斑纹。由轧辊引起的称压延振痕，由矫直辊引起的称矫直振痕。有手感，硬合金常见	合理安排道次程序，以防压下量过大； 适当控制轧制速度； 防止轧制润滑不当； 减少轧机的振动
人字纹	与轧向呈一定角度出现薄棱状的光泽不良。在板横向易出现。在 Al-Mg 合金中常见	适当安排轧制道次压下率； 适当控制前、后张力； 防止工艺油的润滑不良

续表 9-2

缺陷名称	定义和特征	起因和防止措施
印痕（辊印）	轧辊或矫直辊上带有伤痕、痕迹、色块，经轧制或矫直复制到铝板表面。印痕呈周期性分布	轧辊及板材表面粘有金属屑或脏物，板材通过生产机列后在板材表面印下黏附物的痕迹； 其他工艺设备（如压光机、矫直机、给料辊、导辊）表面有缺陷或黏附脏物时，在板材表面易产生印痕； 包装涂油辊压得太紧，且油中有杂质时产生板材的印痕缺陷
横　波	垂直轧制方向横贯板材表面的波纹	轧制过程中工作辊颤动； 轧制过程中停机，或较快调整压下量； 精整时多辊矫直机在较大压下量的情况下矫直时停车
毛　刺	经剪切、锯切板材边缘存在有大小不等的细短或尖而薄的金属刺	剪切时刀刃不锋利，剪刃润滑不良，剪刃间隙及重叠量调整不当； 锯切时锯片或板材颤动
收缩口	铸块热轧时，边部产生暗裂，外部看不出来，锯切后发现	铸锭熔体质量不好，多在浇注口部位产生，尤其是硬合金
滑移线	在拉伸板材表面与拉伸方向呈45°角的暗色条纹。影响板材美观，严重时影响综合性能	拉伸量过大
松树枝状花纹	板材在轧制过程中由于变形不均产生的滑移线。表面呈有规律的松树枝状花纹，严重时板材表面凸凹不平，有明显色差，但仍十分光滑。它主要影响表面美观，严重时也影响产品的综合性能	压下量过大； 轧制时润滑不好造成板材各部分金属流动不均匀
花纹缺陷	由于花纹板的花纹不全，花纹受损，筋高不够造成的缺陷。它不但影响使用也影响美观	它主要由于轧制花纹板的轧辊，花纹受到损伤，轧辊上的花纹被铝屑或其他脏物填充；毛料厚度不够使轧制填充不充分；设备机械损伤花纹板或铸块本身质量造成花纹损伤

9.1.4 铝合金中厚板的组织与性能缺陷

铝合金中厚板主要组织与性能缺陷见表9-3。

表 9-3 铝合金中厚板主要组织与性能缺陷

缺陷名称	定义和特征	起因和防止措施
力学性能不合格	产品常温力学性能超标造成的废品	铸锭的化学成分不符合技术标准；未正确执行热处理制度；热处理设备不正常；试验室热处理制度或试验方法不正确；试样规格和表面不符合要求等
过 烧	铸块或板材在热处理时，金属温度达到或超过低熔点共晶温度，使晶界局部加粗，晶内低熔点共晶物形成液相球，晶界交叉处呈三角形等。破坏晶粒间结合度，降低综合性能，属绝对废品	炉子各区温度不均；热处理设备或仪表失灵；加热或热处理制度不合理，或执行不严；装料时放置不正
铸造夹杂物	板片中央有块状金属或非金属物质，贯穿整个厚度，破坏板材整体结构	铸造时混入了金属或非金属物质，轧制后形成了这种组织缺陷

9.2 铝合金中厚板材的检验与质量控制

铝合金中厚板材的检验与质量控制分为原辅材料进厂检验、过程检验、成品检验。检验与质量控制的主要项目有化学成分、内部组织、力学性能、表面质量、形状及尺寸。进厂检验及成品检验一般由专职检查人员进行，过程检验可采用操作工人自检、互检和专职检查人员检验相结合的方式进行。化学成分、内部组织、力学性能目前基本上是随机取样进行理化检验，随着检测技术的发展，特殊情况下也可采用无损检验技术百分之百检查内部缺陷。表面质量、形状及尺寸要按工艺质量控制要求进行首料检查、中间抽检、尾料检查。成品检查时，则要按技术标准要求进行全数检查。

9.2.1 铸锭验收的检验与质量控制

为了确保板材质量，及时发现和防止不合格铸锭投入生产是至关重要的。用于板材生产的铸锭均须做如下检验：

（1）化学成分。检验化学成分是否符合相应的技术标准要求。

（2）尺寸偏差。包括铸锭的厚度、宽度、长度，锯切铸锭还要检查锯口的切斜度。

（3）表面质量。其中包括以下几项要求：1）不铣面铸锭表面不得有夹渣、冷隔、拉裂，其他缺陷（如弯曲、裂纹、成层、偏析瘤等）不得超过有关标准的规定；2）铣面后的铸锭表面不允许有粘铝、起皮、气孔、夹渣、腐蚀、疏松、铝屑等，清除表面的油污及脏物，刀痕深度和机械碰伤要符合标准，铸锭两侧的毛刺必须刮净；3）锯切铸锭的锯齿痕深度应符合标准规定，无锯屑和毛刺；4）刨边后的铸锭无残留的偏析物。

（4）高倍检查，均匀化退火后的铸锭，应在其热端切取高倍试样，检查是否过烧。

（5）对于重要用途的铸锭，须切取试片进行低倍和断口检查。

（6）铸锭端面必须打上合金牌号、炉号、熔次号、根号、毛料号，验收后的铸锭必须打上检印。对于由于质量问题需改作他用的铸锭，还应做好相应的标志。

9.2.2 铸块铣面及蚀洗工序检验与质量控制

9.2.2.1 铣面工序检验与质量控制

半连续铸造铸锭的表面常存在有偏析浮出物（偏析瘤），有时还带有夹渣、结疤和表面裂纹。因此，合金锭和包铝板用纯铝锭及生产厚度大于18mm纯铝板材所采用的铸锭均须铣面。仅对表面质量要求不高的纯铝板材其铸锭可用蚀洗代替铣面。

A 铣面工序的检验

铣面工序的检验应注意以下事项：

（1）铸锭铣面时其温度不高于40℃。

（2）铣面用乳液浓度，硬合金的浓度为3%～5%，软合金及纯铝的浓度为5%～10%。

（3）铸锭两面的最大铣面量之和一般不超过40mm。铸锭单面的最小铣面量应符合铣面工艺操作规程的规定。

B 铣面工序检验的质量控制

铣面工序检验的质量控制应注意以下事项：

（1）正确地检验铸锭的规格及铣面量。

（2）检验铸锭铣面后的表面刀痕情况，刀痕深度及平面阶差不超过0.1mm。

（3）铸锭铣过第一层后，若有长度超过1000mm的纵向裂纹，该铸锭报废；有长度小于1000mm裂纹时应铣至内控标准规定最薄厚度为止。

（4）铣面后的铸锭要及时用毛巾擦净表面乳液，保证表面光洁。铣面后铸锭的厚度差及机械损伤均不得超过3mm。

（5）对2A11、2A12、7A04、7A09、2A14合金铸锭铣面后发现有“小尾巴”缺陷时只能用于生产民用板。

（6）高纯铝、5A66合金铸锭允许有宽度不大于0.5mm的表面裂纹。

9.2.2.2 蚀洗工序检验与质量控制

蚀洗是为了清除铸锭表面的油污和脏物，使表面清洁，保证板材质量。

A 工序检验的规定

高镁、高锌铝合金铸锭和经铣面的纯铝铸锭不蚀洗，其他铸锭、包铝板及夹边均须蚀洗。不铣面纯铝锭表面偏析瘤超5mm或有分层、金属瘤等时，须经铣面后投产。

B 工序检验的质量控制

工序检验的质量控制应注意以下事项：

（1）蚀洗后的铸锭、包铝板及夹边表面需冲洗干净，不允许有影响焊合质量的缺陷。

（2）吊运过程中产生的碰伤深度不超过0.1mm。

（3）经蚀洗后的铸锭、包铝板、夹边其存放时间不宜超过24h，否则需要重新蚀洗。

9.2.3 铸块加热工序质量检验与质量控制

9.2.3.1 铸块加热工序装炉检验与质量控制

铸块加热工序装炉检验与质量控制应注意以下事项：

（1）铸锭的合金牌号、熔次号、根号、规格应与生产卡片相符。

（2）铸锭的表面质量按加热炉铸块加热工艺操作规程中的规定检验。

（3）不同加热制度的铸锭，切忌混装加热。如需要混装时，应合理安排先后顺序，采取相应措施，使铸锭的加热温度达到要求。

（4）严格执行铸锭不准混装和互代的有关规定，所有合金均须按熔次组批装炉，有特殊要求的，按特殊要求处理。

（5）其他方面的检验按加热炉的有关规定执行。

9.2.3.2 铸块加热工序加热检验与质量控制

铸块加热工序加热检验与质量控制应注意以下事项：

（1）铸锭在加热炉内的最长停留时间不能超过规定。

（2）加热过程中，每炉至少打开炉门两次检查加热元件是否断相，保证铸锭加热温度合乎要求。

（3）出炉前应按相应的加热制度检查炉子的定温和保温时间。

（4）出炉的铸锭应逐块测温、记录，对于推进式加热炉还要注意炉子上下层温差变化。

（5）出炉时还需要检查铸锭表面的氧化情况及铸锭上下表面是否有异物，防止热轧时杂物压入铸锭。

（6）核对装炉顺序，保持上下工序质量信息畅通。

9.2.4 中厚板热轧工序的质量检验与质量控制

热轧一般指在金属再结晶温度以上的轧制。热轧后的铝合金板材多呈现为再结晶与变形组织共存的组织状态。在热轧时金属的塑性好，变形抗力低，可采用大的铸锭和大的压下量进行轧制，所以能充分发挥设备能力，生产率高。

热轧质量的好坏直接影响最终成品质量的优劣，生产中必须严格按工艺规程操作，认真按产品标准检验，确保热轧板材的质量。

9.2.4.1 热轧板工序的质量检验

热轧板工序的质量检验应注意以下事项：

(1) 检查设备的运转情况，检查辊面（包括工作辊、支撑辊、立辊）、导尺、辊道、剪刀等是否正常，轧辊和辊道是否同步，轧辊和辊道如有粘铝等脏物要及时清除。

(2) 校正压下、导尺、立辊的指示数与实际之差；检查操纵台上把手和仪表指示是否灵敏，检验乳液喷嘴是否堵塞、松动，角度是否合适。

(3) 检查乳液的温度、浓度以及外观质量，有无异味和变质现象，出现问题应及时处理。

(4) 检查轧制时每道次的轧制力、主机电流，均应不超过规定负荷。

(5) 检验铸块热轧开轧温度、轧制终了温度。

(6) 热轧板主要检验表面质量、外形及尺寸。

(7) 检查热轧辊的表面状况，轧辊粘铝或啃辊严重时应及时换轧辊。

(8) 检查热轧时辊道运送铸块是否平稳，送料时要正，横展时料头不出辊道。

(9) 最后轧制道次及时用压缩空气吹掉板面乳液，防止烧结在板片上。

(10) 检查板材轧制滚边量，每次的滚边量应不大于6mm。

(11) 检查轧制过程的轧制力、道次压下量是否符合工艺规程规定。

(12) 轧制中及时检测板材的尺寸：1）测量板材的宽度、厚度尺寸时应在距其头部5m处进行。板材划级后应在生产卡片上注明等级、质量状况、实测尺寸并盖印章。2）在板未剪切前，应选用相应的量具，在距板材端头5m处测量板材宽度和厚度，并注意有工艺余量要求的有关规定，发现问题应及时采取措施处理，做到不错检、不漏检。

(13) 对于热轧块片有关尺寸检验应遵守下面的规范：热轧表面要求热轧过程中须认真检验带板和轧辊表面是否有粘铝或印痕等。发现问题应及时通知热轧操纵手。

9.2.4.2 热轧工序的质量控制

热轧工序的质量控制应注意以下事项：

（1）在开始轧制时，若轧辊温度较低，则在最后一道轧制时，应较正常轧制时稍多压下一点，否则易造成过厚。随着轧辊温度的升高，轧辊直径逐渐膨胀，所以最后几道的压下量应逐渐减小，一般轧制4～5块料后轧制过程即趋于稳定正常。

（2）在相同轧制情况下，轧制宽板应比轧制窄板时的最大压下量要大些，如轧制1500mm宽的板材，应较轧制1200mm宽的板材多压下0.5mm，这样轧出来的板片会合乎要求，因为板宽时轧辊的弹性弯曲较大。

（3）最后轧制道次压下时，应考虑铸块温度的高低，一般温度相差10～20℃时影响不大，假若温度相差20～50℃，应该调整最后道次压下量，温度低的，在同样轧制速度下，应将最后压下量适当减小一点，温度高者应适当增加一点。

（4）热轧乳液冷却轧辊时应使轧辊经常转动，不要在轧辊停住不转的情况下给乳液冷却，因这样做易使辊子形成椭圆形，结果造成板片厚度的周期性不均。

（5）轧制速度快时，可以早些供给乳液，轧速慢时可以晚些供给。当轧辊温度低时，可以晚放乳液，轧辊温度高时可以早放乳液，同时应把金属温度也要考虑进去。

（6）当发现板片中间有波浪时，可以提前供给乳液进行冷却，或是在后几道次使用中间段的乳液来调整，加大中段乳液的流量。当发现板片两边有波浪时，可适当地提高轧制速度。若在最后一道出现波浪，可立即使用两边乳液管直接冷却。当轧制速度正常时，发现板片有中间波浪时，可以适当地增大压下量。

（7）当轧制完窄料，马上换轧宽料时，应提前放乳液进行冷却，因为轧制窄料后，轧辊温度较高，在最后几道可以使用乳液冷却。或者轧制速度稍为降低一些，这样可避免中间波浪。

（8）轧制时，送料侧的导尺应稍夹紧铸块或带板，使其不歪斜，而出料侧的导尺则必须打开。

(9) 轧制过程中，当发现粘铝或啃辊时应及时停车处理；严重时必须换辊。

(10) 轧制过程中，应认真检查带板和轧辊的表面质量，发现问题应及时采取措施处理。

(11) 为了防止裂边，应该认真进行滚边作业。滚边量根据合金性质来决定，但每次滚边量不应大于6mm。

(12) 轧制有包铝板的铸块时，前四个道次要紧闭乳液管路，严防乳液落在轧件表面上。第一道次的绝对压下量约为一张包铝板的厚度。

(13) 当轧制硬合金或高镁铝合金时，要经常注意坯料是否向上翘起。当这种倾向较大时必须将坯料向后退回。

(14) 在轧制高镁铝合金铸块前，应详细检查乳液管路，调整辊型，铸块咬入速度要慢，防碰坏卫板。

(15) 第二副操纵手要注意，当最后一道轧制的铝板尚未出来时，首先把后辊道试一试，看有没有问题，这样就会避免偶尔因后辊道发生故障，而使出料困难，擦伤板材下表面。

(16) 压延工经常检查操纵手是否忘开闭乳液管，并检查乳液管是否有堵塞现象。

(17) 轧制包铝板厚度在5mm以下的合金铸块时，前两道以0.5m/s的最慢速度运行，以防止包铝板崩坏轧辊。

(18) 热轧块片的终了宽度应保证成品宽度的要求，同时留出宽度余量。纯铝及软合金的宽度余量为40～100mm；硬合金、高镁铝合金和高锌铝合金为80～120mm。

(19) 厚度大于7.0mm板材由热轧机直接轧至成品厚度，厚度偏差按允许偏差中限控制。

(20) 定尺供应的热轧状态板材一律切取20%的试样用料，每个铸锭应不少于一个试样用料。成品剪切长度的允许偏差应符合相应产品标准规定。

(21) 热轧终了厚度，热轧板厚度按允许偏差的中限控制。对淬火板应留出1%～2%的压光量。对预拉伸板材毛料，原则是热轧板状态时将拉伸量留出。

（22）热轧块片剪切坯料长度，热轧剪切毛料长度按规定要求留出试样或拉伸钳口长度。

9.2.5 中厚板热处理工序检验与质量控制

9.2.5.1 退火工序检验与质量控制

中厚板退火分为坯料退火、中间退火和成品退火。

铝合金退火工序检验与质量控制要点是：

（1）按生产卡片对照退火板材的合金、规格、批号、数量进行核对，防止有误。

（2）对不同合金板材，须按其相应的退火制度进行退火。

（3）冷炉应进行预热，预热定温应与板材退火第一次定温相同，达到定温后保持30min再装炉。

（4）热处理炉温控系统误差：盐浴炉不超过±2℃，退火炉不超过±5℃，空炉时不超过15℃。

（5）按批组织装炉，装炉量及装炉方式应符合不同退火炉相应工艺规程的要求。

（6）退火过程中，按时对炉子的定温、改定温及加热时间进行检验，发现异常，及时处理。

（7）高镁铝合金退火后，必须及时出炉冷却。

（8）退火时炉内料垛的高度差不大于200mm，料垛高最大不超过700mm。对于不同热处理制度的板材，不能同炉退火；同垛板材长宽不一致，不可同炉退火。凡退火板材，当温度达到200℃时须进行排烟，每次排烟时间需10min以上。退火保温阶段均停电不停风。

（9）箱式退火炉的最大装炉量为8t。

（10）可热处理强化的铝合金板材经中间退火出炉后须立即盖好石棉布，不得裸露。

（11）装炉退火时要检验试样情况，试样应与板材一致，如无试样或试样与板材不符，不能进行退火。

（12）有晶粒度要求的板材须在盐浴炉内退火。

（13）除盐浴炉外，其他退火炉在退火过程中因故停电时，对于中间退火板材补足退火时间；半硬状态板材，如停电不超过1h，可送电继续按照制度加热；停电超过1h，需将板材出炉冷却到室温后重新装炉退火。

9.2.5.2 淬火工序检验与质量控制

铝合金板材淬火是为了得到过饱和固溶体，为以后的时效强化创造必要的条件。

淬火工序检验与质量控制要点是：

(1) 盐浴炉温控系统误差不超过±2℃。

(2) 盐液液面高度应比板材的上边高出150mm，加热器露出液面的高度不超过350mm。

(3) 换合金、改定温或补充硝盐时，盐液达到定温后须保持30min以上，经测温符合要求后再生产。按时检查炉子的定温、改定温及加热时间。

(4) 按淬火工艺要求，按时检验盐浴炉定温及加热时间，发现异常及时处理。

(5) 盐浴炉淬火须按批按合金组织生产。不同合金或同一合金但包铝层厚度不同时，不可装在同一炉内淬火。

(6) 镁合金及含镁量高的高镁铝合金严禁在盐浴炉中进行热处理。

(7) 淬火变断面及冷作硬化等板材时，须使油膜在炉外面燃烧完再加入炉内。

(8) 带水的板材绝对不许加入炉内。淬火板材不能靠在加热元件上。板材入炉后，须做好有关记录。炉子达到定温时开始计算保温时间。

(9) 保证淬火转移时间：高锌铝合金淬火转移时间不超过25s，其他合金不超过30s。

(10) 凡经酸碱洗的板材，酸碱洗时都要上下提升3~5次，每次碱洗时间2~5min，以板材表面清洁、颜色均一为准。

(11) 对中厚板材，允许重复淬火一次。

(12) 凡需碱洗的板材，每个夹持器必须夹单片。淬火后的2A12和7A09合金淬火蒙皮板及变断面板必须碱洗。

9.2.5.3 时效工序检验与质量控制

时效是铝合金板材热处理的重要阶段之一，它是把淬火后的铝合金板材置于某一温度保持一定时间，使过饱和固溶体发生分解，从而使合金的强度和硬度大幅度提高。时效分为人工时效和自然时效。人工时效的效果主要取决于时效温度和保温时间。

铝合金时效工序检验与质量控制要点是：

（1）时效炉测温系统匹配误差不超过±3℃，空炉温差不高于10℃。

（2）时效炉应预热到炉子的第一次定温温度保持30min后装炉，连续生产可不预热。

（3）装炉前，认真核对时效板材的合金、规格、批号、数量及试样数量，同一批板材，不得分炉时效。按时检验炉子的定温、改定温及加热时间，发现异常应及时处理。

（4）需要时效的板材，应整齐地放在底盘上，叠放高度不超过规定，板材间要垫上干燥无灰尘的硬纸板。

（5）按不同合金相对应的时效制度，检验其加热温度和保温时间。

（6）生产中对人工时效须注意控制从淬火到时效之间的停放时间，因为超过允许的停放时间对合金的强化效果有影响。

（7）时效完的板材垛应有明显标记，避免与非时效板材混淆。

9.2.6 中厚板精整工序检验与质量控制

精整是指板材经过压力加工或热处理后进行宽度/长度方向的定尺剪切并消除波浪，从而得到几何尺寸、不平度和表面质量符合标准的板材之前的清理工作。中厚板材精整工序包括剪切工序、辊式矫直工序、压光矫直工序和预拉伸矫直工序。

9.2.6.1 中厚板锯切、剪切工序检验与质量控制

以块片供货的铝合金板材，矫直精整前主要是在锯床（剪切机）上锯（剪）切成成品定尺宽度/长度。

A 锯切工序的检验与质量控制

锯切工序的检验与质量控制应注意以下事项：

(1) 板材温度为室温锯切。

(2) 垛料前，查看工序记录，对存在的不合格品，应在垛片挑出，必要时，通知技术部门处理。

(3) 垛料时，应及时清除板面上的铝屑，避免产生铝屑印痕。应在每张板片上写上顺序号，并在侧边画上锯切标线，检查并保证钳口和缺陷部位被切除。

(4) 成垛锯切时，应使用专用卡具卡紧，防止板片窜动。锯切淬火拉伸板时，应对称切掉钳口附近的死区（每侧锯切掉钳口外200mm以上）。

(5) 锯切时检查定尺并确认无误方可锯切。锯切速度可根据合金、厚度适当选择，一般为0.5~1.0m/min。

(6) 因板片边部缺陷在淬火/拉伸前需先切边的板材，在宽度余量允许的情况下，应留出二次锯切余量。

(7) 检查板材锯切后的实物尺寸和外观质量，应符合板材质量标准的规定，在料垛的端面注明合金、批号和板顺序号范围。

(8) 铝屑刮板机导路应畅通，除铝屑以外，不准存放其他物料。生产时应及时清除废铝屑。

(9) 锯切时，应适当控制锯切进给量，确保锯切端面光滑、无毛刺，锯切刀痕不超过0.5mm。

(10) 锯片粘铝、掉齿或出现其他问题时，必须停机，及时处理，保证锯床处于良好的工作状态。

B 剪切工序的检验与质量控制

剪切工序的检验与质量控制应注意以下事项：

(1) 按成品板材长度尺寸调整好双列剪距离和挡尺位置，并固定牢靠。

(2) 在板材的规定位置处做好剪切工序的相应标记并保持板面洁净。

(3) 禁止两张板材重叠剪切，检测板材的剪切长度是否满足产品标准的规定。

(4) 根据板材厚度规格变化，准确调整剪刃间隙，使剪切后的板材无毛刺。板材剪切后不能有折角、挡板磕边等，并保证下表面不能有划伤。

（5）经盐浴炉淬火和退火的板材、二重加工的板材、出口板材及特殊用途的板材须两端切头；箱式炉退火板材及其他板材可只用单剪在板材不齐的一端切取试样。

（6）按工艺规程要求及时清理废料头，防止混料。

（7）注意板材剪切时上、下剪切机的运行情况，防止板材出现磕、碰、擦、划伤质量问题。

（8）根据板材厚度，调整剪刃间隙，防止剪切撕裂，避免切口上出现毛刺。

（9）检测剪切后板材长度，短尺板材的数量及表面质量状况应符合产品标准的规定。

（10）经压光机、二重轧机加工及盐浴炉淬火的板材须两端切头，其余一端切头即可。切斜度不超过板材长度偏差范围。板材边部的毛刺用刮刀刮除。

（11）7A04、7A09 合金板材人工时效时，淬火/矫直后先在剪切机上检验一次，在板材间垫干燥硬纸板以备人工时效。按产品标准要求，定量切取试样，编号与同批板材标记一致并同炉时效。

（12）2A14、2A16 合金等人工时效板材，人工时效后从板材上直接切取试样。

（13）尺寸要求精确，边部要求规整，对角线要求严格的厚板或厚度大于 40mm 的厚板可在龙门锯床锯切。

（14）检验剪切板材的印记，其位置须在距一端边部 15mm 以内。军品须 100% 打印记，民品每垛的上下三张打上印记即可。放置板材的底盘宽度需比板材宽 100 ~ 200mm，防止在吊运过程中板材被钢丝绳勒伤。

9.2.6.2 中厚板辊式矫直工序检验与质量控制

采用多辊矫直机矫直板材的过程是使板材通过反复弯曲作用产生一种弯曲弹塑性变形，减少板材内部残余应力，消除板材的波浪和不平度。

中厚板辊式矫直工序检验与质量控制要点是：

(1) 矫直前，应按生产卡片核对待矫直板材的合金、状态、规格、批号和数量符合要求后再矫直。

(2) 矫直时要求运输皮带、矫直辊表面洁净、无异物。

(3) 板材进入矫直机前，用压缩空气吹净表面上的金属屑、灰尘和脏物。淬火后板片矫直时须吹掉板材表面上的残留水，精矫前板材表面不能有浮油。

(4) 工作前要将上下辊调平，沿辊身长度方向倾斜度小于1.0mm，再将上辊调整一定角度，使进口间隙小于出口间隙，出口间隙大于板材的实际厚度，进口处的间隙应小于板材的实际厚度，矫直机的压下量根据板材的实际厚度进行调整。

(5) 板材有折角折边须修平后矫直。板材在矫直过程中不允许重叠、搭头，更不允许重叠搭头的板材进入矫直机。进入矫直机的板材应对准矫直辊的中心。

(6) 逐张检验矫直后板材波浪的消除情况，同时检验板材上下表面的质量，如划伤、印痕、粘铝等。矫直后板材的质量须达到产品标准要求。

(7) 矫直时矫直机不允许漏油，矫直辊表面不允许掉铬。

(8) 2A11T4、2A12T4 合金板材须在淬火后 4h 内矫直完，2A06T6、2A16T6、7A04T6、7A09T6 合金板材须在淬火后 6h 内矫直完。需要人工时效的板材在板片间应垫上硬纸板，时效后进行二次检验。

(9) 随时检验矫直辊表面状态状况，及时清除辊面上出现的粘铝及其他影响板材表面质量的有害物。注意观察矫直的质量动态，防止运输、导路及传动部位可能造成的擦划伤。机组内产生的质量问题，在机组内消除。

9.2.6.3 中厚板压光矫直工序检验与质量控制

淬火后的板材常出现很大的波浪，欲使板材表面光亮平直，消除边部弯曲和波浪，一般均利用压光机进行平整矫直。

中厚板压光矫直工序检验与质量控制要点是：

(1) 保持运输皮带表面洁净无异物，保证压光辊表面质量符合要求。

(2) 待压光的板材，应表面光洁，每淬火炉次的首片须检测厚度，中间抽测，以保证板材的厚度。

(3) 每张板材可压光3~7个道次，总压下量不得超过2%。

(4) 检验板材的外观质量，防止折角或重叠的板片通过压光机。板材送入压光机时一定要对准辊中心；变断面板材压光时，要选择好轧制速度，防止改变压光前的板材楔形度。

(5) 淬火后须冷作硬化的板材，压光后板材间需垫白纸。

(6) 盐浴炉热处理的板材，凡需压光机压光的，均须清除板材上的水。生产中要特别注意检查压光辊的表面及板材表面的变化，发现问题及时处理。

(7) 淬火板材必须在30min内压光完。

9.2.6.4 中厚板预拉伸工序检验与质量控制

生产中，当板材的波浪和残余应力太大，用辊式矫直机无法矫直时，可采用拉伸矫直机进行拉伸矫直。拉伸矫直是通过对板材的两端给予一定的拉力，使板材产生一定的塑性变形。拉伸量应在2%左右。拉伸变形量过大易产生滑移线，而且有可能使板材内部产生新的变形应力，也可能发生断裂。

铝合金中厚板预拉伸检验与质量控制要点是：

(1) 板材应按批拉伸，板材的标记须清楚、完整并与生产卡片一致。

(2) 放置拉伸板材的底垫盘不平度不大于30mm。

(3) 检验使用的量具应符合要求，并在有效检定期内。

(4) 为了准确控制和测量拉伸量，预拉伸前，要在板材上画好测量线。

(5) 拉伸后，要分别在不同标记位置上标出实测拉伸量及有关标记，同时检验板材的纵/横向不平度。

(6) 测量板材拉伸前/后的厚度，准确控制拉伸量，防止板材拉伸后尺寸超差。板材厚度不大于25mm时，应辊矫后再拉伸。

(7) 板材边部有裂边时，要经锯床锯边后拉伸，锯边宽度公差按+10mm控制。

(8) 拉伸上片要对准中心线，板材伸入拉伸机两端钳口长度要控制均匀。板材的实际拉伸量一般控制在（2.0 ±0.5)%，局部区域不大于3%。

(9) 仪表指示的拉伸量应比实际控制的拉伸量多拉伸0.5%～0.8%，并根据淬火出炉到拉伸的时间间隔，在此范围内增加或减少拉伸量。

(10) 淬火后硬合金间隔时间不得超过4h，超硬合金不得超过6h，超过时间的板材不许拉伸，但允许重新淬火后再拉伸。

(11) 板材所需的拉伸量只能一次拉成，不允许二次拉伸。

(12) 对需进行人工时效的板材，拉伸后板材间需垫上硬纸板，同时要整齐地垛放在平直的底垫盘上。

(13) 拉伸后成品板材的表面质量、几何尺寸须符合相应产品标准要求，并做好产品标记。

9.2.7 中厚板材成品验收工序检验与质量控制

成品检验是板材生产的关键工序，根据板材产品标准要求，须对板材的表面质量、几何尺寸进行检验，确保出厂板材表面质量及几何尺寸质量满足用户要求。

9.2.7.1 中厚板材成品验收工序检验的一般规定

一般规定是：

(1) 成品检验依据是产品标准、工艺操作规程及检查验收规程等。

(2) 全面核对生产卡片上各项要求是否符合相应产品标准规定。

(3) 核对板材、金属牌、生产卡片三者须一致，每批板材须全部剪切完后再检验。

(4) 凡报废的板材均应写上废品号，标明缺陷位置。

(5) 废品的划分以生产流程中产生废品的先后为依据。

(6) 一批板材存在军、民品合投时，按先高级后结构、先军后民的原则检验。

(7) 板材的长度尺寸除检查员对每批首/尾件检查、中间抽查外，主要靠摞片人员将板片摞齐，发现长短尺及时通知剪切工和检查员处理。

（8）经盐浴炉热处理、花纹板及出口板等板材，必须切两端，其余可切一端。

（9）板材的标记需正确、清楚，即合金牌号、状态、厚度、批号、顺序号及检印等依次排列。

（10）产品标记位置距短边角不得大于25mm。

（11）经盐浴炉淬火及退火的板材，到检查台时不准有水。

（12）检验人工时效板材时，对板垛中间插热电偶的废板材，应用蜡笔写上“废片”字样，包装时挑出。

（13）放成品的底垫盘一定先放一张废板材并铺纸。成品最上面也要铺纸并放一张废板材。一个底垫盘放两批或两批以上成品时，批与批之间要铺纸并放有带正确标志的金属牌。

（14）成品板材，不允许大规格板材放在小规格板材上，也不允许底垫盘的长和宽小于板材的长和宽，以避免吊运时钢丝绳勒伤板材。

（15）对无性能检验要求的产品（由工艺保证），由成品验收检查员检验签字后即可在生产卡片上注明“可以包装”字样。

（16）在软/硬片机列上片处不得任意扔掉板材。如有明显大批废品时，必须经检查人员逐张检验，并记好废品号及废品量。同时应在生产卡片上注明机列通过的张数。

（17）凡不做力学性能及其他试验项目的板材，检验后须在生产卡片内注明“可以包装”字样并签字转包装。

（18）凡是需要在检查台上进行两面检验的板材，在翻过来检验另一面时，检查台小轮必须落下后再检验。

（19）所有板材，不论产品标准和生产卡片是否有要求，都必须按正常工艺流程进行生产，不得简化工艺。如产品标准对波浪没有要求时，也必须按正常工艺矫直，不得简化。

（20）对全批报废、过烧、混料等质量事故，必须按规定由检查员填写质量事故报告。

9.2.7.2　中厚板材尺寸检验

板材尺寸检验应执行每批首/尾件必检，中间抽检，在偏差边缘勤检的原则。

板材尺寸检验包括板材厚度、长度、宽度、不平度、侧面弯曲及对角线长度差的检验。

A 厚度的检验

用精度为0.01mm的千分尺（或相同精度的测量工具）进行测量。板材的厚度应在长边距板角不小于115mm，距板材边缘不小于25mm的范围内进行测量。

B 长度、宽度的检验

用精度为1mm的钢卷尺或相应精度的工具测量。检验板材长度时，卷尺须和板材宽度方向垂直。检验板材宽度时，卷尺须和板材长度方向垂直。

C 不平度的检验

将板材自由置于平台上，待其平衡稳定时，测量板与平台的最大间隙，即不平度值。当一张板片同时存在几个波浪时，应测量其中最大的一个。边缘波浪可用塞尺进行测量。板材不平度仲裁检测宜用测波仪进行。

D 侧边弯曲度的检验

沿板材侧边头、尾两端点之间拉一直线，再用直尺（或三角尺）测量板材侧边到直线之间的最大垂直距离。

E 对角线偏差的检验

用精度为1mm的钢卷尺测量对角线的差值。检验板材对角线长度差时，用卷尺测量板材两条对角线的长度，两长度之差即为对角线长度差。

F 尺寸测量

尺寸测量值不允许修约，板材尺寸偏差不合格时，判该板材不合格，其余板材逐张检验，合格者交货。

9.2.7.3 表面质量检验与质量控制

A 板材表面质量检验的一般规定

一般规定是：

(1) 成品板材表面应光洁，板材的表面不允许有硝盐痕、裂纹、裂边、腐蚀、折角、磕边、穿通气孔、起皮、毛刺、扩散斑点等缺陷。

（2）板材表面允许有压过划痕、擦伤、划伤、粘伤、印痕、松枝状花纹、金属及非金属压入物、矫直辊印、油污、乳液痕、色差、顺压延方向的暗条、油痕等轻微缺陷。

（3）铝合金板材表面缺陷深度不允许超出板材厚度的允许负偏差之半，并不应使板材的厚度偏差超出允许范围，纯铝、热轧板材表面缺陷深度不应超出板材厚度的允许负偏差值，并不应使板材的厚度偏差超出允许范围。

（4）板材表面缺陷允许用400号砂纸进行检验性修磨，其修磨深度不应超出板材厚度允许负偏差值，并不应使板材的厚度偏差超出允许范围。

B　中厚板表面检验质量控制

控制要点是：

（1）“H112”状态的成品厚板，当热轧到成品道次后在辊道上停留时，即可检验其上表面。剪切后摞片前抽查检验下表面，对从辊道上直接吊下的厚板应在安全架下检验下表面。

（2）检验剪切机剪切及在龙门锯床上锯切后的厚板时，检查人员应有分工。主检负责检验上表面，副检负责检验下表面。

（3）板材边部有缺陷但符合短尺条件的，按标准规定短尺条件处理。

（4）花纹板只检验花纹面，无花纹面不检验。

（5）按GB/T3880产品标准检验的板材及按GBn167、GBn168、GBn169和GBn170检验的纯铝板材，可在检查台上检验一面，再翻到检查台侧面检验另一面。

（6）按GBn167、GBn169产品标准，试制标准检验的板材及按GBn168、GBn170检验的合金板材，应在检查台上两面检验。在生产过程中，对板材表面有特殊要求的及上述检验方法没包括的可按具体签署意见检验。

（7）对于划伤、擦伤、揉擦伤，各种厚度的板材上均允许有个别的、深度不超过包铝层厚度的小划伤和划痕。高级板的划伤、划道深度正面不得超过0.02mm，反面不得超过0.06mm；结构板任何一面都不得超过0.06mm。

（8）涂漆蒙皮板。涂漆蒙皮板的表面质量可按结构板检验，不平度和折伤按蒙皮板检验。

（9）对于各种合金板材表面允许存在的伤痕深度，根据产品的相应标准，按负偏差或负偏差之半控制，并保证板材最小厚度。

（10）变断面板材。此种板材沿轧制方向每米的平均楔形度为0.42mm/m，检验时应沿长边方向每隔1m测量一次厚度。

（11）成品检验要百分之百做记录。

（12）表面质量不合格时，判该张板材不合格。

9.2.8 中厚板材组织性能检验取样规定与审查处理

为了检验成品板材力学性能、内部组织、工艺性能等，须对生产的每批板材按产品标准和工艺规定的项目切取一定数量的试样进行试验，以确保板材质量符合产品标准，满足用户的使用要求。

9.2.8.1 中厚板材取样的一般规定

一般规定是：

（1）取样项目按相应产品标准及工艺要求切取。

（2）试样毛坯表面避免有擦伤、划伤、压过划痕、分层、气泡、硝盐痕和腐蚀等缺陷。

（3）淬火板材，按批（热处理炉）次取高倍试样。标准或工艺有特殊要求的，按其具体要求切取高倍试样。检验显微组织出现过烧时，该批（热处理炉）次板材报废，不允许重取高倍试样复验。

（4）对于3A21、2A14等合金厚板，需按工艺规程要求切取低倍试样。

（5）杜绝切取、拒绝检验无代表性试样。

9.2.8.2 高倍组织（显微组织）

一般规定是：

（1）取样部位：在板材两端切取。

（2）高倍试样数量：2A12、2A14、2024、2014合金淬火板长度不超过4500mm的，按每炉10%取显微组织试样，检查过烧，试样不少于2个；长度超过4500mm的100%取显微组织试样检查过烧。按技术标准规定，板材厚度小于40mm的，高倍数量为10%（热处理每炉），板材厚度不小于40mm的，高倍数量为100%（热处理每炉）。试样规格为30mm×30mm。

（3）审查处理：高倍组织检验报告单上，如发现过烧，产品能区分热处理炉次的判该炉次不合格，不能区分炉次的判该批不合格。未过烧则视为合格，可发货。

9.2.8.3　低倍组织

一般规定是：

（1）取样部位：热轧尾部将每块料板头、尾各切取一条试样，做低倍检查分层。取样方法，在板材横向切取宽30.0～35.0mm板条，板片宽1000～1200mm的截成3段，宽1500mm的截成4段。一般在板材的头尾部位切取。

（2）取样数量：按投入的铸块数量取样，要求每个铸块的板材头尾100%取样。

（3）审查与处理：

1）如果低倍检查报告为合格，则判断制品为合格交货。

2）如果低倍检查报告为不合格，则从余下板片取双倍数量进行检查，双倍合格则认为该批合格；如双倍不合格，则板材100%取样检查低倍，合格者交货，不合格者作废。

9.2.8.4　力学性能

一般规定是：

（1）取样位置：试样在垂直于板片轧制方向（横向）上切取，先从板片侧边纵向切掉40～60mm后再切试样。力学性能试样一般在板材的端部横向切取。

（2）取样数量及规格：取样的数量应符合技术标准或合同规定，试样的规格应满足检验标准的规定。

（3）审查与处理：力学性能试验后制品是否合格，应根据技术标准、合同要求来判断，出现不合格试样时，允许进行以下处理：

1）当力学性能试验结果不合格时，应从不合格试样的板材上重取双倍数量的试样进行重复试验。如复验后仍有一个试样不合格时，该张板材应予报废，这时应对不合格试样所代表的板材区间逐张进行检验，合格者交货，不合格者作废。

2）允许对板材进行重复热处理，重新取样检验。

3）力学性能试样上发现有成层、夹渣、裂纹等缺陷时，按试样有缺陷处理，则该试样板材报废，另取同等数量的试样进行检验。因试样缺陷或拉伸断头等造成不合格的，应按原号重取。

4）力学性能试样断头时，如性能合格时可以不重取，如不合格时应重取试样进行检验，合格者交货。

9.2.8.5 工艺性能

按技术标准、合同要求进行取样、检验、审查与处理，具体方法与力学性能处理方法相同。

9.2.9 中厚板板材成品检查程序

中厚板材成品检查主要包括板材化学成分、组织、性能、尺寸和形状、表面及标识等项目，按批进行检查验收，检查程序如下：

(1) 对提交检查验收板材的批号、合金、状态、规格与加工生产卡片的对照是否相符，然后按合同规定的技术标准进行逐项检查。

(2) 审查组织、性能等各项理化检查报告是否齐全、清楚、逐项审查，对不合格项要进行处理。

(3) 进行尺寸外形及表面质量检查，检查质量标准要严格执行成品技术标准的相应规定。检查应在专门的检查平台上，用量具或专用样板进行，其量具精度应达到规定精度，尺寸外形检查按相应技术标准来检查厚度、宽度、长度、不平度、侧边弯曲度、对角线偏差等。

表面质量检查，目前绝大部分制品仍靠目视进行100%检查，其检查项目主要是板材的硝盐痕、裂纹、裂边、腐蚀、折角、磕边、穿通气孔、起皮、毛刺、扩散斑点、压过划痕、擦伤、划伤、粘伤、印痕、松枝状花纹、金属及非金属压入物、矫直辊印、油污、乳液痕、色差、顺压延方向的暗条、油痕等缺陷。

10 铝合金中厚板生产工艺及性能数据

10.1 铝合金中厚板生产工艺简介

10.1.1 1100H112 铝合金厚板生产工艺

1100 铝合金属于 1×××系纯铝合金，具有密度小、导电性好、导热性好、抗腐性能较好的特点，是不可热处理强化铝合金，铁、硅是其主要杂质元素，应加以控制，加工硬化是其唯一的强化方式。该合金主要应用于化工产品、食品工业装置与贮存容器、深拉或旋压凹形器皿、焊接零部件、热交换器、印刷板等，1100H112 铝合金厚板生产工艺过程见表 10-1。

表 10-1 10mm×1200mm×5000mm 1100H112 铝合金厚板生产工艺过程

序号	工序名称	设备名称	工艺条件及工艺参数
1	熔炼	煤气炉	熔炼温度:700～750℃
2	铸造	半连续铸造机	铸造温度:685～710℃;铸造速度:60～65mm/min;水压:0.08～0.15MPa;铸锭尺寸:300mm×1260mm×2500mm
3	铣面	双面铣床	每面铣 10mm
4	表面清洗	料架	用航空汽油擦净表面
5	加热	推进式加热炉	定温 520℃,加热 10～12h,金属温度 480～520℃
6	热轧	ϕ700/1250mm×2000mm 4 辊可逆式热轧机	轧制 13 道次,板材厚度 10.0mm,开轧温度 480～510℃,终轧温度 380℃,乳液润滑
7	剪切	40mm 液压剪	剪切长度 5120mm
8	矫直	11 辊矫直机	料冷却到室温后矫直
9	锯切	锯床	锯切成品尺寸,并切取力学试样
10	检验	检验台	按相应标准检验表面、尺寸等
11	包装	人工	垫纸、木箱包装

10.1.2 2A12T451 铝合金预拉伸板生产工艺

2A12 是 Al-Cu-Mg 硬铝合金，主要合金成分：$w(Cu)=3.8\%\sim4.0\%$、$w(Mg)=1.2\%\sim1.8\%$、$w(Mn)=0.3\%\sim0.9\%$。它是可热处理强化铝合金，经固溶处理、自然时效后具有较高的强度，但其耐腐性能和焊接性能较差。该合金具有良好的加工性能，2A12T451 铝合金拉伸板材生产工艺过程见表 10-2。

表 10-2 20mm×1200mm×3000mm 2A12T451 铝合金板材生产工艺过程

序 号	工序名称	设备名称	工艺条件及工艺参数
1	熔 炼	煤气炉	熔炼温度:700~750℃
2	铸 造	半连续铸造机	铸造温度:690~710℃;铸造速度:60~65mm/min;水压:0.08~0.15MPa
3	均匀化	电阻炉	495℃/19h
4	锯 切	圆盘锯	锯切成 255mm×1260mm×1500mm 铸块
5	铣 面	铣 床	每面铣 15mm
6	蚀 洗	蚀洗槽	碱洗→冷水洗→酸洗→冷水洗→热水洗→擦干
7	包 铝	人 工	1A50 包铝板尺寸:(2.6~3.0)mm×1170mm×1400mm
8	加 热	双膛式链式加热炉	加热温度 400~430℃,时间 6~8h
9	热 轧	ϕ700/1250mm×2000mm 4 辊可逆式热轧机	轧制 19 道次,板材厚度 20.80mm,开轧温度 400~420℃,终轧温度 350℃,乳液润滑
10	剪 切	40mm 液压剪	剪切长度 3800mm
11	淬 火	盐浴炉	盐浴制度;(498±2)℃/70min,水淬
12	矫 直	11 辊矫直机	淬火后 6h 内矫直完
13	预拉伸	45MN 预拉伸机	拉伸量 1.5%~2.5%
14	锯 切	锯 床	锯切成品尺寸，并切取力学、高倍试样
15	检 验	检验台	按相应标准检验表面、尺寸等
16	包 装	人 工	垫纸、木箱包装

10.1.3 3003H14 铝合金厚板生产工艺

3003 合金系 Al-Mn 防锈铝合金，该合金主要元素是锰，$w(Mn)=1.0\%\sim1.5\%$，由于易产生晶内偏析，能显著提高合金的再结晶温度，铸锭要进行均匀化处理，以减少晶内偏析。铁、硅属于杂质，控制 $w(Fe+Si)<1.85\%$。铜能提高抗拉强度。锌能提高合金的焊接性能。该合金具有良好的抗蚀性，强度较低，塑性高，成形性能优良，焊接性能良好。该合金主要用于压力罐、储存箱、化工设备、飞机油箱、热交换器等，3003H14 铝合金厚板生产工艺过程见表 10-3。

表 10-3 8mm×1200mm×4000mm 3003H14 铝合金厚板生产工艺过程

序号	工序名称	设备名称	工艺条件及工艺参数
1	熔炼	煤气炉	熔炼温度：720～760℃
2	铸造	半连续铸造机	铸造温度：710～720℃；铸造速度：55～60mm/min；水压：0.08～0.15MPa；铸锭尺寸：300mm×1280mm×2500mm
3	均匀化	电阻炉	495℃/19h
4	铣面	铣床	每面铣 5mm
5	表面清洗	清洗架	用航空汽油擦净表面
6	加热	推进式加热炉	加热温度 480～520℃，时间 10～12h
7	热轧	φ700/1250mm×2000mm 4 辊可逆式热轧机	轧制 13 道次，板材厚度 11.0mm，开轧温度 480～510℃，终轧温度 380℃，乳液润滑
8	中断	尾部下切剪	剪切长度 3000mm
9	中间退火	箱式退火炉	400～450℃，加热时间 6～8h
10	冷轧	φ700mm×1700mm 2 辊不可逆式冷轧机	轧制 4 道次，板材厚度 8.0mm，轧制油润滑
11	矫直	11 辊矫直机	检查矫直板材表面状况，发现问题及时处理
12	锯切	锯床	锯切成品尺寸，并切取力学试样
13	检验	检验台	按相应标准检验表面、尺寸等
14	包装	人工	垫纸、木箱包装

10.1.4 4004F 铝合金真空钎焊包铝板生产工艺

4004 合金属于 Al-Si 系铝合金，合金主要成分：$w(Si)=9.0\%\sim10.5\%$、$w(Mg)=1.0\%\sim2.0\%$，是不可热处理强化铝合金，硅对合金的润湿性、流动性和熔蚀性有影响，镁是金属活化剂、吸气剂。该合金熔点低，熔体流动性好，容易补缩，主要用于铝合金的钎焊板材料，4004F 铝合金真空钎焊包覆层厚板生产工艺过程见表 10-4。

表 10-4 40mm×1320mm×3800mm 4004F 铝合金真空钎焊包铝板材生产工艺过程

序 号	工序名称	设备名称	工艺条件及工艺参数
1	熔 炼	煤气炉	熔炼温度:740~770℃
2	铸 造	半连续铸造机	铸造温度:670~680℃;铸造速度:50~55mm/min;水压:0.08~0.15MPa;铸锭尺寸:300mm×1380mm×3800mm
3	均匀化	电阻炉	500~515℃/12h
4	铣 面	铣 床	每面铣 10mm
5	加 热	推进式加热炉	加热温度 430~480℃,加热时间 12~20h
6	热 轧	ϕ700/1250mm×2000mm 4 辊可逆式热轧机	轧制 15 道次,板材厚度 40.0mm,开轧温度 430~460℃,终轧温度 340℃,乳液润滑
7	剪 切	40mm 液压剪	剪切长度 3800mm
8	矫 直	11 辊矫直机	检查矫直板材表面状况,发现问题及时处理
9	锯 切	锯 床	锯切成品尺寸
10	检 验	人 工	按相应标准检验表面、尺寸等
11	交 货	人 工	存放到指定区域

10.1.5 5083H321 铝合金厚板生产工艺

5083 合金属于 Al-Mg 系合金，主要合金成分：$w(Mg)=4.0\%\sim4.9\%$、$w(Mn)=0.40\%\sim1.0\%$、$w(Cr)=0.05\%\sim0.25\%$，它是不

可热处理强化铝合金，该合金板材强度高，塑性好，具有较强的抗蚀能力，且易于加工，综合性能优良。该合金厚板主要用来生产模具、船板、轻轨列车外壳、钻井平台、压力容器等，5083H321 铝合金厚板生产工艺过程见表 10-5。

表 10-5 8mm×1200mm×4000mm 5083H321 铝合金厚板生产工艺过程

序 号	工序名称	设备名称	工艺条件及工艺参数
1	熔 炼	煤气炉	熔炼温度:700～750℃
2	铸 造	半连续铸造机	铸造温度:690～710℃;铸造速度:55～60mm/min;水压:0.08～0.15MPa
3	均匀化	电阻炉	460～470℃/26h
4	锯 切	圆盘锯	锯切成 255mm×1280mm×1500mm 铸块
5	铣 面	铣 床	每面铣 6mm
6	表面清洗	清洗架	用航空汽油擦净表面
7	加 热	双膛式链式加热炉	加热温度 450～480℃,时间 5～8h
8	热 轧	ϕ700/1250mm×2000mm 4 辊可逆式热轧机	轧制 25 道次,板材厚度 10.0mm,开轧温度 450～470℃,终轧温度 340℃,乳液润滑
9	中 断	40mm 液压剪	剪切长度 3800mm
10	中间退火	箱式炉	金属温度 300～350℃,加热时间 6～8h
11	冷 轧	ϕ700mm×1700mm 2 辊不可逆式冷轧机	轧制 6 道次,板材厚度 8.1mm,轧制油润滑
12	稳定化	箱式炉	金属温度 120～140℃,保温时间 1.5～2.5h
13	矫 直	11 辊矫直机	检查矫直板材表面状况,发现问题及时处理
14	拉伸矫直	45MN 预拉伸机	拉伸量不大于 1.5%
15	锯 切	锯 床	锯切成品尺寸,并切取力学试样
16	检 验	检验台	按相应标准检验表面、尺寸等
17	包 装	人 工	垫纸、木箱包装

10.1.6　6061T6 铝合金厚板生产工艺

6061 合金属于 Al-Mg-Si 系合金，合金主要成分：w(Mg) = 0.8% ~1.2%、w(Si) = 0.4% ~0.8%。它是可热处理强化铝合金，具有中等强度、耐蚀性高、无应力腐蚀破裂倾向、焊接性能良好、成形性和工艺性能良好等优点。由于具有良好的综合性能，该系合金广泛用于制造中等强度且塑性和抗蚀性要求高的飞机零件、大型结构件等。6061T6 铝合金厚板生产工艺过程见表 10-6。

表 10-6　15mm × 1200mm × 4000mm 6061T6 铝合金厚板生产工艺过程

序 号	工序名称	设备名称	工艺条件及工艺参数
1	熔　炼	煤气炉	熔炼温度:700 ~ 750℃
2	铸　造	半连续铸造机	铸造温度:700 ~ 710℃;铸造速度:50 ~ 55mm/min;水压:0.08 ~ 0.15MPa;铸锭尺寸:300mm × 1260mm × 1500mm
3	铣　面	铣　床	每面铣 10mm
4	蚀　洗	蚀洗槽	碱洗→冷水洗→酸洗→冷水洗→热水洗→擦干
5	加　热	双膛式链式加热炉	加热温度 400 ~ 440℃,时间 5 ~ 8h
6	热　轧	ϕ700/1250mm × 2000mm 4 辊可逆式热轧机	轧制 17 道次,板材厚度 20.50mm,开轧温度 400 ~ 420℃,终轧温度 350℃,乳液润滑
7	剪　切	40mm 液压剪	剪切长度 4120mm
8	淬　火	盐浴炉	盐浴淬火制度;(525 ± 2)℃/60min,水淬
9	矫　直	11 辊矫直机	淬火后 6h 内矫直完
10	时　效	箱式时效炉	时效温度 165 ~ 175℃,保温时间 10h
11	锯　切	锯　床	锯切成品尺寸,并切取力学试样
12	检　验	检验台	按相应标准检验表面、尺寸等
13	包　装	人　工	垫纸、木箱包装

10.1.7 7075T7651 铝合金预拉伸板生产工艺

7075 属于 Al-Zn-Mg-Cu 系铝合金，合金主要成分：w(Zn) = 5.1% ~6.1%、w(Mg) = 2.1% ~2.9%、w(Cu) = 1.2% ~2.0%。它是可热处理强化铝合金，经固溶、T76 双级时效处理后，具有良好的加工性能、断裂韧性和抗应力腐蚀性能，主要应用于飞机的框架、整体壁板、起落架、蒙皮等。7075T7651 铝合金厚板生产工艺过程见表 10-7。

表 10-7 20mm × 1200mm × 3000mm 7075T7651 铝合金预拉伸厚板生产工艺过程

序号	工序名称	设备名称	工艺条件及工艺参数
1	熔炼	煤气炉	熔炼温度：700 ~ 750℃
2	铸造	半连续铸造机	铸造温度：705 ~ 715℃；铸造速度：55 ~ 60mm/min；水压：0.08 ~ 0.15MPa
3	均匀化	电阻炉	450 ~ 460℃/41h
4	锯切	圆盘锯	锯切成 300mm × 1280mm × 1200mm 铸块
5	铣面	铣床	每面铣 15mm
6	表面清洗	清洗架	用航空汽油擦净表面
7	加热	双膛式链式加热炉	加热温度 370 ~ 410℃，时间 4 ~ 8h
8	热轧	ϕ700/1250mm × 2000mm 4 辊可逆式热轧机	轧制 29 道次，板材厚度 20.50mm，开轧温度 400 ~ 420℃，终轧温度 350℃，乳液润滑
9	剪切	40mm 液压剪	剪切长度 3800mm
10	淬火	盐浴炉	盐浴淬火制度：(498 ± 2)℃/70min，水淬
11	矫直	11 辊矫直机	淬火后 4h 内矫直完
12	预拉伸	45MN 预拉伸机	拉伸量 1.5% ~ 2.5%
13	人工时效	箱式时效炉	双级人工时效制度：一级时效温度 115 ~ 125℃，保温时间 5h；二级时效温度 160 ~ 170℃，保温时间 18h
14	锯切	锯床	锯切成品尺寸，并切取力学试样
15	检验	检验台	按相应标准检验表面、尺寸等
16	包装	人工	垫纸、木箱包装

10.1.8 2A11H234 铝合金菱形花纹板生产工艺

2A11 是 Al-Cu-Mg 硬合金，合金主要成分：$w(Cu)=3.8\%\sim4.0\%$、$w(Mg)=1.2\%\sim1.8\%$、$w(Mn)=0.3\%\sim0.9\%$。它是可热处理强化铝合金，其耐腐性能和焊接性能较差。该合金花纹板材主要应用于建筑、车辆、船舶等防滑用铝合金单面花纹板，具有良好的加工性能，2A11H234 铝合金菱形花纹板材生产工艺过程见表 10-8。

表 10-8 6mm×1200mm×4000mm 2A11H234 铝合金菱形花纹板材生产工艺过程

序号	工序名称	设备名称	工艺条件及工艺参数
1	熔炼	煤气炉	熔炼温度:700～750℃
2	铸造	半连续铸造机	铸造温度:690～710℃;铸造速度:60～65mm/min;水压:0.08～0.15MPa
3	均匀化	电阻炉	490～500℃/19h
4	锯切	圆盘锯	锯切成 255mm×1260mm×1500mm 铸块
5	铣面	铣床	每面铣 6mm
6	蚀洗	蚀洗槽	碱洗→冷水洗→酸洗→冷水洗→热水洗→擦干
7	包铝	人工	1A50 包铝板尺寸:(13.5～14.0)mm×1300mm×1300mm
8	加热	双膛式链式加热炉	加热温度 390～430℃,时间 4.5～6h
9	热轧	ϕ700/1250mm×2000mm 4 辊可逆式热轧机	轧制 23 道次,板材厚度 8.0mm,开轧温度 400～420℃,终轧温度 350℃,乳液润滑
10	剪切	40mm 液压剪	剪切长度 3420mm
11	冷轧	ϕ700mm×1700mm 2 辊不可逆式冷轧机	轧制 4 道次,板材厚度 7.2mm,轧制油润滑
12	中间退火	箱式炉	中间退火金属温度 360～380℃,加热时间 6～8h
13	轧制花纹	ϕ700/1250mm×2000mm 4 辊可逆式热轧机	花纹辊装在下辊热轧机,冷轧轧制 1 道次

续表 10-8

序　号	工序名称	设备名称	工艺条件及工艺参数
14	清　洗	清洗机列	检查清洗效果，发现问题及时处理
15	去应力回火	箱式炉	200℃/2h
16	矫　直	11 辊矫直机	矫直中检查板材表面状况，发现问题及时处理
17	锯　切	锯　床	锯切成品尺寸
18	检　验	检验台	按相应标准检查验收
19	包　装	人　工	木箱包装

10.1.9　5A06H34 铝合金厚板生产工艺

5A06 合金属于 Al-Mg 系铝合金，合金主要成分：$w(\text{Mg}) = 5.8\% \sim 6.8\%$、$w(\text{Mn}) = 0.5\% \sim 0.8\%$，它是不可热处理强化铝合金，具有较高的强度、良好的耐蚀性和焊接性等特点，是 Al-Mg 系合金中的典型合金。不同状态的 5A06 铝合金板材是航空、航天、船舶、导弹、汽车制造、制罐工业等领域的主要原材料。5A06H34 铝合金航天用厚板生产工艺过程见表 10-9。

表 10-9　9mm×1200mm×4000mm 5A06H34 航天用铝合金厚板生产工艺过程

序　号	工序名称	设备名称	工艺条件及工艺参数
1	熔　炼	煤气炉	熔炼温度：700～750℃
2	铸　造	半连续铸造机	铸造温度：690～710℃；铸造速度：55～60mm/min；水压：0.08～0.15MPa
3	均匀化	电阻炉	460～470℃/26h
4	锯　切	圆盘锯	锯切成 255mm×1280mm×1500mm 铸块
5	铣　面	铣　床	每面铣 6mm
6	表面清洗	清洗架	用航空汽油擦净表面
7	工艺包铝	人　工	1A50 包铝板尺寸：(2.6～3.0)mm×1350mm×1300mm

续表 10-9

序号	工序名称	设备名称	工艺条件及工艺参数
8	加　热	双膛式链式加热炉	加热温度 430~470℃,时间 5~8h
9	热　轧	ϕ700/1250mm×2000mm 4 辊可逆式热轧机	轧制 25 道次,板材厚度 12.0mm,开轧温度 430~460℃,终轧温度 340℃,乳液润滑
10	中　断	尾部下切剪	剪切长度 3450mm
11	中间退火	箱式炉	金属温度 300~350℃,加热时间 6~8h
12	冷轧	ϕ700/1250mm×2000mm 4 辊可逆式热轧机	轧制 3 道次,板材厚度 9.0mm
13	稳定化	箱式炉	金属温度 95~105℃,保温时间 1.5~2.5h
14	矫　直	11 辊矫直机	检查矫直板材表面状况,发现问题及时处理
15	拉伸矫直	45MN 预拉伸机	拉伸量不大于 1.5%
16	锯　切	锯　床	锯切成品尺寸,并切取力学试样
17	检　验	检验台	按相应标准检验表面、尺寸等
18	包　装	人　工	垫纸、木箱包装

10.2 铝合金中厚板实测性能数据

部分铝合金中厚板实测力学性能如表 10-10 所示。部分铝合金中厚板实测硬度与电导率见表 10-11。

表 10-10 部分铝合金中厚板实测力学性能

合　金	状　态	厚度/mm	R_m/MPa	$R_{p0.2}$/MPa	A/%
1050	H112	10.1~29.0	84~85	78~81	40~46
		30.0~49.0	80~81	57~59	48~50
1060	H112	7.0~10.0	77~108	48~98	29~55
		10.1~29.0	75~95	37~91	31~60
1070	H18	5.0~6.9	129~133	123~128	10~12
2A11	T451	10.1~29.0	389~393	253~265	22~23

续表 10-10

合 金	状 态	厚度/mm	R_m/MPa	$R_{p0.2}$/MPa	A/%
2017	T451	10.1~29.0	395~439	258~332	13~23
		30.0~49.0	408~435	285~349	17~20
		50.0~79.0	396~418	264~337	16~23
		80.0~120.0	403~418	259~343	12~17
2A12	H112	14	304~315	198~202	10~12.7
		16	315~317	198~202	11.9~13.6
		20	298~301	189~192	14.5~15.5
		22	259~262	170~172	14.3~14.8
		25	276~286	169~180	13.4~14.2
		30	265~267	164~168	14.6~15.9
		35	268~273	161~163	14.4~14.6
	T451	6.0~6.9	427~454	284~356	14~18
		7.0~10.0	436~481	312~373	12.5~20
		10.1~25.0	433~483	283~346	10~25
		25.0~40.0	436~453	297~385	14~17
2024	T451	12.5~25.0	466~477	350~360	15~19
		26.0~40.0	434~466	295~317	12~20
		50.0~80.0	420~466	298~350	13~22
		80~119.0	384~472	278~316	11~18
2A16	T6	10.1~29.0	434~438	307~312	15
		30.0~49.0	435~438	342~348	11~14
		50.0~79.0	430	346	9
2219	T4	7.0~10.0	427~473	330~417	9~16
		10.1~24.0	437~447	363~375	11~13
		25.0~49.0	433~457	373~403	11~14
2014	T4	5.0~6.0	410~415	290~292	17~23
2A14	O	5.0~6.9	151~158		15~18
	T4	5.0~6.9	396~419	293~321	14~18
	T451	10.1~29.0	460~501	400~462	6~11
	T651	10.1~15.0	465~475	368~430	8~14
		30.0~49.0	470~486	447~453	11~12
		80.0~120.0	540	267	8

续表 10-10

合金	状态	厚度/mm	R_m/MPa	$R_{p0.2}$/MPa	A/%
3A21	H112	7.0~10.0	113		27~28
		10.1~29.0	135~141		30~35
		30.0~49.0	128~130		33~35
3003	O	5.0~6.9	116~124	37~74	26~32
5052	O	5.0~6.9	186~197	78~155	24~30
		7.0~10.0	178~214	82~119	30~34
	H112	5.0~6.0	118~199	110	28~29
		6.0~12.5	195~237	110~192	17~34
		13.0~29.0	175~216	78~156	19~36
		30.0~40.0	181~205	97~141	23~37
		40.0~80.0	179~180		26~30
	H22	5.0~6.0	224~230	150~169	18~19
5A02	O	5.0~6.9	188~190		27~33
	H112	7.0~10.0	180~192		29~33
		10.1~25.0	175~201		24~33
		26.0~49.0	182~193		29~30
5754	O	5.0~6.9	208~248	85~151	19~29
		7.0~10.0	205~242	79~164	19~34
		10.1~29.0	192~221	87~155	18~34
		30.0~49.0	240	179~200	17~22
		50.0~79.0	207	129	27
	H112	5.0~6.0	221~226	96~99	24~28
		10.1~29.0	203	127~132	27~29
5A03	H112	5.0~6.9	215~224	95~108	25~28
		7.0~10.0	202~222	91~137	23~26
		10.1~25.0	192~220	95~155	18~27

续表 10-10

合 金	状 态	厚度/mm	R_m/MPa	$R_{p0.2}$/MPa	A/%
5083	O	5.0~6.0	285~309	133~183	17~27
		10.1~29.0	276~326	148~218	17~29
		30.0~50.0	276~307	147~206	19~26
		80~120	281~296	160~196	21~22
	H112	5.0~5.9	288~302	135~166	18~24
		6.0~10.0	296~322	128~209	19~26
		10.1~29.0	283~309	156~196	17~28
		30.0~40.0	280~284	143~152	24~27
5A05	H112	5.0~6.9	293~298	139~156	23~28
		7.0~10.0	285~392	126~189	24~32
		10.1~25.0	276~294	127~195	21~32
		36.0~49.0	263~280	128~163	26~29
180	YS	7.0~10.0	330~342	230~242	13
	H112	30.0~49.0	327~330	166~171	256~260
		50.0~79.0	307	157	25
5A06	O	5.0~6.9	328~400	161~275	18~24
		10.1~29.0	334~337	161~168	21~26
	H112	7.0~10.0	334~338	166~177	27~28
		10.1~24.0	334~362	162~246	19~30
		25.0~50.0	327~340	174~200	23~25
	H24	5.0~13.0	380~415	295~305	16
		10.1~15	375~400	290~320	8~13
6061	H112	8	145~149	83~85	23~24.2
		10	150~152	100~102	24.8~26.6
		16	157~160	89~94	25.3~28.8
		25	145~147	90~92	23~25
		31	142~145	88~91	23.7~25.1
		38	142~145	90~92	22.4~23.5

续表 10-10

合 金	状 态	厚度/mm	R_m/MPa	$R_{p0.2}$/MPa	A/%
6061	T651	6.1~10.0	294~320	244~294	14~20
		10.1~29	294~316	249~300	10~16
		30.0~40.0	291~333	249~318	9~16
		41.0~80.0	308~318	248~288	8~16
6063	T6	10.1~29	298~302	262~268	19~21
6082	H112	20	155~157	106~108	18.8~20.4
		25	156~158	102~104	18.2~18.9
		30	170~174	122~140	15.7~17.1
		35	148~152	81~87	24.2~24.9
	T651	6.1~12.5	321~335	291~315	16~18
		12.6~29.0	315~368	295~343	11~17
		30.0~40.0	336~349	287~317	10~16
		40.0~79.0	323~360	277~331	8~14
		80.0~100.0	348~382	317~356	9~12
6A02	T4	10.1~25.0	227~290		22~28
	T6	5.0~6.9	325~353		12~16
		50.0~79.0	367~368		7
7075	H112	16	320~340	200~212	11.5~12.8
		20	300~305	170~175	11.8~12.6
		22	294~298	158~161	12.8~13.6
		25	264~273	155~146	13.5~14.8
		35	258~264	151~154	13.8~14.9
	T651	6.1~10.0	554~587	513~557	10~14
		10.1~25.0	540~593	470~557	6~12
		26.0~49.0	531~592	470~570	5~10
		50.0~79.0	550~592	495~577	4~9
		80.0~119.0	551~580	501~550	4~8
	T7351	50.0~79.0	455~505	365~425	8~11

续表 10-10

合金	状态	厚度/mm	R_m/MPa	$R_{p0.2}$/MPa	A/%
7A04	O	5.0~6.9	202~215		13~16
	T651	6.0~6.9	555~595	479~545	9~12
		7.0~10.0	597~646	555~630	7~10
		10.1~29.0	560~617	470~583	6~10
		80.0~120.0	580~603	512~592	4~7
7A09	T651	7.0~10.0	585	526	12
		30.0~49.0	564~568	516~529	11~12
7475	T7351	14.0~17.0	516~551	446~493	9~16
		25	504~518	426~452	11~15
7020	T651	7.0~10.0	390~423	290~396	16~18
		10.1~29.0	387~442	356~396	13~19
		30.0~49.0	376~405	331~397	12~25
7N01	T451	16.0	401~445	328~410	14~20
		22.0	369~397	299~308	18~20
7B04	T651	7.0~10.5	538~563	481~533	9~12
		11~29.0	533~557	517~542	7~9
		50~79	522~602	448~551	9~13
	T7451	7.0~10.0	485~495	417~457	8~13
		10.1~29.0	529~549	446~476	9~10
		40.0~50.0	490~560	433~460	10~12
		51.0~60.0	509~531	436~465	8~13

表 10-11 部分铝合金中厚板实测硬度与电导率

合金状态	厚度/mm	硬度 HB	电导率/MS·m^{-1}
1060H112	10		35.68~36.4
	12		36.12~36.25
	18		35.84~36.37

续表 10-11

合金状态	厚度/mm	硬度 HB	电导率/MS · m^{-1}
2A12T4	8	138 ~ 141	17. 43 ~ 17. 5
	10	143	17. 41 ~ 17. 73
	12	143 ~ 144	17. 23 ~ 17. 26
	16	137 ~ 143	17. 18 ~ 17. 2
2017T451	21		19. 69 ~ 19. 92
	30		20. 0 ~ 20. 11
2A12-O	4. 5	73. 1 ~ 76. 2	28. 87 ~ 31. 47
2A12T451	6	118 ~ 132	17. 21 ~ 17. 28
	31	143 ~ 146	17. 45 ~ 17. 56
	50	127 ~ 128	17. 29 ~ 17. 31
	71	140 ~ 144	17. 31 ~ 17. 34
2A12H112	10		28. 72 ~ 29. 17
	12		27. 22 ~ 27. 47
	16		28. 57 ~ 28. 72
	20	58. 3 ~ 60. 1	30. 61 ~ 30. 72
	25	59. 4 ~ 62. 1	
	35	55. 4 ~ 56. 1	
2A14T651	13	143 ~ 148	22. 61 ~ 22. 65
2A14T6	6	144 ~ 146	
2A14T4	8		21. 15 ~ 21. 37
	13	112 ~ 114	22. 78 ~ 22. 86
	15		22. 32 ~ 22. 77
2219T4	6. 0	90. 7 ~ 91. 7	
	12. 0	81. 3 ~ 91. 7	
2219T6	6. 0	124 ~ 129	
2017AT451	15. 0	114	
	21. 0	120 ~ 121	19. 69 ~ 19. 92
	30. 0	118 ~ 122	20 ~ 21
	45. 0	127 ~ 134	
	50. 0	121 ~ 126	

续表 10-11

合金状态	厚度/mm	硬度 HB	电导率/MS · m^{-1}
3A21-O	12.0	38.9 ~ 40.2	28.68 ~ 28.84
3A21H18	5.0	109.8 ~ 115	
3003-O	5.0	32.4 ~ 33.9	28.71 ~ 28.73
5052H112	10		21.88 ~ 21.91
	11		20.07 ~ 20.08
	17.5		20.52 ~ 20.54
	20		21.83 ~ 21.86
	40		21.33 ~ 21.34
	55		20.99 ~ 21.02
5754-O	10.0	60.4	19.82
	20.0	61.8 ~ 63.0	
5754H112	18.0	58.3 ~ 66.5	
5083-O	12.0	87.2	16.69 ~ 16.76
	15.0	80.4 ~ 81.7	
	21.0	77.5 ~ 78.2	16.51 ~ 16.53
	45.0	78.3 ~ 78.7	16.87 ~ 16.94
	55.0	77.1 ~ 80.8	
	60.0	76.7 ~ 81.7	16.73 ~ 16.75
	72.0	79.6 ~ 79.8	16.78 ~ 16.86
5083H321	8.0	99 ~ 100	
5052H112	11.0	53.1 ~ 55.4	20.07 ~ 20.08
	17.5	51.8 ~ 53.4	20.52 ~ 20.54
5A02H112	10.0	65.5 ~ 66.1	19.82 ~ 19.83
	20.0	55.1 ~ 56.8	21.83 ~ 21.86
	40.0	55.5 ~ 56.8	21.33 ~ 21.34
	55.0	49.7 ~ 54.4	20.99 ~ 21.02
5A06-O	16.0	89.7 ~ 92.3	
5A06H24	9.0	120 ~ 122	

续表 10-11

合金状态	厚度/mm	硬度 HB	电导率/MS·m^{-1}
5A06H112	6.0	82.1~83.6	14.74~14.85
	10.0	84.9~87.7	
	12.0	86.3~87.7	
	18.0	86.3~87.7	
	20.0	90.7~91.7	
	25.0	85.3~85.8	
	29.0	87.2~90.7	
	50.0	89.7~94.4	
	76.0	86.3~88.2	
6005AH112	14.0	37.1~38.9	
6005AT651	10.0	82.1~86.3	
6082T6	35.0	101~103	26.24~26.34
6082T651	10.0	98.9~99.1	25.81~25.96
	12.0	100~101	
	50.0	98.9~101	
	80.0	98.3~101	25.74~25.82
6082H112	28.0	44.4~46.7	
6083H112	14.0		30.55~30.61
	18.0		30.69~30.75
6063T6	14.0	84.9~86.8	29.70~29.80
6061T4	6.5	65.8~67.2	23.87~23.95
6061-O	6.5	30.1~30.8	28.63~28.65
6061H112	40.0	41.7~44.4	
6061T6	8.0	98.3~102.0	
6061T651	12.5	87.7~92.3	
	13.0	96.1~96.6	26.22~26.31
	16.0	94.4~96.6	
	20.0	98.3~98.9	26.21~26.33
	27.0	97.7~98.9	25.70~25.88
	40.0	95.5~96.6	26.52~26.54
	82.0	94.4~94.6	25.68~25.89

续表 10-11

合金状态	厚度/mm	硬度 HB	电导率/MS · m^{-1}
7075T651	10.0	172 ~ 175	17.66 ~ 17.89
	15.0	172 ~ 177	18.58 ~ 18.63
	20.5	173 ~ 175	
	29.0	178 ~ 179	19.1 ~ 19.33
	80.0	169 ~ 170	18.32 ~ 18.52
7075H112	20.0	80.8 ~ 83.5	
7020H112	14.0	81.3 ~ 85.8	
7A04T651	20.0	186 ~ 189	17.36 ~ 17.41
7A09T651	6.4	187 ~ 198	17.93 ~ 18.15
7A52T651	40.0	115 ~ 117	18.22 ~ 18.24
705CFS	7.0	130 ~ 132	26.06 ~ 26.28
7B04T74	8.0	162 ~ 167	21.13 ~ 21.75
	10.0	160 ~ 167	21.42 ~ 21.47

参考文献

[1] 肖亚庆主编．铝加工技术实用手册．北京：冶金工业出版社，2005.

[2] 轻金属材料加工手册编写组．轻金属材料加工手册．北京：冶金工业出版社，1980.

[3] 王祝堂，田荣璋主编．铝合金及其加工手册．第三版．长沙：中南大学出版社，2005.

[4] 付祖铸主编．有色金属板带材生产．长沙：中南工业大学出版社，1982.

[5] 李松瑞，周善初编．金属热处理（再版）．长沙：中南大学出版社，2005.

[6] 王宗宽，周亚军．铝板带材轧制过程中的工艺润滑及影响因素．轻合金加工技术，2007（11）．

[7] 魏云华．铝热轧乳液的性能控制．轻合金加工技术，2002（9）．

[8] 张景进．中厚板生产．北京：冶金工业出版社，2005.

[9] 江志邦，刘少洲．铝加工材质量检查技术手册．东北轻合金加工厂（内部资料），1987.

[10] 刘万成主编．轻合金板带材生产（试用）．华北有色五一七印刷厂印刷（内部资料），1986.

[11] 彭志辉编著．中小型铝加工厂铝板、带、箔材生产．长沙：中南大学出版社，2005.

[12] 崔中圻，覃耀春主编．金属学与热处理．第二版．北京：机械工业出版社，2007.

[13] 孙建林．轧制工艺润滑原理技术与应用．北京：冶金工业出版社，2004.